Das kleine Buch der Zahlen

Peter M. Higgins

Das kleine Buch der Zahlen

Vom Abzählen bis zur Kryptographie

 Springer Spektrum

Peter M. Higgins
Department of Mathematical Sciences
University of Essex
Colchester
Großbritannien

ISBN 978-3-8274-3015-1   ISBN 978-3-8274-3016-8 (eBook)
DOI 10.1007/978-3-8274-3016-8

Die Deutsche Nationalbibliothek verzeichnet diese Publikation in der Deutschen Nationalbibliografie; detaillierte bibliografische Daten sind im Internet über http://dnb.d-nb.de abrufbar.

Springer Spektrum
© Springer Fachmedien Wiesbaden GmbH 2013

Springer ist Teil der Fachverlagsgruppe Springer Science+Business Media (www.springer.de)
www.springer-spektrum.de

Vorwort

Zahlen sind etwas Einzigartiges, und sie lassen sich mit nichts vergleichen. In diesem Buch möchte ich einige ihrer Geheimnisse aufdecken. Zahlen sind uns allen vertraut; sie scheinen uns Halt zu geben, wenn wir den Eindruck haben, wir müssten Ordnung in ein Chaos bringen. In unserer Vorstellung verkörpern sie eine messbare Rationalität, und sie sind der Schlüssel, mit dem wir das zum Ausdruck bringen. Doch gibt es sie wirklich? Es gibt sie sicherlich nicht in dem Sinn, wie es Katzen oder Fußballmannschaften gibt, und noch nicht einmal so, wie es Farben oder Gefühle gibt, vielleicht gibt es sie eher, wie es Worte gibt. Worte haben eine Bedeutung, und die Bedeutung einer Zahl – was eine Zahl „ist" – bezieht sich auf das Gemeinsame, mit dem wir allgemein Dinge, die ansonsten nur wenig gemein haben, messen und vergleichen: den Wert von Öl, von einem Taxi oder von der Dienstleistung seines Fahrers.

Zahlen sind das Einzige auf dieser Welt, das nichts kostet und gleichzeitig in unerschöpflicher Menge vorhanden ist. Daher ist es nur natürlich, wenn wir sie verstehen wollen, so gut es eben geht.

Die Eröffnungskapitel dieses Buches machen den Leser mit Eigenschaften der Zahlen vertraut, die meist schon bekannt sind. Wir werden bestimmte Zahlen als Objekte betrachten, aber auch die Menge aller Zahlen insgesamt. Während der ersten vier Kapitel beschränken wir uns im Allgemeinen auf die gewöhnlichen natürlichen Zahlen, die wir zum Zählen verwenden. Das fünfte Kapitel beleuchtet einige praktische Aspekte im Zusammenhang mit Zahlen. Wir werden sehen, wie uns die bekannten Rechenvorschriften aus der vertrauten Umgebung der natürlichen Zahlen herausführen, in der es nur fest vorgegebene diskrete Einheiten gibt.

Kapitel 6 erläutert, wie wir mit den gewöhnlichen Zahlenoperationen zu neuen Zahlenarten gelangen, einschließlich der irrationalen Zahlen. Anschließend kommen wir zu unendlichen Zahlenmengen, und wir werden sehen, wie sich diese miteinander vergleichen lassen und wie die Menge der sogenannten reellen Zahlen sich zu der Zahlengeraden zusammenfügt. Später werden wir diesen Punkt nochmals mit einer mathematischen Lupe untersuchen.

Die historische Entwicklung des Zahlenbegriffs ist ebenso wie jede andere historische Entwicklung eine komplexe Geschichte. Sie scheint jedoch an einen Punkt gelangt zu sein, wo sich die Mathematiker über ihre Rolle einig sind, und sie ist mit Sicherheit eine jener zentralen Säulen, auf denen unser Verständnis der Welt beruht. Wir werden für den Leser immer wieder historische Nebenbemerkungen einfließen lassen, die mit der Entwicklung des Themas zusammenhängen, und wir werden auch gelegentlich auf einzelne Pioniere der Zahlentheorie zu sprechen kommen. Das wird besonders in den Kap. 9 und 10 der Fall sein, in denen wir die Entwicklung in Europa während der wichtigen Zeit vom 16. bis zum Ende des 19. Jahrhunderts zusammenfassen.

Es wird auch um unmittelbare Anwendungen der Zahlen gehen, besonders in Kap. 8, das dem Thema Zufall gewidmet ist, und ebenfalls in Kap. 12, in dem es um die geheime Welt der Codes und Geheimschriften geht, die sich als die wichtigste moderne Anwendung der Ideen der reinen Zahlentheorie erwiesen haben.

Jeder interessierte Leser sollte das Buch einfach durchlesen können, doch es kann sich auch lohnen, an manchen Stellen etwas tiefer einzutauchen und dafür andere Passagen eher zu überfliegen. Es gibt allerdings ein letztes Kapitel – für Kenner und mathematische Feinschmecker –, in dem einige der wichtigen Behauptungen und Beispiele aus dem Text in mathematischer Sprache ausgearbeitet sind, sodass diejenigen davon profitieren, die eine vollständige Erklärung wünschen. Ein Stern (*) im Text deutet an, dass über dieses Thema in dem abschließenden Kapitel mehr gesagt wird. Dieses letzte Kapitel ist das einzige, in dem von der mathematischen Schreib- und Sprechweise etwas großzügiger Gebrauch gemacht wird. Der Schwierigkeitsgrad ist unterschiedlich und hängt vom betrachteten Material ab, doch jeder Leser sollte in der Lage sein, von den Bemerkungen am Ende dieses Buches etwas mitnehmen zu können. Abschließend folgt noch ein kurzer Abschnitt, der auf andere gute Bücher und Internetseiten hinweist, an denen Sie Ihre Freude haben könnten.

Ich hoffe, dieses Büchlein ermöglicht es dem Leser, einen kleinen Einblick in ein sehr bedeutendes Gebiet zu bekommen: die Geschichte der Zahlen.

Clochester, England, 2007   Peter M. Higgins

Inhaltsverzeichnis

1

Die ersten Zahlen

„Alles ist Zahl", sagte vor über 2500 Jahren Pythagoras. Damit meinte er, dass die Natur in ihren Grundlagen von mathematischem Charakter ist und sich durch Zahlen und Zahlenverhältnisse beschreiben lässt. Hatte er Recht? Die knappe Antwort lautet „Nein", wie er angeblich selbst herausgefunden haben soll.

Tatsächlich haben die Anhänger von Pythagoras entdeckt, wie sich bestimmte Aspekte der Welt durch Zahlen beschreiben lassen. Pythagoras ist am ehesten wegen seines berühmten Satzes bekannt, der die Seitenlängen eines rechteckigen Dreiecks zueinander in Beziehung setzt. In moderner Sprechweise würde man sagen, dass sich die genaue Distanz zwischen zwei Punkten aus ihren Koordinaten berechnen lässt. Diese Entdeckung machte es möglich, den räumlichen Abstand aus anderen Messgrößen exakt zu bestimmen, und war damit ein wichtiger Fortschritt. Etwas weniger bekannt ist vielleicht, dass Pythagoras auch angeblich die einfachen Zahlenverhältnisse gefunden hat, die reinen musikalischen Akkorden zugrunde liegen. Von ihrem Erfolg geblendet muss es den Pythagoräern so vorgekommen sein, als ob sich jeder Aspekt der Welt durch Zahlen beschreiben ließe, denn ihre Entdeckungen waren wirklich erstaunlich. Die Klarheit und Einfachheit, die in den pythagoräischen Gesetzen zum Ausdruck kamen, waren von einer noch nie zuvor gekannten Form.

Daher muss es wie ein Schock gewesen sein, als Phythagoras herausfand, dass sich die Zahlen selbst seiner Regel widersetzten, denn ihm wird auch die Entdeckung zugeschrieben, dass sich bestimmte Längen in seiner Geometrie nicht durch einfache Zahlenverhältnisse ausdrücken lassen, wie es von seiner Philosophie gefordert wurde. Insbesondere fand er heraus, dass sich die Diagonale eines Quadrats nicht mit denselben Einheiten messen lässt, mit denen man die Seiten messen kann. Egal wie fein man die Skala auch unterteilt, die Spitze der Diagonale liegt immer zwischen zwei solchen Markierungen. Das hängt mit einer fundamentalen Eigenschaft der Zahlen zusammen und hat nichts mit irgendwelchen Einschränkungen zu tun, die sich vielleicht aus der Genauigkeit des Lineals oder der Schärfe der Augen ergeben. Es handelt sich um eine mathematische Tatsache. Doch was für uns vielleicht eine ärgerliche Besonderheit ist, wurde von den Pythagoräern als eine Katastrophe empfunden. Es untergrub ihre gesamte Weltanschauung, mit der sie die Natur durch einfache Zahlenverhältnisse erklären wollten. Schon in diesen klassischen Zeiten gab es also Probleme mit der Vorstellung, es ließe sich alles auf Zahlen zurückführen.

Trotz dieser Einschränkungen haben die Zahlen nichts an Bedeutung verloren, im Gegenteil, sie sind immer weiter in unser Leben vorgedrungen. Schon zu Beginn des 17. Jahrhunderts vertrat Galileo die Meinung, man solle alles vermessen, was sich ausmessen lässt, und man sollte lernen auch solche Dinge zu messen, die bislang noch nicht vermessen wurden. Diese Einstellung führte zu einer Fülle an neuen Erkenntnissen, und durch die Forderung nach Messung sind wir gezwungen, mit einer Zahl aufzuwarten.

Wird diese Einstellung zu weit getrieben, regt sich aber auch ein natürlicher Widerstand. Versuche, die Erfahrung von Musik oder Dichtung durch Zahlen zu erfassen, treffen oft auf Ablehnung und Spott. Schon allein die Vorstellung zerstört den Zauber, und da ist es nur natürlich, dass man sich darüber lustig macht und auf ein Scheitern hofft. Diese Einstellung scheint auch immer noch gerechtfertigt, denn im künstlerischen Bereich verlieren Zahlen schnell ihre Autorität. Um nicht missverstanden zu werden: Die Musik hat eine mathematische Seite, wie Pythagoras entdeckt hat, und es lohnt sich, diesen Aspekt genauer zu verstehen. Doch ein rein analytischer Zugang zu den Künsten führt nur zu schwachen Ergebnissen. Gute Musik ist nicht das Ergebnis von Berechnungen, und je mehr dieser Weg beschritten wird, umso erbärmlicher sind die Resultate.

Missverständnisse in dieser Richtung sind aber alles andere als neu. Quer durch die Geschichte und unterschiedliche Kulturen stoßen wir immer wieder auf Beispiele, wo numerische Vorstellungen in unangebrachter Form angewandt wurden und schließlich scheiterten. Einfache Behauptungen der Art, die geraden Zahlen seien weiblich und die ungeraden Zahlen männlich oder auch das Umgekehrte, führen zu nichts. Künstliche Versuche, die Naturgesetze abzuleiten, haben noch nie gefruchtet. Sie sagen meist mehr über die menschliche Psyche aus als über die Welt: Einfache Ideen, die in erster Linie unserer Vorstellungskraft genehm sind, mögen etwas Beruhigendes und vielleicht sogar Amüsantes haben, doch in den seltensten Fällen sind sie wahr.

Als Gegenreaktion auf den unablässigen Ruf nach Zahlen und Prozenten beobachtet man heute auf künstlerischem Gebiet eine oft aggressive Tendenz, jedes systematische oder wissenschaftliche Denken abzulehnen. Einige der größten Künstler, beispielsweise Leonardo da Vinci, hätten diese Einstellung sicherlich sehr befremdlich gefunden. Ich frage mich manchmal, ob diese Sehnsucht, sich der Zwangsjacke des logischen Denkens entziehen zu wollen, nicht vielleicht ein Zeichen von Frustration ist und eigentlich auf fehlender Kreativität beruht, für die man die Zahlen gerne verantwortlich machen möchte, die in unserem heutigen Leben eine so vorherrschende Rolle zu spielen scheinen. Das ständige Ausmessen von Dingen scheint der Spontaneität entgegenzustehen und führt zu einer Abneigung gegen die Zahlen, die als langweilig und einschränkende Last empfunden werden. Vielleicht wurden unsere Art zu denken, unsere Gedankenfreiheit und die Freiheit des Geistes schon zu sehr von den Gesetzen der Zahlen eingeengt und limitiert.

Ich möchte Ihnen jedoch versichern, dass die Zahlen für sich nichts Schlechtes an sich haben, sondern im Gegenteil in natürlicher Weise interessant sind. Die Probleme, die wir mit ihnen haben, und die zerstörerischen Anwendungen, für die wir sie nutzen, sind von Menschen gemacht. Auf der einen Seite sollte man anerkennen, dass es berechtigte Grenzen für den Einsatz von Zahlen gibt, andererseits müssen wir aber auch eingestehen, diese Grenzen nicht immer von vorneherein klar erkennen zu können. Eine überraschende Seite der Zahlen ist ihre Eigenschaft, manchmal vollkommen plötzlich und unabsehbar in andere Bereiche der Mathematik und der Wissenschaften vorzudringen. Beispielsweise hätte vor 30 Jahren niemand geglaubt, dass die sogenannten Falltürfunktionen, auf denen heute die Sicherheitscodes im Internet beruhen, der Theorie der natürlichen Zahlen entspringen könnten, doch davon später mehr.

Galileo (1564–1642) hatte Recht, wenn er auf die Bedeutung von Experimenten hinwies.[1] Gleichzeitig sollten wir jedoch den modernen Einwand hinzufügen, dass wir der verbreiteten Versuchung widerstehen sollten vorzugeben, wir hätten etwas gemessen, wenn es in Wirklichkeit nicht stimmt. Wie oft hört man beispielsweise von einem Experten, er sei sich zu 90 % eines gewissen Ergebnisses sicher – nicht 92 % und auch nicht 88 %, sondern 90 %. Diese Zahl ist vollkommen bedeutungslos, wenn es keine Möglichkeit gibt, sie zu berechnen. Trotzdem haben wir oft das Bedürfnis eine Zahl anzugeben, selbst wenn wir gar keine haben, und dann denken wir uns einfach eine aus, nur um mehr Eindruck zu hinterlassen. Ohne fundierte Informationen wäre eine vage Aussage häufig richtiger, und eine sehr präzise,

---

[1] Allerdings hatte schon zwei Jahrhunderte zuvor der vergleichsweise unbekannte Nikolaus von Kues (1401–1464) betont, dass Wissen auf Experimenten beruhen muss.

durch eine Zahl untermauerte Behauptung beruht oft lediglich auf einem Wunschdenken, um in Anbetracht der Unsicherheit überzeugender und informierter klingen zu können.

Wenn wir es mit Zahlen zu tun haben, müssen wir sie im Allgemeinen in einem bestimmten Zusammenhang interpretieren, dabei kann es sich um Geld, Personen oder auch um den Gasdruck handeln. Der Gegenstand dieses Buches sind jedoch die Zahlen selbst und wie sich unser Verständnis von den Zahlen weiterentwickelt. Daher erscheint es angemessen, uns zunächst einmal zu überlegen, was eigentlich in unserem Kopf vor sich geht, wenn wir auf diese geheimnisvollen Dinge stoßen, die wir Zahlen nennen.

Wie sollen wir von Zahlen denken?

Wenn wir von einer bestimmten Zahl sprechen, beispielsweise sechzehn, haben wir meist ein mentales Bild der beiden Ziffern 16 vor unseren Augen. Eigentlich ist es gegenüber dieser Zahl etwas unfair, wenn wir sie gleich als $10 + 6$ einstufen. Weshalb sollten wir Sechzehn gerade als $10 + 6$ denken? Dieselbe Zahl kann ebensogut als $9 + 7$ oder auch symmetrischer als $8 + 8$ ausgedrückt werden. Diese Gewohnheit beruht natürlich auf unserer uneingeschränkten Verwendung der Zahl Zehn als Basis für unser Zahlensystem: Wir bezeichnen eine Zahl stillschweigend immer durch eine Summe von Potenzen der Zahl Zehn. Schreiben wir beispielsweise 2013, so meinen wir $2 \cdot 1000 + 0 \cdot 100 + 1 \cdot 10 + 3 \cdot 1$. Wie Sie vermutlich wissen, könnten wir auch eine andere Zahl als Basis für unser Zahlensystem verwenden, zum Beispiel die Zahl Zwölf, und in verschiedenen Kulturen wurden in der Vergangenheit tatsächlich andere Basiszahlen eingesetzt: Die Mayas verwendeten früher die Zahl Zwanzig, die Babylonier rechneten mit der Basiszahl Sechzig, und moderne Rechensysteme beruhen auf der Zahl Zwei oder aber kleinen Potenzen von zwei, wie vier oder acht, und manchmal verwendet man auch die Basis Sechzehn und spricht dann vom *Hexadezimalsystem* (allerdings müssen wir in diesem Fall zusätzliche Symbole für die sechs Zahlen einführen, die wir gewöhnlich mit 10, 11, 12, 13, 14 und 15 bezeichnen). Im Hexadezimalsystem kann man mit lediglich zwei Ziffern jede Zahl zwischen 0 und einschließlich 255 ausdrücken. Dieser Zahlenbereich tritt häufig auf und wird beispielsweise zur Festlegung von Farben verwendet. Wie wir in einem späteren Kapitel noch sehen werden, kann man durch den Vergleich von Zahlen in verschiedenen Basissystemen auch etwas darüber lernen, wie die Zahlen entlang einer Geraden angeordnet sind.

Wir werden an gegebener Stelle mehr dazu sagen, doch zunächst sollten wir uns die fundamentale Frage stellen: Weshalb führen wir überhaupt eine Basis ein, wenn wir mit Zahlen umgehen möchten? Zunächst könnte man meinen, beim Umgang mit Zahlen muss man sich auf irgendeine Basis beziehen. Doch im Alltag machen wir oft etwas anderes. Denken wir zum Beispiel an einen Kindergeburtstag, bei dem wir jedem Kind ein Spielzeug mitgeben möchten. Wichtig ist lediglich, dass mindestens so viele Spielzeuge vorhanden sind wie Kinder, und das können wir nachprüfen ohne zu zählen: Wir schreiben einfach auf jedes Spielzeug den Namen eines Kindes, und solange genügend Spielzeuge vorhanden sind, sodass jedes Kind seinen Namen auf einem Spielzeug wiederfindet, geht niemand enttäuscht nach Hause. Auf diese Weise stellen wir fest, ob die Anzahl der Spielzeuge mindestens so groß ist wie die Anzahl der Kinder, und dazu müssen wir weder die Spielzeuge noch die Kinder zählen. Wir müssen überhaupt nicht wissen, wie viele Kinder oder wie viele Spielzeuge da sind, und trotzdem können wir nachweisen, dass es ausreichend viele Spielzeuge gibt. Wir können dieses Zahlenproblem daher lösen, ohne die Basis Zehn oder irgendeine andere Basis für eine Berechnung verwenden zu müssen. Dieses Beispiel zeigt auch deutlich, dass Zahlen etwas mit der paarweisen Zuordnung von den Elementen einer Menge zu den Elementen einer anderen Menge zu tun haben – eine sehr grundlegende Idee.

Mit einer Basis können wir allerdings Zahlen sehr effizient und in gleichartiger Weise ausdrücken. Dadurch können wir eine Zahl leicht mit einer anderen vergleichen und auch Berechnungen durchführen, die im Zusammenhang mit unseren Zahlen auftreten. Eine Basis für ein Zahlensystem lässt sich mit dem Maßstab auf einer Landkarte vergleichen. Es handelt sich nicht um eine Eigenschaft, die dem Gegenstand innewohnt, aber es ist wie ein Koordinatensystem, das als Vergleichsinstrument noch obendrauf gelegt wird. Die Wahl der Basis ist vollkommen willkürlich, und die ausschließliche Verwendung der Basis Zehn macht es uns wesentlich schwerer, die Zahlen 1, 2, ... unvoreingenommen zu betrachten. Erst wenn wir diesen Vorhang heben, können wir die Zahlen so sehen, wie sie wirklich sind.

Einige Kulturen entwickelten oft auch verschiedene Zahlensysteme, doch sie alle verwendeten eine Einteilung in Mengen gleicher Größe, oft in Einheiten von zehn. Der Vorteil einer Basis zeigt sich beim Rechnen erst dann in voller Deutlichkeit, wenn man ein *Stellenwertsystem* zur Darstellung der Zahlen verwendet, bei dem der Wert einer Ziffer von ihrem Platz bzw. ihrer Stelle innerhalb der Zahlenfolge abhängt. Keine antike Kultur, nicht einmal die ansonsten sehr fortschrittlichen Griechen, hat ein vollständiges Stellenwertsystem entwickelt, das mit dem unsrigen vergleichbar wäre, bei dem der Wert einer Ziffer von ihrer Position innerhalb der Zahl abhängt und das auch von dem Symbol für die Null Gebrauch macht, um anzudeuten, dass eine bestimmte Potenz der Basis nicht vorhanden ist (erinnern Sie sich an unser Beispiel 2013). Erst in den frühen Jahrhunderten des ersten Jahrtausends entstand in Indien ein vollständiges Zahlensystem dieser Art, wobei das Symbol für 0 *sunya* genannt wurde, dem Hindi-Wort für „leer". Über die arabischen Länder gelangte es schließlich nach Europa, sodass wir unser Zahlensystem heute als indo-arabisch bezeichnen.

Ohne ein geeignetes Stellenwertsystem fallen sogar alltägliche Berechnungen schwer. Auf der anderen Seite hatte es durchaus seine Vorteile, nicht gleich in einer Zehnerbasis gefangen zu sein, da man so die Zahlen selbst leichter untersuchen konnte. Wir können die Freiheiten der antiken Denker, die sie in Ermangelung anderer Verfahren noch auskosten mussten, wiedergewinnen, indem wir uns einfach für den Augenblick der Zwangsjacke der Zehnerbasis entledigen und uns die Zahlen nur durch ihre intrinsischen Eigenschaften denken – Eigenschaften, die sie haben oder nicht haben.

Nach diesem befreienden Schritt erkennen wir, dass es weitaus natürlicher ist, sich auf bestimmte Faktorisierungseigenschaften einer Zahl zu konzentrieren, da sich diese auch in geometrischer Form veranschaulichen lassen. Beispielsweise ist die Zahl Sechzehn eine vollkommene Quadratzahl, die sich in natürlicher Weise durch ein Quadrat mit vier mal vier Punkten darstellen lässt. Und da die Zahl Vier selbst wieder eine Quadratzahl ist, sehen wir, dass Sechzehn die vierte Potenz von gleichen Zahlen ist, denn Sechzehn ist gleich $2^4 = 2 \cdot 2 \cdot 2 \cdot 2$. Tatsächlich ist Sechzehn die erste Zahl nach der 1, die in diesem Sinne eine vollkommene vierte Potenz ist, und das macht sie in der Tat sehr besonders. Dies ist einer der Gründe, weshalb sie im Gegensatz zur Zehn oft als Basis für Rechensysteme verwendet wird. Die Zahl Zehn ist die traditionelle Basis, die wir aus dem rein zufälligen Grund verwenden, weil wir an unseren beiden Händen insgesamt zehn Finger haben.

Denken wir bei Zahlen einmal nicht nur an ein Hilfsmittel der experimentellen Wissenschaften, sondern nehmen wir uns etwas Zeit, sie ohne Bezug auf irgendetwas anderes zu untersuchen, dann können wir viel entdecken, was andernfalls verborgen bliebe. Es gibt Zahlen, deren mathematische Eigenschaften sich in der Natur in Form regelmäßiger Muster zeigen, wie zum Beispiel die spiralförmige Blüte einer Sonnenblume (deren Form mit den sogenannten Fibonacci-Zahlen zusammenhängt). Schon allein aus diesem Grund ist es sinnvoll, diese Eigenschaften von Zahlen zu untersuchen. Manchmal sind es einfache Fragestellungen, beispielsweise wie sie sich als Summen von Quadratzahlen schreiben lassen, die zu mathematischen Strukturen von erstaunlicher Schönheit und Komplexität geführt haben. Instinktiv folgt der Mathematiker solchen Wegweisern, denn oft führen sie zu unerwarteten Einsichten, zu denen man auf andere Weise kaum gelangt wäre.

Der Einfachheit halber schreibe ich die einzelnen Zahlen, auf die ich Sie aufmerksam machen möchte, immer noch in der vertrauten Zehnerbasis, aber ich werde diese besondere Darstellung nicht betonen: Sie dient einfach als Name für die Zahl, mit der wir uns gerade beschäftigen.

Der Aufbau der Zahlen

Einer der angenehmen Vorzüge von Zahlen ist so offensichtlich, dass man ihn leicht übersieht – Zahlen sind alle verschieden. Jede Zahl besitzt ihre eigene Struktur, in gewisser Hinsicht ihren eigenen Charakter, und dieser perönliche Zug einzelner Zahlen ist von großer Bedeutung. Betrachten wir als Beispiel die Zahl Sechs. Sechs ist ein Produkt aus zwei kleineren Zahlen, nämlich Zwei und Drei, und sie ist damit eine sogenannte *Rechteckzahl*, also eine Zahl, die sich als rechteckige Anordnung von Punkten darstellen lässt. Jede Zahl n, die als Produkt von zwei kleineren Zahlen, $n = a \cdot b$, geschrieben werden kann, lässt sich als ein $a \cdot b$-Rechteck von Punkten zeichnen. (Gewöhnlich sparen wir Zeit und Platz, indem wir das Produkt $a \cdot b$ von zwei beliebigen Zahlen a und b einfach als ab schreiben.) Rechteckzahlen bezeichnet man meist als *zusammengesetzte Zahlen*, da sie aus kleineren Faktoren

zusammengesetzt sind. Zahlen, die in diesem Sinne keine Rechteckzahlen sind, heißen *Primzahlen*. Primzahlen wie 2, 7 und 101
lassen sich nicht als richtiges Rechteck zeichnen, sondern lediglich als einfache Punktlinie. In Worten: Eine Zahl ist eine Primzahl, wenn sie *nicht* als das Produkt von zwei kleineren Faktoren
geschrieben werden kann. (Diese Definition schließt die 1 aus
der Liste der Primzahlen aus: Die erste Primzahl ist 2.) Primzahlen sind von besonderer struktureller Bedeutung, denn sie bilden
die multiplikativen Bausteine, aus denen sich alle anderen Zahlen
zusammensetzen lassen: Zum Beispiel ist 60 eine zusammengesetzte Zahl, die sich als Produkt von Primzahlen schreiben lässt:
$60 = 2 \cdot 2 \cdot 3 \cdot 5$. Jede zusammengesetzte Zahl lässt sich in ein
Produkt von Faktoren zerlegen, die selbst wiederum, sofern sie
keine Primzahlen sind, in weitere Faktoren zerlegt werden können, bis wir schließlich für unsere Zahl die *Primzahlzerlegung*
gefunden haben. Es zeigt sich, dass diese Zerlegung in Faktoren
eindeutig ist – es gibt nur eine Möglichkeit, eine Zahl als Produkt
von Primzahlen zu schreiben. Egal, wie man mit der Faktorisierung einer Zahl beginnt, wenn man die Faktoren selbst wieder
in Faktoren zerlegt, gelangt man schließlich immer zu derselben
Gruppe von Primfaktoren. Das ist eine wesentliche Eigenschaft
der Zahlen, die in unzähligen Anwendungen von der Codierung
von Schriften bis hin zur Logik eingesetzt wird. Das vielleicht
größte bisher noch ungelöste Problem in der Mathematik ist die
Riemann'sche Vermutung, und sie hängt eng zusammen mit dem
sogenannten Fundamentalsatz der Arithmetik, der besagt, dass
die Primzahlzerlegung einer Zahl immer eindeutig ist.*

Die Eindeutigkeit der Primzahlzerlegung lässt sich kaum hoch
genug bewerten. Das Ganze erscheint Ihnen vielleicht übertrie-
ben, doch um es nochmals zu betonen: Wäre die Primzahlzerlegung nicht eindeutig, hätte das weitreichende Konsequenzen.
Das folgende Beispiel soll deutlich machen, dass diese mittlerweile vertraute Eigenschaft der Zahlen alles andere als selbstverständlich ist. Betrachten wir als Beispiel die Zahlenfolge 1, 5, 9, 13,

17, 21, . . .: Es handelt sich um die Zahlen der Form $1 + 4n$, wobei n nacheinander die Werte 0, 1, 2, 3, 4, 5, . . . annimmt. Die Menge dieser Zahlen bildet ein abgeschlossenes Zahlensystem für sich, d. h., wenn wir zwei beliebige Zahlen dieser Art miteinander multiplizieren, ist das Ergebnis wieder eine Zahl dieser Art: Beispielsweise ist $9 \cdot 17 = 153 = 1 + (4 \cdot 38)$. Manche Zahlen, dazu zählt 153, lassen sich in ein Produkt von anderen Zahlen aus dieser Zahlenfolge zerlegen. Für andere Zahlen gilt das jedoch nicht, und diese Zahlen bezeichnen wir als *primär*. Gewöhnliche Primzahlen, die in dieser Folge auftreten, beispielsweise 5 oder 13, sind auch primär, doch auch 9 ist eine Primärzahl, denn sie lässt sich nicht in Zahlen aus der Folge zerlegen ($9 = 3 \cdot 3$, doch 3 gehört nicht zu unserer Menge).

Offensichtlich kann jede Zahl dieser Zahlenfolge in ein Produkt aus Primärzahlen zerlegt werden. Der Grund ist derselbe wie bei den Primzahlen: Entweder ist eine gegebene Zahl bereits eine Primärzahl, oder sie ist es nicht, und dann können wir sie in kleinere Faktoren aus unserer Menge zerlegen. Diese Zerlegung können wir so lange fortsetzen, bis nur noch ein Produkt von Primärzahlen vorliegt. Doch die Primärzahlenzerlegung ist nicht immer eindeutig: $693 = 21 \cdot 33 = 9 \cdot 77$. Damit erhalten wir zwei verschiedene Primärzahlenzerlegungen für $693 = 1 + (4 \cdot 173)$.

Die Moral der Geschichte ist, dass die Eindeutigkeit der Primzahlzerlegung etwas Besonderes ist und trotz ihrer Vertrautheit alles andere als selbstverständlich, denn wir haben gerade ein ähnliches Zahlensystem kennengelernt, für das diese Eigenschaft nicht gilt.

Kehren wir nun zu unsere Zahl 6 zurück. Zunächst können wir feststellen, dass ihre Eigenschaft, eine Rechteckzahl zu sein, kaum besonders bemerkenswert ist. Allerdings ist 6 auch eine *Dreieckszahl*: Da $6 = 1 + 2 + 3$, können wir sie in natürlicher Weise als eine Dreiecksanordnung von sechs Punkten ansehen, wobei ein Punkt in der ersten Reihe, zwei in der zweiten und drei Punkte in der dritten Reihe liegen. Die nächst kleinere Dreieckszahl ist $3 = 1 + 2$ und die nächst größere $10 = 1 + 2 + 3 + 4$. Gewöhnlich zählen wir die 1 zu den Dreieckszahlen, sodass die ersten fünf Dreieckszahlen 1, 3, 6, 10 und 15 sind. Das Dreieck aus 10 Punkten kennt man zum Beispiel aus der anfänglichen Anordnung der Pins (Kegel) beim Bowling, und das Dreieck aus 15 Punkten aus der Eröffnungsanordnung der roten Billardkugeln beim Snooker. Die Dreieckszahlen sind im Vergleich zu den gewöhnlichen Rechteckzahlen schon etwas Besonderes.

Die Zahl 6 gehört noch zu einer weiteren Zahlenklasse, die wir als „Auswahlzahlen" bezeichnen könnten: Es gibt insgesamt sechs Möglichkeiten, zwei Kinder aus einer Gruppe von vier Kindern auszuwählen. Nennen wir die Kinder Alex, Bert, Caroline und Daniel, dann können wir die sechs möglichen Paare durch *AB, AC, AD, BC, BD* und *CD* kennzeichnen. Hierbei spielt die Reihenfolge, in der wir die Kinder innerhalb eines Paares aufzählen, keine Rolle, sodass zum Beispiel *AB* und *BA* dasselbe Paar darstellen. Es zeigt sich, dass jede Dreieckszahl gleichzeitig auch eine Auswahlzahl ist: Die n-te Dreieckszahl ist gleich der Anzahl der Möglichkeiten, aus einer Gruppe von $n + 1$ Gegenständen zwei Gegenstände auszuwählen. Auch auf diesen Punkt werden wir in Kap. 4 noch genauer eingehen.

Die Zerlegung $6 = 1 + 2 + 3$ erlaubt noch eine zweite Deutung, die in der Unendlichkeit des Zahlensystems weitaus seltener auftaucht: Die Zahl 6 ist auch gleich der Summe all ihrer kleineren Faktoren. Die Pythagoräer nannten solche Zahlen *vollkommen*. Man sollte mit derart verführerischen Namen vorsichtig umgehen, doch in diesem Fall ist er durchaus nicht unangebracht: Damit eine Zahl gleich der *Summe* all ihrer Faktoren ist, muss ein besonderes inneres Gleichgewicht vorliegen, und diese Form von Gleichgewicht ist in der Tat sehr selten. Die nächsten vier vollkommenen Zahlen sind 28, 496, 8128 und 33 550 336. Man weiß vergleichsweise viel über die geraden vollkommenen Zahlen, doch obwohl es eine Beziehung zwischen diesen Zahlen und einer bestimmten Klasse von Primzahlen gibt, ist eine der grundlegenden Fragen der antiken Mathematiker auch heute noch unbeantwortet, nämlich ob es unendlich viele dieser speziellen Zahlen gibt. Noch erstaunlicher ist aber, dass noch niemand eine ungerade vollkommene Zahl gefunden hat oder beweisen konnte, dass es keine ungeraden vollkommenen Zahlen geben kann. Ob wir es jemals erfahren werden?

Schließlich hat 6 als einzige Zahl die Eigenschaft, dass sie sowohl gleich der Summe als auch gleich dem Produkt all ihrer kleineren Faktoren ist: $6 = 1 \cdot 2 \cdot 3 = 1 + 2 + 3$. Außerdem ist sie gleich der Summe und dem Produkt einer Folge von aufeinanderfolgenden Zahlen. Es gibt mit Sicherheit keine andere Zahl dieser Art. Natürlich ist es oft leicht, für die kleinen Zahlen besondere Eigenschaften zu finden, die einzigartig sind – beispielsweise ist 3 die einzige Zahl, die gleich der Summe aller vorherigen Zahlen ist, und 2 ist die einzige gerade Primzahl.

Wir erhalten die n-te Dreieckszahl, indem wir alle Zahlen von 1 bis n addieren. Ersetzen wir die Addition durch eine Multiplikation, erhalten wir die sogenannten *Fakultätszahlen*. Die erste Fakultätszahl ist 1, die zweite ist $2 \cdot 1 = 2$, und die dritte haben wir bereits kennengelernt: $3 \cdot 2 \cdot 1 = 6$. Fakultätszahlen treten vielfach im Zusammenhang mit Problemen auf, bei denen es um das Abzählen oder die Aufzählung von Möglichkeiten geht, beispielsweise zur Bestimmung der Wahrscheinlichkeit, ein bestimmtes Kartenblatt in einem Spiel wie Poker zu haben. Wegen ihrer Bedeutung gibt es für sie eine eigene Schreibweise: Die n-te Fakultätszahl schreibt man als $n! = n \cdot (n-1) \cdot \ldots \cdot 2 \cdot 1$. Die Dreieckszahlen wachsen schon vergleichsweise schnell an, ungefähr mit der Hälfte der Rate der Quadratzahlen, doch die Fakultätszahlen wachsen wesentlich schneller und erreichen sehr rasch die Millionen und Milliarden. Beispielsweise ist $10! = 3\,628\,800$. Das Ausrufezeichen wurde von Christian Krempe im Jahr 1808 zur Kennzeichnung dieser Zahlen eingeführt, und es scheint uns immer an diese äußerst alarmierende Wachstumsrate zu erinnern.

Es ist durchaus gerechtfertigt zu behaupten, dass die kleinen Zahlen häufig speziellere Eigenschaften haben als die großen – je näher eine Zahl dem Anfang der Zahlengeraden ist, umso wahrscheinlicher besitzt sie irgendein einzigartiges und besonderes Merkmal. Hierbei handelt es sich jedoch um eine grobe Faustregel, denn es gibt auch einige sehr große Zahlen mit ganz besonderen Eigenschaften. Die Zahl 12 bezeichnet man als *abundante* Zahl, was bedeuten soll, dass sie kleiner ist als die Summe aller ihrer Faktoren (hierbei zählen natürlich nur die Faktoren, die kleiner sind als die Zahl selbst): $1 + 2 + 3 + 4 + 6 = 16$. Ungerade Zahlen sind nur selten abundant, und es gibt auch keine kleinen ungeraden Zahlen dieser Art – das erste Beispiel ist die Zahl 945. Der eine oder andere Leser wird sich selbst davon überzeugen wollen, dass die Summe aller Faktoren von 945 auf die größere Zahl 975 führt. Mit etwas Erfahrung sieht man es schnell: Aus der Primfaktorzerlegung $945 = 3^3 \cdot 5 \cdot 7$ kann man leicht eine Formel ableiten, welche die Summe der Faktoren *einschließlich der Zahl selbst* liefert: $(1 + 3 + 9 + 27)(1 + 5)(1 + 7)$. Zieht man davon 945 ab, erhält man das Ergebnis 975.*

Für Mathematiker mit einem engen Bezug zur Zahlentheorie werden die einzelnen Zahlen zu alten Freunden. Eine berühmt gewordene Unterhaltung zwischen Hardy und Ramanujan bezog sich auf die Nummer 1729 eines Taxis. Als Hardy etwas oberflächlich meinte, es handele sich dabei um eine langweilige Zahl, belehrte ihn das kleine indische Genie sofort eines Besseren und wies darauf hin, dass 1729 die kleinste Zahl sei, die sich auf zwei verschiedene Weisen als Summe von zwei dritten Potenzen schreiben lässt: $1729 = 1^3 + 12^3 = 9^3 + 10^3$.

Manche Zahlen haben sogar irritierende Eigenschaften, zum Beispiel die Zahl 561. Sie verhält sich in vielerlei Hinsicht wie eine Primzahl, ohne jedoch eine zu sein. Primzahlen haben eine besondere Eigenschaft, die unter anderem auch für die Codierung von Nachrichten wichtig ist: Sie erfüllen das Fermat'sche Lemma, wonach für jede Zahl a und jede Primzahl p der Ausdruck a^p denselben Rest bei einer Division durch p ergibt wie die Zahl a selbst. Betrachten wir als Beispiel die Primzahl $p = 5$ und setzen $a = 8$, dann können wir leicht überprüfen, dass sowohl die Zahl 8 als auch $8^5 = 32\,768$ bei einer Division durch 5 denselben Rest 3 ergeben. Im Allgemeinen gilt diese Eigenschaft für zusammengesetzte Zahlen nicht mehr: Ersetzen wir zum Beispiel die Primzahl 5 durch die zusammengesetzte Zahl $p = 4$ und wählen $a = 7$, so sehen wir sofort, dass die Divison von 7 durch 4 den Rest 3 liefert, wohingegen die Division von $7^4 = 2401$ durch 4 den Rest 1 ergibt. Es wäre schön, wenn diese Eigenschaft einen Test darstellte, ob eine Zahl p eine Primzahl ist oder nicht. Leider ist das nicht der Fall. Die zusammengesetzten Zahlen p, die diesen Test immer bestehen, bezeichnet man als *Carmichael-Zahlen*, und $561 = 3 \cdot 11 \cdot 17$ ist die kleinste von ihnen. Diese Zahlen sind selten, doch zufälligerweise ist die Ramanujan-Zahl 1729 eine weitere, ebenso wie 2821. Im Jahr 1992 konnten Alford, Granville und Pomerance beweisen, dass es unendlich viele Carmichael-Zahlen gibt, und damit führt kein Weg an ihnen vorbei.

Im Gegensatz zu vielen anderen Zahlen sind Primzahlen in gewisser Hinsicht schwer zu fassen. Benötigen wir beispielsweise eine sehr große Quadratzahl, nehmen wir einfach eine große Zahl, multiplizieren diese mit sich selbst, und schon haben wir das Gewünschte. Schon vor Euklid (300 v. Chr.) war bekannt, dass es unendlich viele Primzahlen gibt*, doch im Gegensatz zu den Quadratzahlen sind diese nicht so leicht zu finden, und es hat den Anschein, dass die Jagd nach ihnen nicht einfach ist. Wir können Primzahlen nicht einfach wie Quadratzahlen herstellen, sondern müssen uns darauf beschränken, eine ungerade Zahl nach der anderen zu überprüfen. Es gibt allerdings verschiedene Tricks, die diese endlose Suche erleichtern. Auf der einen Seite hat noch niemand beweisen können, dass es unmöglich ist, einen direkten Weg zur Erzeugung beliebiger Primzahlen zu finden, auf der anderen Seite kann auch niemand behaupten, einen solchen Weg bereits gefunden zu haben.

Unter den ersten paar Tausend Zahlen sind Primzahlen noch häufig vertreten, doch sie werden immer seltener, je weiter wir in den Bereich der sehr großen Zahlen kommen. Das überrascht kaum, denn eine große Zahl hat potenziell weitaus mehr mögliche Faktoren als eine kleine. Zu jeder Zeit in der Geschichte der Mathematik gab es eine größte bekannte Primzahl. Der gegenwärtige Spitzenreiter hat viele Millionen Stellen, und es würde einen guten Monat dauern, diese Zahl einfach nur in der gewöhnlichen Notation der Basis 10 aufzuschreiben. Allerdings kann man sie einfacher als eine bestimmte Potenz von zwei minus eins darstellen: $2^{43\,112\,609} - 1$. Da es immer wieder größere Primzahlen gibt, die auf ihre Entdeckung warten, ist der herausragende Status dieser Zahl nur vorübergehend.[2] Ein Beispiel für eine sehr große Zahl, die ihren besonderen Status nie verlieren wird, ist

$$8080\ 17424\ 79451\ 28758\ 86459\ 90496\ 17107$$
$$57005\ 75436\ 80000\ 00000\,.$$

Bei dieser Zahl handelt es sich um die Anzahl der Elemente der sogenannten *sporadischen Monstergruppe*. Hier ist sicherlich eine kurze Erklärung vonnöten. Unter einer *Gruppe* können wir uns für unsere Zwecke die Menge aller Symmetrien eines Gegenstands vorstellen, Veränderungen, wie Spiegelungen und Drehungen, die ein strukturiertes Objekt, wie beispielsweise ein Quadrat oder ein Tapetenmuster, in seinem Erscheinungsbild unverändert lassen. Die Untersuchung mathematischer Gruppen begann zu Beginn des 19. Jahrhunderts und geht auf die Suche

---

[2] Diese Primzahl wurde 2008 gefunden und ist vermutlich die 47. Mersenne-Primzahl. Dank des GIMPS-Projekts, an dem viele Zehntausende Enthusiasten mit ihren Computern teilnehmen, wird der jeweilige Rekord in regelmäßigen Abständen gebrochen. Siehe http://primes.utm.edu/largest.html.

nach Lösungen von bestimmten Gleichungen zurück, bei denen höhere Potenzen als zwei in der unbekannten Größe auftreten. Dieses Gebiet erwies sich jedoch in der Folgezeit als nahezu allgegenwärtig, und Gruppen spielen fast in der gesamten Mathematik und Physik eine wichtige Rolle: Kristallografie und Nachrichtencodierung sind nur zwei dieser Gebiete. Vereinfacht kann man sagen, dass der Grund für ihre Bedeutung die Eigenschaft ist, der geometrischen Vorstellung von einer Symmetrie eine algebraische Formulierung zu geben. Auf diese Weise können wir zu diesem eher abstrakten Konzept sogar Berechnungen durchführen. Die Mathematik versucht immer zu verstehen, wie komplizierte Objekte aus kleineren und einfacheren Teilen zusammengesetzt sind. Eine *einfache Gruppe* hat unter den Gruppen eine ähnliche Bedeutung wie eine Primzahl für die Zahlen. Diese Aussage lässt sich zwar präziser fassen, das ist hier jedoch nicht notwendig. Es gibt vier Hauptklassen einfacher Gruppen, doch zusätzlich, außerhalb der regulären Klassen, gibt es noch genau 26 sogenannte sporadische einfache Gruppen. Man weiß heute, dass es nicht mehr als diese 26 Ausnahmegruppen geben kann. „Einfach" sind sie nur in der technischen Bedeutung dieses Wortes, im Allgemeinen sind sie sehr groß und komplex, und die Monstergruppe ist die größte unter ihnen. Sie wurde 1982 von Robert Greiss als Gruppe von Drehungen in einem 196 883-dimensionalen Raum konstruiert. Die Größe der Monstergruppe ist die oben angegebene 54-stellige Zahl. Diese Zahl ist daher speziell, und sie wird es auch für alle Zeiten bleiben. Sie gehört zu den unsterblichen Sehenswürdigkeiten der mathematischen Landschaft. Das volle Ausmaß ihrer Bedeutung wird sich erst mit den Jahren zeigen, wenn die Zahlen nach und nach ihre Geheimnisse preisgeben.

2

Die Entdeckung der Zahlen

Auch wenn uns Zahlen sehr vertraut sind, sollte man sich immer vor Augen halten, dass sie keine physikalische Existenz haben, sondern dass es sich eher um Abstraktionen handelt, die aus der wirklichen Welt gewonnen wurden. Von zwei Mengen sagt man, sie haben dieselbe Anzahl von Elementen, wenn die Elemente der Mengen paarweise einander zugeordnet werden können, wie in dem Film „Seven Brides for Seven Brothers" („Eine Braut für sieben Brüder"). Die Zahl der Elemente in einer endlichen Menge gilt als kleiner als die Zahl der Elemente in einer anderen, wenn die Elemente dieser ersten Menge mit nur einem Teil der zweiten Menge gepaart werden können. So war es bei unserem Beispiel mit den Spielzeugen für die Kinder bei einer Geburtstagsfeier. Dadurch erhält die Menge der Zahlen eine natürlich ansteigende Ordnung. Da wir in der Kindheit alle gelernt haben zu zählen, können wir nur mit Mühe nachvollziehen, weshalb das Zählen eigentlich etwas Schwieriges ist. Es war sicherlich nicht leicht, bis man erkannt und in Worte gefasst hatte, dass ein Kaninchenpaar und zwei Tage etwas Gemeinsames haben. Letztendlich wichtig ist natürlich, dass der Mann mit den Kaninchen für jeden der nächsten beiden Tage etwas zu essen hat.

War das Konzept einer Zahl einmal erkannt, war es nur natürlich, den ersten Zahlen eigene Namen zu geben: Eins, zwei, drei, vier usw. sind die von uns verwendeten Bezeichnungen. Bis zu diesem Punkt unterscheidet sich die ganze Sache jedoch nur wenig von dem geordneten Aufzählen der Buchstaben eines Alphabets. Ein kleiner Unterschied besteht allerdings: Die ers-

ten sechsundzwanzig Zahlen besitzen die oben erwähnte natürliche Ordnung, wohingegen die Ordnung der Buchstaben eines
Alphabets willkürlich ist. Obwohl die *Bezeichnungen* für unsere
Zahlen vollkommen beliebig sind, ist ihre natürliche Ordnung
etwas ihnen Eigenes und nichts, das wir willkürlich festgelegt haben. Gerade die willkürliche Ordnung, die wir dem Alphabet
gegeben haben, macht es Kindern oft so schwer, wenn es darum
geht, sich die Reihenfolge der Buchstaben in einem Wörterbuch
zu merken.

Was für das Alphabet noch angemessen sein mag, würde bei
den natürlichen Zahlen nicht funktionieren: Es gibt nur endlich
viele Buchstaben, und nachdem wir sechundzwanzig Namen erfunden haben, erreichen wir das Ende. Es gibt aber unendlich
viele Zahlen, und sie erstrecken sich endlos. Außerdem brauchen
wir sogar im Alltag viele dieser Zahlen – jede Zivilisation muss in
der Lage sein, bei Bedarf bis in die Hunderte oder Tausende zählen zu können. Es besteht daher die Notwendigkeit, irgendeine
Bezeichnungsform für Zahlen zu erfinden, die über den naiven
Weg einer immer größeren Liste verschiedener Namen für verschiedene Zahlen hinausgeht.

Wir können dieses Problem etwas entschärfen, indem wir bestimmte Zahlen durch bestimmte Symbole darstellen: Bei den
römischen Ziffern steht das X beispielsweise für die Zehn und
das V für die Fünf. Das grundlegende Problem bleibt jedoch: Es
ist unpraktisch, ja sogar unmöglich, für jede Zahl ein eigenes einzelnes Symbol zu haben. Früher oder später sind wir gezwungen,
das *Prinzip der Addition* auszunutzen, wonach sich einige Zahlen
als die Summe von zwei kleineren Zahlen darstellen lassen. Beispielsweise gibt es bei den römischen Zahlen kein eigenes Symbol
für die Zahl Fünfzehn – wir schreiben einfach XV, um damit die
Zahl anzudeuten, die man aus einer Menge von zehn Gegenständen erhält, wenn man noch eine Menge von fünf weiteren
Gegenständen hinzufügt.

Anscheinend handelt es sich bei der Entdeckung dieses Additionprinzips um etwas Natürliches, denn wir finden es in allen antiken Zivilisationen im Nahen Osten, in Europa und in Asien. Auch die Addition auf der Basis Zehn ist häufig. Wie schon erwähnt, haben die Babylonier sowohl von der Basis Zwölf als auch von der Basis Sechzig Gebrauch gemacht, worauf die heute weltweite Praxis der Unterteilung eines Tages in vierundzwanzig Stunden und die Unterteilung des Vollkreises in 360 Grad zurückgeht. Ein weiteres Überbleibsel der Basis Sechzig finden wir im Französischen, wo es keine eigenen Bezeichnungen für die Zahlen zwischen 60 und 100 gibt: 70 heißt soixante-dix (60 und 10), 80 ist quatre-vingt (vier Zwanziger), 90 ist quatre-vingt-dix usw. Die französisch sprechende belgische Bevölkerung wurde dessen allerdings müde und führte für diese Zahlen die neuen Namen septante, octante und nonante ein. Die meisten Zahlensysteme beruhen allerdings auf einer Einteilung der Zahlen in Zehnergruppen, wodurch man in der Praxis vergleichsweise große Zahlen durch eine kurze Liste von Symbolen kennzeichnen kann. Leider übernahm man dabei den „Gerade-gut-genug"-Standpunkt: Nachdem ein für die Anforderungen des Alltags taugliches Verfahren zum Aufschreiben von Zahlen entwickelt worden war, festigte es sich, und es wurde anscheinend nichts unternommen, um dieses System zu verbessern oder es gar durch ein besseres zu ersetzen.

Selbst die mathematisch sehr fortschrittlichen Griechen nahmen die Grundrechenarten nicht so ernst, als dass sie sich von einer ziemlich primitiven Schreibweise hätten lösen können. Eine mögliche Erklärung könnte sein, dass Buchhaltung eher von Sklaven ausgeführt wurde und einer vertiefenden Untersuchung nicht würdig erschien. Was auch immer die Gründe waren, die Art des Rechnens war bei den Griechen kaum fortgeschrittener als in anderen antiken Kulturen. (Tatsächlich war im Grunde genommen das babylonische System sogar überlegen, wie wir noch erläutern werden.) Es ist durchaus möglich, dass die antiken

Buchhalter für ihre Berechnungen eine Fülle praktischer Tricks kannten, und mit Sicherheit nutzten sie einfache Rechengeräte wie den Abakus (ein Rechenbrett). Sie hatten auch zweifelsohne ihre spezifischen Verfahren der mentalen Arithmetik, die sie den folgenden Generationen mündlich und anhand von Beispielen übermittelten. Dieser Teil der Geschichte der Mathematik ist größtenteils verloren, und den heutigen Gelehrten sind nur wenige zufällige Einblicke verblieben.

Die Griechen stellten die Zahlen 1 bis 9 durch die ersten neun Buchstaben ihres Alphabets dar und verwendeten eine ähnliche Folge von Symbolen für die Vielfachen von 10 bis 90 sowie einen weiteren Satz von Symbolen für die Hunderterzahlen 100 bis 900. Beispielsweise stand λ für die Zahl 30 und β für die Zahl 2, sodass die Zahl 32 in der Form $\lambda\beta$ geschrieben wurde. Auf den ersten Blick erscheint dieses Verfahren ebenso effizient wie unsere heutige Schreibweise, doch der Schein trügt. Das Additionsprinzip wird zwar verwendet, aber die Stelle, an der ein Symbol steht, wird nicht wirklich ausgenutzt. Vertauschen wir die Ziffern von 32 erhalten wir 23, also eine andere Zahl. Das gilt jedoch nicht für $\beta\lambda$, das ebenfalls nur $2+30 = 32$ bedeuten konnte. Die griechische Form von 23 entsprach der Buchstabenfolge $\kappa\gamma$, denn κ stand für 20 und γ für 3. Auf diese Weise lassen sich alle Zahlen bis Tausend als Buchstabenfolgen mit einer Länge von maximal drei Ziffern aufschreiben. Anfänglich mag das noch gereicht haben, doch es dauerte nicht lange, bis man auch Zahlen im Tausenderbereich handhaben musste. Statt nochmals ganz von vorne anzufangen, wurde das alte System in willkürlicher Form etwas abgeändert, damit man auch mit diesen Anforderungen zurechtkam. Man einigte sich darauf, dass ein Komma vor einem Symbol die Bedeutung hatte, dass dieses Symbol mit 1000 multipliziert wurde, sodass beispielsweise α der Zahl 1000 entsprach. Für praktische Zwecke schien das auszureichen.

Gelegentlich gab es Versuche, das System zu verbessern. Im dritten nachchristlichen Jahrhundert ging der griechische Mathematiker Diophantos von Alexandria einen Schritt weiter und verwendete einen Punkt, um anzudeuten, dass die vorangehende Zahl mit einer Myriade (10 000) zu multiplizieren sei. Er gab das Beispiel, $\alpha\tau\lambda\alpha., \epsilon\sigma\iota\delta$, das wir entsprechend als 13 315 214 übersetzen würden. Die erste Gruppe aus vier Symbolen, $1000 + 300 + 30 + 1$ muss mit Zehntausend multipliziert werden, da ihr ein Punkt folgt, während die zweite Gruppe für $5000 + 200 + 10 + 4$ steht. Offenbar ist es auf diese Weise nicht allzu schwierig, ein zunächst umständliches System so anzupassen, dass man damit Zahlen bis weit in die Millionen ausdrücken kann. Tatsächlich rühmte sich Archimedes im dritten vorchristlichen Jahrhundert in seinem Buch *Sandrechner* damit, eine Zahl darstellen zu können, die größer war als die notwendige Anzahl an Sandkörnern, um unser Universum auszufüllen (zumindest das Universum des griechischen Weltbildes).

Wir können immer noch einwerfen, dass sich diese Schreibweise der Zahlen nicht für „Papier und Bleistift"-Rechnungen eignet. Dieser Einwand ist allerdings sehr modern, denn in der Antike gab es noch kein billiges Papier. Schwierige Berechnungen wurden auf Zählrahmen durchgeführt, somit diente ihr Verfahren zum Aufschreiben der Zahlen nur dazu, die Ergebnisse und die Ausgangszahlen festzuhalten. Zur Notation von Zahlen reichte eine Kurzschrift, mit der man die Zahlen in Worten ausdrückte, und so wurde dieses Verfahren auch nie wesentlich verbessert.

Der Ursprung des römischen Zahlensystems liegt für uns im Dunkeln, geht aber vermutlich auf die Zivilisation der Etrusker zurück, die in vorrömischer Zeit auf der heutigen italienischen Halbinsel lebten. Die römischen Ziffern wurden von den Römern auch tatsächlich verwendet und hielten sich bis ins Mittelalter. Auch heute noch begegnen wir ihnen hauptsächlich zu dekorativen Zwecken in der europäischen Kultur. Neben den schon erwähnten Symbolen für Eins, Fünf und Zehn gab es weitere Symbole für Fünfzig (L), Einhundert (C), Fünfhundert (D) und Eintausend (M). Wurde ein Film im Jahre 2003 gedreht, so sieht man am Ende des Abspanns die römischen Ziffern MMIII, und das Jahr 1673 wurde in der Form MDCLXXIII geschrieben. Ähnlich wie im griechischen System verzierten die Römer ihre Zahlensymbole, wenn sie eine Multiplikation mit einer großen Potenz von Zehn andeuten wollten. Beispielsweise wurden die Zahlen Zweihunderttausend oder eine Million dadurch gekennzeichnet, dass man ein Quadrat um die Symbole II bzw. X zeichnete, um damit anzudeuten, dass diese Zahlen mit einem Faktor von Einhunderttausend zu multiplizieren sind.

Im griechischen System hatte ein Symbol eine feste Bedeutung, die nicht davon abhing, an welcher Stelle das Symbol in einer Symbolfolge stand. Das römische System nutzte jedoch in einem eingeschränkten Sinn die Position eines Symbols aus, indem es manchmal ein *Subtraktionsprinzip* anwandte. Zur Erklärung: Die römischen Ziffernfolgen in den beiden obigen Beispielen wurden gewöhnlich so angeordnet, dass der Zahlenwert der Symbole abnahm, ebenso wie im griechischen System. Bei den römischen Ziffern wurde jedoch manchmal ein Symbol mit einem kleineren Zahlenwert vor eines mit einem größeren Wert gestellt, wie zum Beispiel in der Zahl IV. Diese Umstellung hat die Bedeutung, dass der Wert des kleineren Symbols von dem des größeren Symbols *subtrahiert* wird. Damit erhält man eine alternative Schreibweise für die Zahl Vier, die man auch einfach als IIII schreiben konnte. Ganz entsprechend kann man die Zahlen Neun als IX und Vierzig als XL schreiben. Anscheinend haben die Römer jedoch von dem Subtraktionsprinzip nicht viel Gebrauch gemacht, denn es verbreitete sich in Europa erst nach der Erfindung der Druckerpresse.

Obwohl sich das römische System durchaus hätte verbessern lassen, erwies sich der tatsächlich eingeschlagene Weg als Sackgasse. Für ein praktikables modernes Rechensystem mussten diese antiken Systeme vollständig verworfen und durch ein Stellenwertsystem für Zahlen ersetzt werden. In dieser Hinsicht ist das babylonische System mit der Basis Sechzig bemerkenswert, denn

es machte von der Stellung der Ziffern Gebrauch: Ihr Keilschrift-
zeichen für 1 konnte sowohl 1 als auch 60 oder 60 · 60 bedeuten, je nach seiner Stellung innerhalb der Symbolfolge. Leider
war diese großartige Idee noch nicht wirklich von Nutzen, da es
das Nullsymbol als Platzhalter noch nicht gab, obwohl man anscheinend zu diesem Zweck gelegentlich etwas leeren Raum ließ.
Dieser Leerplatz wurde jedoch nur für Stellen innerhalb der Ziffernfolge verwendet, nie am Ende, wie wir es beispielsweise bei
der Zahl 70 tun. Insgesamt war diese Schreibweise aufgrund ihrer
Mehrdeutigkeiten immer noch verwirrend.

Es bedeutete eine enorme psychologische Hürde, die Zahl 0
ebenso zu verwenden, wie die positiven ganzen Zahlen 1, 2 usw.
Um die endlosen Möglichkeiten der Arithmetik und der Algebra
in vollem Umfang erkennen zu können, bedurfte es anderer Zahlen als nur der positiven Zählzahlen. Arithmetische Rechenschritte führen uns aus dem Bereich der natürlichen Zahlen heraus in
den Bereich anderer Zahlenarten. Solange wir unsere Mathematik an bestimmte Interpretationen knüpfen, besteht die Gefahr
einer Verzettelung in unwichtige Einzelheiten. Selbst heute noch
haben manche Menschen Probleme mit negativen Zahlen, und
die imaginären Zahlen, die sich aus den Quadratwurzeln der
negativen Zahlen ergeben, gelten als vollkommen abwegig und
unverständlich. Nichts davon ist wahr, aber wenn wir uns in solche Vorstellungen hineinversetzen, fällt es uns vielleicht leichter,
die immer noch vorhandenen Bedenken gegen eine gleichberech-
tigte Verwendung der 0 nachzuvollziehen. Möglicherweise wurde
die uneingeschränkte Verwendung eines Nullsymbols auch einfach nur als hässlich und überflüssig angesehen. Diese Einstellung
finden wir teilweise noch heute, beispielsweise wenn wir Vor-
drucke ausfüllen, die automatisch verarbeitet werden. Oftmals
sollten für die Angabe eines Datums jeweils immer zwei Ziffern
verwendet werden. Wurden Sie also am 8. Februar 1964 geboren, sollen Sie Ihr Geburtsdatum in der Form 08.02.64 angeben. Viele scheuen sich, der von Computersystemen geforderten

Gleichförmigkeit nachzugeben und weigern sich, ein 0-Symbol vor eine Zahl zu setzen. Sie schreiben einfach 2.8.64. Auch wenn es sich um etwas Belangloses handelt, können sich manche in diesen Dingen sehr dickköpfig anstellen.

Zählen und was daraus werden kann

Es hat den Anschein, dass das Zählen bzw. Abzählen von Dingen für den Menschen etwas Natürliches ist und diese Fertigkeit auch entwickelt wird, sobald die Notwendigkeit dafür gegeben ist. Bis vor nicht allzu langer Zeit gab es einen Volksstamm in der Arktis, dessen Mitglieder kein Zahlensystem kannten. Nachdem sie mit der westlichen Zivilisation in Kontakt gekommen und plötzlich von Gegenständen umgeben waren, die auch gezählt werden mussten, entwickelten sie ein solches System sehr rasch.[1] Müssen wir auch bis zu größeren Zahlen zählen, ist es vollkommen natürlich, diese Aufgabe in zwei oder mehr Schritte zu unterteilen, und dann ist es nur noch ein kleiner Schritt bis zum Additionsprinzip. Die Schnittstelle entspricht der Idee eines verallgemeinerten Zählens, bei der wir nicht immer mit der Zahl 1 beginnen. Wenn wir am Gesamtbestand zweier Lager interessiert sind, die jeweils getrennt gezählt wurden, müssen wir die Einzelergebnisse nur addieren. In diesem Sinne ist das reine Abzählen eine besondere Form der Addition, bei der in jedem Schritt lediglich eine 1 hinzugezählt wird.

Die Addition ergibt sich also in natürlicher Weise aus dem Zählen, und über die Addition gelangen wir dann zu den anderen drei Rechenarten: der Subtraktion, Multiplikation und Division. Historisch ist nicht gesichert, ob im nächsten Schritt die Subtraktion oder die Multiplikation entwickelt wurde. Intuitiv erscheint die Subtraktion natürlicher, da sie das Gegenteil der Addition

---

[1] Siehe das Buch von Stephen Pinker *The Blank Slate*.

ist, und im Allgemeinen ist es auch die zweite Rechenart, die den Kindern in der Schule beigebracht wird.[2] Die Subtraktion nimmt Dinge weg bzw. macht eine Addition (die in der Praxis vielleicht nie wirklich ausgeführt wurde) rückgängig, sodass am Ende weniger Gegenstände vorhanden sind als vorher. Obwohl die Subtraktion sehr einfach erscheint, ist sie mathematisch teilweise heikel und nicht so unkompliziert wie die Addition – bei zwei gekoppelten Subtraktionen hängt das Ergebnis davon ab, wie man die Klammern setzt.[3] Um diese Dinge muss man sich bei Summen nicht kümmern. Schlimmer noch ist, dass man manche Subtraktionen gar nicht ausführen kann, denn es hat den Anschein, als ob man eine größere Zahl nicht von einer kleineren abziehen kann, wohingegen man zwei beliebige Zahlen immer addieren kann. Das ist irgendwie befremdlich, und gerade Kinder haben manchmal das Gefühl, dass da irgendetwas faul ist. Fragen sie nach, greifen wir zu Erklärungen der Art, dass wir von drei Enten, die auf einem Teich schwimmen, nicht vier Enten wegnehmen können, weil einfach nicht genug Enten vorhanden sind. So ganz zufriedenstellend ist das immer noch nicht, denn die natürliche Symmetrie zwischen Addition und Subtraktion scheint gebrochen, und zur Rechtfertigung reden wir plötzlich über Enten. Obwohl Kinder ihre Zweifel nicht in dieser Form ausdrücken können, verbleibt ein ungutes Gefühl im Hinterkopf, dass hier irgendetwas nicht so ganz in Ordnung ist und da noch mehr dahintersteckt.

Im Gegensatz dazu bereitet die Multiplikation keine solchen Schwierigkeiten, da es sich nur um eine besondere Form der

---

[2] Das älteste Buch, in dem die uns vertrauten Plus- und Minuszeichen („+" und „−") im Druck erscheinen, ist ein Rechenbuch für kommerzielle Zwecke: *Rechenung auff allen Kauffmannschafft* von Johann Widman aus Leipzig, das im Jahr 1489 veröffentlicht wurde. Das Gleichheitszeichen stammt aus späterer Zeit und ist eine englische Erfindung von Robert Recorde im Jahr 1557.
[3] $(8 - 4) - 2 = 4 - 2 = 2$, aber $8 - (4 - 2) = 8 - 2 = 6$: Die Subtraktion ist nicht *assoziativ*.

wiederholten Addition handelt: $4 \cdot 3$ bedeutet $4 + 4 + 4$. Es verbleibt lediglich die Frage, weshalb sie so wichtig ist. Falls Sie nicht schon einmal auf diese Frage gestoßen sind, erscheint sie zunächst überraschend, denn die Multiplikation ist uns so vertraut. Die Antwort beruht auf der Erfahrung, die einfach gezeigt hat, dass diese besondere Form der Addition immer wieder und in sehr vielen verschiedenen Zusammenhängen auftritt – zum Beispiel auch bei der Bestimmung der Fläche eines rechteckigen Feldes.

Ein Großteil der Mathematik ergab sich aus Überlegungen, erfolgreiche Ideen noch einen Schritt weiter zu treiben. Die wiederholte Addition derselben Zahl führt auf die Multiplikation. Vielleicht führt ja die wiederholte Multiplikation derselben Zahl ebenfalls zu einem wichtigen Konzept.

Ersetzen wir in der obigen Summe das Pluszeichen durch ein Multiplikationszeichen, erhalten wir $4 \cdot 4 \cdot 4$, was wir gewöhnlich als 4^3 schreiben. Tatsächlich ist auch diese Art der wiederholten Multiplikation von großer Bedeutung: In diesem Fall entspricht die Antwort dem Volumen eines Würfels mit der Kantenlänge 4. Diese Rechenoperation bezeichnet man als *Potenzierung*.[4] Für sie gelten jedoch nicht mehr alle vertrauten Eigenschaften. Die Potenzierung ist nicht *kommutativ*: $3^4 = 81 \neq 64 = 4^3$. Anders als die Multiplikation und die Addition spielt die Reihenfolge, in der wir die Zahlen bei der Rechenoperation einführen, eine Rolle.

Es gibt auch eine mathematische Operation, die auf der wiederholten Potenzierung beruht. Eine andere Schreibweise für 4^3, die besonders bei Computertastaturen Verwendung findet, ist der nach oben gerichtete Pfeil: $4 \uparrow 3$. Das Symbol $\uparrow\uparrow$ bedeutet nun

---

[4] Die Schreibweise für die Potenzierung erscheint das erste Mal in *Triparty en la science des nombres* von Nicolas Chuquet um 1500. Er betrachtete positive und negative Potenzen sowie auch die Potenz Null von einer unbekannten Größe. Die Interpretation von Wurzeln als gebrochenzahlige Potenzen von Brüchen wurde bereits im 14. Jahrhundert von Nicole Oresme aus Paris verwendet.

Folgendes: 4 ↑↑ 3 ist dasselbe wie 4 ↑ 4 ↑ 4, was wiederum dasselbe ist wie 4^{4^4}, sodass 3 die Länge des Turms aus den Ziffern 4 angibt. Wenn wir diese Idee weitertreiben und neue Operationen durch die Wiederholung der vorangegangenen einführen, erhalten wir eine Folge von riesigen Zahlen, wie man sie bis ins 20. Jahrhundert noch nie ausgedrückt hat.

Die Zahlen 1 ↑ 1, 2 ↑↑ 2, 3 ↑↑↑ 3 = 3 ↑↑ 3 ↑↑ 3 usw. bezeichnet man als *Ackermann-Zahlen*. Die erste Ackermann-Zahl ist 1 ↑ 1 = 1 und die zweite 2 ↑↑ 2 = 2^2 = 4. Die dritte Ackermann-Zahl besteht aus einem Turm von Dreien, und allein dessen Höhe ist eine riesige Zahl: $3^{(3^3)}$ = 7 625 597 484 987. Die Größe der vierten Ackermann-Zahl, bei der vier Pfeile zwischen zwei Vieren stehen, ist jenseits von allem, was man noch in irgendeiner Form als vom menschlichen Geist erfassbar bezeichnen könnte, und dahinter folgt noch der ganze Rest. Selbst „kleine" Ackermann-Zahlen haben mehr Stellen in ihrer Dezimalentwicklung als es Teilchen im Universum gibt, und die nicht so kleinen Zahlen benötigten beliebig viele Universen, wollte man sie lediglich in der gewöhnlichen Form aufschreiben. Um Ihnen eine Vorstellung zu vermitteln: Die vierte Ackermann-Zahl ist eine 4 mit einer Potenz aus einem Turm von Vieren, und nur die Länge dieses Turms ist eine 4 zur 4^{4^4}. Potenz, also eine 4 mit einer Potenz, die gleich einer Zahl mit 155 Stellen ist.

Die Ackermann-Zahlen sind mehr als nur einfach eine Namensgebung für Zahlen von unvorstellbarer Größe. In der theoretischen Informatik dienen sie auch zur Konstruktion von Beispielen für Berechnungen, die zwar im Prinzip möglich wären, die aber in nicht weniger Schritten als einer Ackermann-Zahl ausgeführt werden können. Man könnte meinen, diese ganze Richtung führe zu Konzepten, die für alle Zeiten jenseits aller Möglichkeiten bleiben. Doch Richard Conway und Richard Guy führen in ihrem treffend genannten Buch *Book of Numbers* (Buch der Zahlen) etwas ein, das sie als eine verkettete Pfeil-Notation bezeichnen und mit der man Zahlen definieren kann, welche die Ackermann-Zahlen weit in den Schatten stellen. Vermutlich ist die Kette solcher besonderer Notationen zur Definition von Zahlen, die ansonsten keine Ausdrucksform mehr haben, endlos. Hier folgen wir den antiken Pionieren wie Diophantos oder auch den babylonischen Schreibern, die Verfahren zur Darstellung von Zahlen erfunden haben, deren Größe vermutlich alles übertraf, wofür sie irgendeine Verwendung hatten.

Die vierte und bei weitem problematischste Rechenart ist die Division. Nicht nur moderne Durchschnittsbürger haben mit dieser Rechenoperation ihre Schwierigkeiten: Die Fähigkeit, „komplizierte lange Divisionsberechnungen" ausführen zu können, war eine Errungenschaft, die nur den intelligentesten der Katzenwesen von T.S. Eliot vorbehalten war (siehe *MaCavity, the Mystery Cat* in *Old Possum's Book of Practical Cats*). Die Division ist die Umkehroperation der Multiplikation, und sie zeigt ähnliche Schwierigkeiten wie die Subtraktion: Wenn wir mehrere Divisionen hintereinander ausführen wollen, spielt es eine Rolle, wo die Klammern stehen (anders als bei der Multiplikation), und man muss sorgfältig angeben, was gemeint ist. Die meisten Divisionen lassen sich nicht vollständig und glatt ausführen, sondern es bleibt ein Rest. Möchte man über diesen Punkt hinaus, muss man eine neue Art von Zahlen einführen: die Brüche. Es gab allerdings nie einen besonders heftigen Widerstand gegen die Verwendung von Brüchen, denn zumindest manche Gegenstände lassen sich sinnvoll unterteilen. Im Gegensatz dazu hatten die Menschen immer wieder ihre Probleme mit den negativen Zahlen, wie sie bei der Subtraktion auftreten. Das Rechnen mit Brüchen ist allerdings vergleichsweise kompliziert, und wenn wir auch bei den nicht-ganzzahligen Anteilen auf der Zehner-Basis bestehen, gelangen wir schnell zu niemals endenden Dezimaldarstellungen.

Eine Zahl von einer anderen zu subtrahieren ist nicht schwieriger als die zugehörige Addition. Im Gegensatz dazu ist eine lange Division weitaus aufwändiger als die zugehörige Multiplikation. Für die Multiplikation muss man zunächst die Multiplikationstabelle bis zur Zahl Zehn – der verwendeten Basis – auswendig lernen. Nun ist es leicht, jede beliebige Zahl mit einer Zahl zwischen 1 und 9 zu multiplizieren. Da die Multiplikation mit der Basiszahl Zehn nur darin besteht, ans Ende einer Zahl eine 0 anzuhängen, wird die Multiplikation mit einer beliebigen Zahl zu einer Addition von Ergebnissen, die man aus diesen Grundmultiplikationen erhält. Das ist das vertraute Verfahren bei langen Multiplikationen.

Ein Beispiel für eine Division ist 3000 : 18 = 166, wobei 12 übrig bleibt. Die Zahl 18 ist der *Divisor*, und die zu teilende Zahl, in diesem Fall 3000, bezeichnet man etwas irreführend als *Dividend*. Die Antwort selbst besteht aus zwei Teilen – in diesem Beispiel ist der *Quotient* die Zahl 166 und der *Rest*, der immer kleiner als der Divisor ist und auch Null sein kann, ist die Zahl 12. Da die Multiplikation eine besondere Form der Addition ist, beinhaltet die Umkehrung – die Division – eine Subtraktion. Genauer gesagt, wir subtrahieren das größtmögliche Vielfache des Divisors von dem Dividenden, wobei der Rest übrig bleibt. Die Berechnung dieses Quotienten erfordert wiederholte Multiplikationen und Subtraktionen. Bei jedem Schritt des herkömmlichen Divisionsverfahrens muss von dem jeweils verbliebenen Rest des Dividenden das größtmögliche Vielfache des Divisors multipliziert mit einer Potenz von Zehn abgezogen werden. Auf diese Weise können wir den Wert des Quotienten schrittweise von links nach rechts konstruieren. Die letzte Schwierigkeit tritt auf, wenn der Divisor größer ist als der verbliebene Dividend und das Ergebnis kleiner ist als 1. Da unser Divisionsverfahren auf der Basis Zehn beruht, führen wir auch solche Berechnungen in der Dezimaldarstellung durch. Die Rechenvorschrift ist dieselbe wie bei jeder anderen längeren Division – wir müssen nur aufpassen, wo das Dezimalkomma hingehört. Prinzipiell gesehen ist dieses Divisionsverfahren jedoch sehr einfach: So

	Quotienten	Reste
2)	87	
	43	1
	21	1
	10	1
	5	0
	2	1
	1	0
	0	1

Abb. 2.1 Rechenweg zur Umrechnung von 87 in ihre binäre Darstellung 1010111

lange wie möglich ziehen wir immer nur Vielfache des Divisors vom Dividenden ab und zählen, wie oft wir das machen können.

Auf der wiederholten Division beruht auch das Verfahren zur Umrechnung einer Zahl, die in Bezug auf eine Basis vorliegt, in die Ziffernfolge derselben Zahl in Bezug auf ein anderes Basissystem. Bei jedem Schritt erhalten wir einen Rest, der zur Ziffer für die nächste Potenz der neuen Basis wird. Zum Beispiel lässt sich jede Zahl als Summe von Potenzen von 2 schreiben, und diese Darstellung ist eindeutig. Das bedeutet, jede Zahl lässt sich in der Basis 2 ausdrücken, und verschiedene binäre Ziffernfolgen entsprechen auch verschiedenen Zahlen. (Natürlich gilt das für jede Basis, nicht nur für 2 und 10.) Wollen wir zum Beispiel die Zahl 87 in eine Binärfolge umwandeln, verläuft die Rechnung wie in Abb. 2.1.

Die Binärdarstellung der Zahl 87 lautet also 1010111_2 (wobei der Index 2 uns daran erinnern soll, in welcher Basis die Zahl ausgedrückt wird). Der Weg zurück ist leicht: Wir müssen nur die entsprechenden Potenzen von 2 addieren, die durch das Vorhandensein einer 1 in der Binärdarstellung angezeigt werden. Von rechts gelesen besagen die ersten drei Einsen, dass die $1 = 2^0$, die $2 = 2^1$ und die 2^2 vorhanden sind, wohingegen die erste Null von rechts andeutet, dass es keinen Beitrag von der Potenz 2^3 gibt. Die vollstände Rechnung liefert $1010111_2 = 1 + 2 + 4 + 16 + 64 = 87$. Sollte das für Sie alles neu sein, möchten Sie vielleicht selbst einmal ein Beispiel durchrechnen: Zeigen Sie auf dieselbe Weise, dass die Zahl 108 in der Binärdarstellung durch die Folge 1101100_2 gegeben ist und übersetzen Sie diese binäre Zahl wieder zurück in die Basis Zehn zur Überprüfung, dass alles stimmt.

3

Zahlentricks

Der Science-Fiction-Autor Isaac Asimov gelangte vor einigen Jahren wieder zu Ruhm durch den Film *I Robot*, der auf seinen drei Gesetzen der Robotik beruht – drei unabdingbare Grundgebote für das Verhalten von Maschinen, um sicherzustellen, dass sie keinen Schaden anrichten. Eine seiner weniger bekannten Kurzgeschichten handelt von einer „fortgeschrittenen Gesellschaft", die vollständig von Maschinen abhängig ist und alles, was sie jemals über den Umgang mit Zahlen wusste, vergessen hat. Eines Tages entdeckt eine unerschrockene Seele all die Geheimnisse wieder, mit denen man selbst Berechnungen durchführen kann, und sie versetzt mit diesen scheinbar überirdischen Fähigkeiten alle in Staunen. Arithmetik wird plötzlich Mode, und die Bürger ergehen sich in fieberhaften Spekulationen, wie sie ihre neu gewonnenen Fertigkeiten und Unabhängigkeiten ausnutzen können.

Wollen wir hoffen, dass es nie soweit kommen wird. Aber wir müssen zugeben, dass diese Geschichte heute weitaus weniger absurd klingt als noch vor rund vierzig Jahren, als sie entstand. Taschenrechner sind schön und gut, doch wir sollten nicht zulassen, dass sie uns unserer intellektuellen Würde berauben – diese Geräte sollten unser Leben bequemer machen, aber wir sollten nicht von ihnen abhängig werden. Dabei geht es nicht nur um unseren Stolz. Ein Taschenrechner ist für jemanden, der kein wirkliches Gefühl für Zahlen hat, nur von begrenztem Nutzen. Ein Fehler bei der Eingabe bleibt unentdeckt, und die möglicherweise lächerliche Antwort wird unkritisch übernommen. Als

Benutzer muss man wissen, was man von einem Taschenrechner zu erwarten hat, damit er zu einem praktischen Hilfsmittel wird.

Zur Erhaltung dieses Ideals müssen wir sicherstellen, dass unsere arithmetischen Muskeln nicht verkümmern. Als Trainingseinheit zur Stärkung Ihrer numerischen Unabhängigkeit schlage ich vor, Sie nehmen sich die Zeit, die später in diesem Kapitel erläuterten Teilbarkeitstests sowie andere arithmetische Diagnostiken einzuüben. Die Tests zur Überprüfung der Teilbarkeit einer Zahl durch eine gegebene Zahl kleiner als 17 sind nicht schwierig, und auch die Gründe, weshalb dieses Tests funktionieren, sind leicht nachvollziehbar. Diese Tests geben Ihnen nicht nur ein gewisses Maß an Unabhängigkeit von Ihrem Taschenrechner, sondern sie ermöglichen auch Berechnungen, die weit jenseits der Fähigkeiten selbst der protzigsten Handtaschenrechner liegen.

Wir beginnen mit einigen Kabinettstückchen. Ein verbreiteter mathematischer Trick nutzt etwas aus, das man als *algebraische Identität* bezeichnet, also eine Gleichung, die *für alle* Werte einer Zahl n gültig ist – nicht nur für eine oder zwei Lösungen. Der Trick besteht darin, den Zuhörer mit seiner gewählten geheimen Zahl n eine ziemlich lange Liste von Rechenschritten durcharbeiten zu lassen. Der Zuhörer weiß allerdings nicht, dass die Antwort nicht von der Zahl n abhängt.

Vor Kurzem wurde im Fernsehen ein Zaubertrick enthüllt, der auf genau diesem Prinzip beruhte. Der Zauberer ließ eine Person aus vier verdeckten Kartenpaaren ein Pokerblatt aus 5 Karten vervollständigen, während das Blatt des Zauberers aus den übrig gebliebenen Karten bestand. Der Zauberer gewann immer. Er behauptete dabei, feine psychologische Tricks einzusetzen, mit denen er sein Gegenüber dazu brachte, immer ein Verliererblatt zusammenzustellen. Das war jedoch nur ein Täuschungsmanöver – das anfängliche Blatt und die Zusammensetzung der Kartenpaare waren so gewählt, dass der Zauberer immer gewinnen musste. Das Ergebnis war unabhängig von der Wahl des Gegenübers und das ganze Gerede über Psychologie reine Ablenkung.

Der Zauberer setzte zwar Psychologie ein, allerdings nicht so, wie man es glauben sollte!

Als neueres Beispiel für einen dieser „Gedankenleser"-Tricks können Sie das Folgende versuchen: Man wähle eine einstellige Zahl (außer 0), multipliziere sie mit neun, und wenn das Ergebnis eine zweistellige Zahl ist, addiere man die beiden Stellen. Von dem Ergebnis subtrahiere man die Zahl drei. Die so erhaltene Zahl forme man nach der Vorschrift $A = 1$, $B = 2$ usw. in einen Buchstaben um. Man denke sich ein Land aus, dessen Name mit diesem Buchstaben beginnt. Man nehme den vierten Buchstaben im Namen dieses Landes und denke sich eine Frucht mit diesem Namen aus.

Mit sehr großer Wahrscheinlichkeit erhält man Nektarinen, entweder aus Frankreich oder Finnland (beide Länder haben an der vierten Stelle ein „n"). Es gibt nicht viele Länder, deren Name im Deutschen mit $F = 6$ beginnt (außer den genannten noch Fidschi). Der Grund, weshalb die Rechenvorschriften immer mit der Zahl 6 enden, hängt mit einer Besonderheit der Multiplikationstabelle für Neun zusammen. Wenn Sie die oben genannten Instruktionen mit diesem Hinweis vor Augen nochmals lesen, finden Sie den Grund sicherlich leicht.

Bei einem etwas weniger offensichtlichen Trick wird der Zuhörer zunächst gebeten, sich ein geheim gehaltenes numerisches Objekt auszudenken (ein Beispiel folgt gleich). Anschließend sollen damit mehrere undurchsichtige Rechenschritte durchgeführt werden, und schließlich wird das Ergebnis genannt, aus dem sich die ursprüngliche Wahl sofort zurückgewinnen lässt, obwohl sämtliche Spuren verwischt zu sein schienen.

Welches Domino?

Sie bitten Ihre Freundin, in Gedanken einen Dominostein zu wählen, genauer gesagt ein Zahlenpaar a und b mit Werten jeweils zwischen 0 (das entspräche einem leeren Feld) und 6. Nun sollen von Ihrer Freundin folgende Rechenoperationen durchgeführt werden: Eine der beiden Zahlen (welche ist egal) wird mit 5 multipliziert, dann wird 3 addiert, das Ergebnis wird verdoppelt und schließlich die zweite Dominozahl hinzugezählt. Das Ergebnis soll sie Ihnen mitteilen. Nun ziehen Sie in Gedanken 6 von der genannten Zahl ab und erhalten eine zweistellige Zahl, die mit Sicherheit von der Form ab ist. Sie können also verkünden, dass der ursprüngliche Dominostein aus dem Zahlenpaar $a\,b$ bestanden habe.

Angenommen, Ihre Freundin hat das Domino 4 5 gewählt und sich entschieden, die 4 als ihre erste Zahl zu nehmen. Nach den vorgegebenen Instruktionen wird sie nacheinander folgende Zahlen berechnen: $4 \rightarrow 20 \rightarrow 23 \rightarrow 46 \rightarrow 51$. Sie subtrahieren nun 6 von 51 und erhalten 45, was Sie als „4 und 5!" verkünden. Hätte sie sich andererseits für die 5 statt der 4 als erste Zahl entschieden, hätte sie die folgende Zahlenreihe erhalten: $5 \rightarrow 25 \rightarrow 28 \rightarrow 56 \rightarrow 60$. Sie hätten wieder 6 abgezogen und als Domino „5 und 4" interpretiert. Betrachten wir noch ein zweites Beispiel: die leere Seite und eine 1. Entscheidet man sich, mit der leeren Seite zu arbeiten, erhält man $0 \rightarrow 0 \rightarrow 3 \rightarrow 6 \rightarrow 7$. Sie subtrahieren wieder 6 und verbleiben mit der 1, die man als 01 interpretiert, also kann man korrekt „leere Seite und 1" verkünden.

Aus zwei Gründen erscheint das Ganze zunächst ziemlich verblüffend. Zunächst erweckt die Berechnung den Eindruck, als ob die beiden Zahlen auf dem Dominostein willkürlich durcheinandergemischt werden, und daher erwartet man nicht, dass die urspüngliche Paarung überhaupt wiedergewonnen werden kann.

Außerdem scheint die Zahl, die Ihnen genannt wird, nichts mit den Zahlen auf dem ursprünglichen Dominostein zu tun zu haben (es weiß niemand, dass Sie lediglich 6 subtrahieren). Trotzdem können Sie den Dominostein sofort identifizieren.

Weshalb funktioniert der Trick? Die ganze Sache lässt sich sofort klären, wenn wir die Schritte mit ein wenig Algebra nochmals nachvollziehen. Das hilft oft mehr, als bestimmte Beispiele durchzurechnen, bei denen immer noch alles wie Zauberei erscheint. Ihre Freundin hat zwei Zahlen gewählt, die beide zwischen 0 und 6 liegen können (es können auch dieselben Zahlen sein). Die Zahl, mit der zunächst gerechnet wird, nennen wir a, die andere b. Ihre Instruktionen lauten, das Folgende auszurechnen: $(5a + 3) \cdot 2 + b = 10a + b + 6$. Dieser Ausdruck zeigt sofort, was hier los ist. Zieht man die 6 ab, verbleibt $10a + b$, und da a und b einstellige Zahlen sind, ist das gleich der zweistelligen Zahl $a\,b$, an der Sie das Ergebnis ablesen.

Es ist erstaunlich, in welcher Weise die Algebra alles Unwesentliche beiseite schiebt und es einem dadurch ermöglicht, das eigentlich Wichtige nachzuvollziehen, ganz im Gegensatz zu den speziellen Beispielen, bei denen die tatsächlichen Zahlenwerte alles verschleiern.

Die Neunerprobe

Dieser Begriff bezeichnet ein Diagnoseverfahren, das Sie vielleicht aus der Schule kennen und mit dem sich Rechenfehler aufspüren lassen. Für die Addition ist der Test besonders einfach. Angenommen, wir haben die folgende Summe berechnet und das Ergebnis auf der rechten Seite erhalten:

$$4398 + 1008 + 2129 = 7525 \,.$$

Zur Überprüfung der Antwort bilden wir die Summe aller Ziffern auf der linken Seite:

$$4 + 3 + 9 + 8 + 1 + 0 + 0 + 8 + 2 + 1 + 2 + 9 = 47.$$

Ist die Antwort größer als 9, wie in diesem Fall, machen wir entsprechend weiter, bis nur noch eine einstellige Zahl übrig bleibt: $4 + 7 = 11, 1 + 1 = 2$. Unsere *magische Zahl* ist die 2. War die ursprüngliche Rechnung richtig, muss sich auf der rechten Seite dieselbe magische Zahl ergeben, wenn man die *Neunerprobe* auch dort durchführt:

$$7 + 5 + 2 + 5 = 19; \quad 1 + 9 = 10; \quad 1 + 0 = 1.$$

Die beiden Zahlen stimmen nicht überein, also haben wir bei der Berechnung der Summe einen Fehler gemacht. Tatsächlich lautet die richtige Antwort 7535, was auch die korrekte magische Zahl 2 liefert.

Funktioniert das immer? Wenn die Rechnung richtig ist, müssen die magischen Zahlen tatsächlich übereinstimmen. Verschiedene magische Zahlen bedeutet, dass man einen Fehler gemacht hat. Es kann allerdings passieren, dass man mit dieser Neunerprobe einen Fehler nicht erkennt. Angenommen, Sie haben

$$123 + 456 = 759$$

berechnet. Die Neunerprobe würde keinen Fehler anzeigen, denn beide Seiten führen in diesem Fall auf dieselbe magische Zahl 3. Die richtige Antwort lautet 579, und dieses Beispiel zeigt gleichzeitig eine Schwäche dieses Tests: Da die magische Zahl nicht von der Reihenfolge der Ziffern abhängt, kann die Neunerprobe niemals einen Fehler entlarven, der lediglich auf einer Umordnung der Ziffern besteht, wie in diesem Fall, wo die ersten beiden Stellen vertauscht wurden. Diese Art von Fehler unterläuft einem leicht mit einem Taschenrechner oder bei einer Telefonnummer. Rechnet man „von Hand", vertut man sich eher um 1, zum Beispiel wenn man die Zahlen in einer Spalte addiert oder die falsche Zahl auf die nächste Spalte überträgt. Solche Fehler findet die Neunerprobe immer – im ersten Beispiel wurde ein Übertrag von 2 aus der letzten Spalte zur Zehnerspalte versehentlich zu einer 1, weshalb dann auch die magische Zahl um 1 zu klein war. Der Fehler konnte also nachgewiesen werden.

Besonders nützlich ist die Neunerprobe bei Multiplikationen. Man verkürzt zunächst die *Multiplikanden* (die zu multiplizierenden Zahlen) zu einstelligen Zahlen, führt mit ihnen die Multiplikation aus und verkürzt nochmals zur magischen Zahl, die man dann mit der magischen Zahl der Antwort vergleicht. Nehmen wir an, eine Multiplikation hat Sie auf folgendes Ergebnis geführt:

$$462 \cdot 28 \cdot 49 = 638\,864\,.$$

Für die magische Zahl der linken Seite berechnen Sie:

$$4 + 6 + 2 = 12\,, \quad 1 + 2 = 3\,;$$
$$2 + 8 = 10\,, \quad 1 + 0 = 1\,;$$
$$4 + 9 = 13\,, \quad 1 + 3 = 4\,;$$
$$3 \cdot 1 \cdot 4 = 12\,; \quad 1 + 2 = 3\,.$$

Dies vergleichen Sie mit:

$$6 + 3 + 8 + 8 + 6 + 4 = 35\,, \quad 3 + 5 = 8\,.$$

Die magischen Zahlen 3 und 8 stimmen nicht überein, also muss die Antwort wieder falsch sein. Eine korrekte Rechnung führt auf das Ergebnis 633 864 mit der richtigen magischen Zahl 3.

Eine angenehme Seite dieses Verfahrens ist, dass man die Verkürzungen schon während der Rechnung vornehmen kann. Statt beispielsweise die ganze Summe

$$7 + 7 + 9 + 6 + 5 = 34, \quad 3 + 4 = 7$$

zu berechnen, kann man in Gedanken schon nach den ersten beiden Termen mit der Verkürzung beginnen und immer, wenn man über Zehn kommt, eine Verkürzung durchführen. So bleiben die Zahlen im Kopf immer unter 20. Die mentale Zahlenfolge wäre in diesem Fall:

$$7 + 7 = 14, \quad 1 + 4 = 5;$$
$$5 + 9 = 14, \quad 1 + 4 = 5;$$
$$5 + 6 = 11, \quad 1 + 1 = 2;$$
$$2 + 5 = 7.$$

Meist führt man bei der Probe die Rechnung so aus, dass man jede Zahl durch die einstellige Zahl ersetzt, die durch die Verkürzung der ursprünglichen Zahl entsteht. Betrachten wir ein Beispiel mit zwei Rechenoperationen:

$$113 \cdot (899 - 196) = 79\,439.$$

Der Test mit der Neunerprobe entspricht der verkürzten Aufgabe $5 \cdot (8 - 7) = 5 \cdot 1 = 5$. Die Zahl auf der rechten Seite (die richtige Antwort) hat ebenfalls die magische Zahl 5.

Weshalb funktioniert dieser Test? Ein Hinweis steckt bereits im Namen – Neunerprobe. Betrachten wir ein weiteres Beispiel:

$$211 - 196 = 15.$$

Die Rechnung ist offensichtlich richtig. Das Ergebnis hat die magische Zahl 6, doch die magische Zahl auf der linken Seite ist $4 - 7 = -3$. Offenbar ist bei der Neunerprobe 6 dasselbe wie -3. Das erscheint zunächst seltsam, aber es deutet an, was hier vorgeht, denn die Zahlen 6 und −3 unterscheiden sich gerade um 9.

Im Grunde genommen testet die Neunerprobe, ob die beiden Seiten ihrer Gleichung bei einer Division durch 9 denselben Rest ergeben. Ist das nicht der Fall, können sie nicht gleich sein. Der Mathematiker sagt in einem solchen Fall, dass beide Seiten gleich sind, „modulo 9". Ersetzt man bei der Rechnung eine Zahl durch eine andere Zahl *mit demselben Rest*, ändert das am Rest des Gesamtergebnisses nichts. Soweit gelten diese Aussagen immer, ob wir am Rest modulo 9, modulo 13 oder modulo irgendeiner anderen Zahl interessiert sind. Das Besondere an der Zahl 9 ist, dass, ausgedrückt in der Basis Zehn, jede Zahl gleich der Summe ihrer Ziffern modulo 9 ist. Das wiederum folgt aus der einfachen Überlegung, dass eine beliebige Potenz von 10 minus 1 eine Zahl ergibt, die aus einer Folge von Neunen besteht und somit immer ein Vielfaches von 9 ist.*

Diese spezielle Eigenschaft der Neun war auch der Schlüssel zu dem Rätsel mit den Nektarinen aus Finnland oder Frankreich, und auf ihr beruht auch der folgende Trick: Der Magier behauptet, er könne am Schütteln einer Streichholzschachtel hören, wie viele Streichhölzer sich darin befinden.[1] Sie (als Magier) überreichen einer Person im Publikum eine Streichholzschachtel, die eine Ihnen bekannte Anzahl von Streichhölzern enthält – wie wir gleich sehen werden, ist 29 eine ganz gute Zahl. Nun bitten Sie die Person, die Schachtel zu leeren und eine beliebige Anzahl von Streichhölzern wieder zurückzulegen, wobei diese gezählt werden. Dann bitten Sie die Person, die Ziffern dieser Zahl zusammenzuzählen und entsprechend viele Streichhölzer aus der Schachtel wieder zu entfernen. Anschließend erhalten Sie die Schachtel zurück. Nun schütteln Sie die Schachtel und können genau sagen, wie viele Streichhölzer verblieben sind.

---

[1] Für diesen Trick danke ich meinem Kollegen Dr. Abdel Salhi.

Das ist gar nicht so schwierig. Jede Zahl ist, modulo 9, gleich der Summe ihrer Ziffern, daher ist die Anzahl der Streichhölzer in der Schachtel zum Schluss immer ein Vielfaches von 9. Wurden beispielsweise zunächst zwischen 20 und 29 Streichhölzer in die Schachtel zurückgelegt, dann sind noch 18 Streichhölzer in der Schachtel, die man Ihnen schließlich zurückgibt. Wurden zu Beginn zwischen 10 und 19 Streichhölzer in die Schachtel gelegt, verbleiben nur 9 Streichhölzer in der Schachtel. Mit ein wenig Übung ist es nicht schwer, am Geräusch beim Schütteln zwischen 9 und 18 Streichhölzern zu unterscheiden, und Sie werden jedesmal richtig raten. Mit etwas mehr Übung können Sie auch mehr Streichhölzer nehmen. Legen Sie bis zu 39 Streichhölzer in die Schachtel, müssen Sie den Unterschied zwischen 27, 18 oder 9 Streichhölzern heraushören können, aber auch das ist möglich.

Teilbarkeitstests

Unter einem *Teilbarkeitstest* für eine bestimmte positive ganze Zahl n verstehen wir ein Entscheidungsverfahren, ob eine gegebene ganze Zahl m ohne Rest durch n geteilt werden kann. Ist die Antwort positiv, sagen wir, m sei durch n *teilbar* und bezeichnen n als einen *Faktor* von m bzw. umgekehrt m als ein *Vielfaches* von n. Zum Beispiel ist $m = 36$ durch $n = 6$ teilbar, aber $m = 56$ nicht, da im zweiten Fall bei der Division durch 6 ein Rest 2 bleibt. Natürlich können wir die Frage nach der Teilbarkeit immer dadurch klären, dass wir die Division vollständig durchführen. Von einem nützlichen Test erwarten wir daher, dass er im Allgemeinen erheblich weniger Aufwand erfordert als die vollständige Division.

1 und 10, 2 und 5

Die Basis unseres Zahlensystems ist 10. Diese Wahl war vermutlich nicht besonders gut, doch nun ist es für einen Rückzieher wirklich zu spät. Es gibt grundsätzlich sehr einfache Teilbarkeitstests für alle Zahlen, die Teiler der verwendeten Basis sind. Die Teiler von 10 – in Faktorpaare zusammengefasst – sind $(1, 10)$ und $(2, 5)$. In der Basis 12 hätten wir als Faktoren die Zahlen 1, 2, 3, 4, 6 und 12. Die alten Babylonier verwendeten manchmal sogar die Basis 60, eine sehr runde Zahl mit noch deutlich mehr Faktoren als 12. Andererseits würden die gewöhnlichen Grundrechenarten in diesem Fall von uns verlangen, dass wir in dieser Basis die Multiplikationstabellen bis $60 \cdot 60$ auswendig lernen, worauf die meisten von uns vermutlich nicht besonders erpicht sind.

Angenommen, wir arbeiten in der Basis b und die Zahl n ist ein Teiler von b, sodass $b = kn$. Für ein Vielfaches von n ist dann schon die letzte Stelle immer entweder n, $2n$, $3n$, ... $(k-1)n$ oder 0, denn $kn = b$ schreiben wir in der Basis b als 10. Diese Zahlenfolge in der letzten Stelle wiederholt sich beliebig oft, wenn wir die Vielfache von n in der Basis b durchlaufen. Also ist in der Basis b eine Zahl genau dann durch n teilbar, wenn die letzte Stelle dieser Zahl eine der Zahlen n, $2n$, ..., 0 ist. Das bedeutet, Sie müssen nur die letzte Stelle auf ihre Teilbarkeit durch n untersuchen und können alles andere vergessen.

Angewandt auf unsere Basis 10 bedeutet das, eine Zahl ist genau dann durch 2 teilbar, wenn die letzte Stelle dieser Zahl 2, 4, 6, 8 oder 0 ist. Eine Zahl ist also genau dann gerade, wenn die letzte Stelle gerade ist. Ganz ähnlich ist eine Zahl genau dann durch 5 teilbar, wenn die letzte Stelle entweder eine 5 oder eine 0 ist. Dieselbe Idee gilt auch für das Faktorpaar $(1, 10)$: Eine Zahl ist genau dann durch 10 teilbar, wenn sie mit einer 0 endet. Ich scheue mich, die Teilbarkeit durch 1 zu erwähnen, denn natürlich ist jede Zahl durch 1 teilbar, doch um zu zeigen, dass das allgemeine Argument auch in diesem Fall funktioniert, können wir sagen: Eine Zahl ist genau dann durch 1 teilbar, wenn die letzte Stelle 1, 2, 3, ..., 9 oder 0 ist. Natürlich besteht jede Zahl diesen Teilbarkeitstest!

Der Vorteil eines Duodezimalsystems, also eines Systems mit der Basis 12, liegt auf der Hand. In dieser Basis können wir lediglich aus der Überprüfung der letzten Stelle die Teilbarkeit durch jeden der möglichen Faktoren 1, 2, 3, 4, 6 und 12 testen. Beispielsweise lautet die Zahl 198 in der Basis 12: $146_{12} = 1 \cdot 12^2 + 4 \cdot 12 + 6$. Diese Zahl ist offensichtlich durch 3 teilbar, denn ihre letzte Stelle ist es. In der Basis 10 ist das nicht ganz so offensichtlich. (Zu den Teilbarkeitstests für 3 komme ich gleich.) Andererseits ist in der Duodezimaldarstellung die Teilbarkeit durch 5 oder 10 weniger offensichtlich. Zum Beispiel würden wir die Zahl Fünfzehn in der Basis 12 als $12_{12} = 1 \cdot 12 + 3$ schreiben, und die immer noch vorhandene Teilbarkeit durch 5 ist nun versteckter.

4, 8 und 16

Die weiteren Tests sind nicht mehr ganz so offensichtlich. Eine Zahl lässt sich durch 4 teilen, wenn ihre letzten *beiden Stellen* eine Zahl darstellen, die durch 4 teilbar ist. Zum Beispiel ist 80 776 216 ein Vielfaches von 4, weil 4 ein Faktor von 16 ist. Andererseits ist 121 366 nicht durch 4 teilbar, weil 66 geteilt durch 4 den Rest 2 lässt. Nur die Zahl aus den letzten beiden Stellen ist wichtig, denn wenn wir diese Zahl von der ursprünglichen Zahl abziehen, bleibt ein Vielfaches von 100 übrig, und das ist immer ein Vielfaches von 4. Wir müssen also lediglich überprüfen, ob die Zahl aus den letzten beiden Ziffern ein Vielfaches von 4 ist.

Dieses Verfahren erfüllt offenbar unser Kriterium für einen Teilbarkeitstest, denn es vereinfacht das Problem erheblich: Statt einer Zahl mit möglicherweise sehr vielen Stellen muss nur noch eine Zahl mit einer festen Anzahl von Stellen, in diesem Fall zwei, überprüft werden.

Der Test auf die Teilbarkeit durch 8 ist ähnlich, allerdings muss man in diesem Fall die Zahl aus den letzten *drei* Stellen überprüfen. Das bedeutet, eine Zahl ist genau dann durch 8 teilbar, wenn die Zahl aus den letzten drei Stellen ein Vielfaches von 8 ist. Auf diese Weise können Sie vergleichbar schnell feststellen, dass $a = 1\,894\,207\,376$ durch 8 teilbar ist und $b = 3\,968\,844\,588$ nicht. Der Grund ist ähnlich wie bei dem Teilbarkeitstest für 4: Wir müssen nur das Verhalten des Teils der Zahl überprüfen, der von den letzten drei Stellen herrührt, denn der Rest ist ein Vielfaches von 1 000 und das ist ein Vielfaches von 8.

Man beachte, dass für den Teilbarkeitstest von 8 die letzten beiden Stellen nicht ausreichen. In diesem Fall wäre das Ergebnis für beide Zahlen, a und b, falsch: 8 ist ein Faktor von a, obwohl 8 kein Faktor von 76 ist; umgekehrt ist 8 kein Faktor von b obwohl 8 ein Faktor der Zahl aus den letzten beiden Stellen, 88, ist.

Vermutlich ist Ihnen die Ähnlichkeit zwischen den Teilbarkeitstests für 2, 4 und 8 aufgefallen. Für $2 = 2^1$ müssen wir nur die letzte Stelle überprüfen, für $4 = 2^2$ die letzten beiden Stellen, und für $2^3 = 8$ sind die letzten drei Stellen wichtig. Diese Gesetzmäßigkeit setzt sich fort und lässt sich auch allgemein begründen: Eine Zahl ist durch $2^4 = 16$ teilbar, wenn diese Eigenschaft für die Zahl aus den letzten vier Stellen gilt. Ganz allgemein ist eine Zahl durch eine Potenz 2^n von 2 genau dann teilbar, wenn dies für die Zahl aus den letzten n Stellen gilt. Ein ähnliches Gesetz gilt auch für Potenzen von 5: Eine Zahl ist durch 5^n teilbar, wenn die Zahl aus den letzten n Stellen durch die betreffende Potenz von 5 teilbar ist. Vielfache von $5^2 = 25$ lassen sich daher schnell erkennen, denn es sind genau die Zahlen, die auf 25, 50, 75 oder 00 enden.

Ein Beispiel, das wir auf einen Faktor 16 hin überprüfen können, ist $a = 5\,210\,224$. Dieser Fall ist besonders einfach, denn die letzten vier Stellen sind 0224. Da $224/4 = 56$ und weiterhin

56 ebenfalls durch 4 teilbar ist, können wir schließen, dass auch 224 und somit unsere ursprüngliche Zahl a ein Vielfaches von $4 \cdot 4 = 16$ ist.

3, 6, 9, 12 und 15

Der Teilbarkeitstest für 3 ist schon recht raffiniert. Man würde es zunächst nicht vermuten, doch eine Zahl ist genau dann durch 3 teilbar, wenn ihre Quersumme – die Summe ihrer Ziffern – durch 3 teilbar ist. Beispielsweise ist 792 durch 3 teilbar, weil die Quersumme 18 ist, andererseits ist 721 kein Vielfaches von 3, denn die Quersumme ist 10.

Dieser Test lässt sich auch für große Zahlen sehr einfach anwenden. Die Quersumme s kann zwar selbst wieder eine große Zahl sein, aber wir können den Test ja auch auf s anwenden. Mit anderen Worten, wie bei der Neunerprobe können wir das Verfahren so lange wiederholen, bis wir bei einer einstelligen positiven Zahl gelandet sind, die uns die Antwort gibt: Handelt es sich bei dieser Zahl um 3, 6 oder 9, war die ursprüngliche Zahl ein Vielfaches von 3, andernfalls nicht. Überprüfen wir als Beispiel die Zahl $a = 3\,406\,499\,617\,758$. Die Quersumme der einzelnen Zahlen ist 69, weiter ist $6 + 9 = 15$, $1 + 5 = 6$, und daher ist a durch 3 teilbar. Wie bei der Neunerprobe können wir die Frage im Kopf klären, indem wir das Verfahren anwenden, sobald eine Zahl größer wird als 9. Auf diese Weise haben wir es nie mit einer größeren Zahl als 18 zu tun. Angewandt auf die Zahl a führt unsere mentale Rechnung auf die folgenden Schritte (wobei wir die Zahl von links nach rechts lesen und vermutlich unseren Finger an die Stelle legen, an der wir gerade sind). In der expliziten Ausarbeitung unten wurden die Stellen, an denen wir kurz anhalten, um die erhaltene Zahl weiter zu verkürzen und durch eine einstellige Zahl zu ersetzen, in Klammern geschrieben. Sobald das geschehen ist, fahren wir mit den Stellen in unserer Zahl von links nach rechts fort:

$$
\begin{aligned}
3 + 4 &= 7; \quad 7 + 0 = 7; \quad 7 + 6 = 13, \\
(1 + 3 &= 4); \quad 4 + 4 = 8; \quad 8 + 9 = 17, \\
(1 + 7 &= 8); \quad 8 + 9 = 17, \quad (1 + 7 = 8); \\
8 + 6 &= 14, \quad (1 + 4 = 5); \quad 5 + 1 = 6; \\
6 + 7 &= 13, \quad (1 + 3 = 4); \quad 4 + 7 = 11, \\
(1 + 1 &= 2); \quad 2 + 5 = 7; \quad 7 + 8 = 15, \\
(1 + 5 &= 6).
\end{aligned}
$$

Also ist a ein Vielfaches von 3.

$6 = 2 \cdot 3$, und daher ist eine Zahl genau dann durch 6 teilbar, wenn sie die Teilbarkeitstests für 2 und 3 gleichzeitig besteht. Das bedeutet, eine Zahl ist genau dann ein Vielfaches von 6, wenn die letzte Stelle gerade *und* die Quersumme der Ziffern durch 3 teilbar ist. Zum Beispiel ist unsere Zahl a nicht nur durch 3 teilbar, sondern auch durch 6, da sie eine gerade Zahl ist. Ähnlich ist es mit $12 = 4 \cdot 3$: Eine Zahl ist genau dann ein Vielfaches von 12, wenn die Zahl aus den letzten beiden Ziffern durch 4 und die Quersumme durch 3 teilbar sind. Ich überlasse Ihnen die Überprüfung der Zahlen 477 168 und 861 774 auf ihre Teilbarkeit durch 12. Auch die Teilbarkeit durch 15 lässt sich leicht lösen, denn eine Zahl kann $15 = 5 \cdot 3$ nur dann als Faktor enthalten, wenn sie auf 5 oder 0 endet und den Teilbarkeitstest für 3 besteht.

Diese Ergebnisse waren nicht schwer herzuleiten, aber sie zeigen, dass sich viele arithmetische Berechnungen in einfache Schritte zerlegen lassen, wenn man die Faktorisierung ausnutzt. Insbesondere, wenn man nicht gerne „lange" Multiplikationen ausführt, kann man diese oft umgehen, indem man mit den Faktoren multipliziert. Kennen Sie die Multiplikationstabelle für die Faktoren auswendig, können Sie auf lange Multiplikationen verzichten. Wenn Sie beispielsweise eine gegebene Zahl a mit 84 multiplizieren wollen, besteht die lange Multiplikation aus den

Schritten

$$a \cdot 84 = a \cdot (80 + 4) = a \cdot 80 + a \cdot 4 = 10a \cdot 8 + a \cdot 4 \,.$$

Kennt man die Multiplikationstabellen für 8 und 4, kann man diese Rechnung durchführen.

Man kann dieselbe Aufgabe aber auch als Produkt $a \cdot 12 \cdot 7$ rechnen – vorausgesetzt, man kennt die Multiplikationstabelle für 12 und 7. Sind Sie sich bezüglich der 12 nicht so sicher, können Sie stattdessen auch drei kleine Multiplikationen durchführen: $a \cdot 3 \cdot 4 \cdot 7$. In jedem Fall wird deutlich, dass sich lange Multiplikationen vermeiden lassen, zumindest solange der Multiplikator keinen Primfaktor enthält, von dem man die Multiplikationstabelle nicht weiß. Für die meisten Personen ist die erste Primzahl dieser Art die 13.

Als letzte Zahl auf unserer Liste der Vielfachen von 3 steht die 9, und wie man vermuten könnte, ist eine Zahl genau dann durch 9 teilbar, wenn ihre Quersumme diese Eigenschaft hat. Der Grund ist ähnlich wie bei der Neunerprobe, und wir werden ihn gleich erläutern. Zunächst möchten Sie sich vielleicht anhand von Beispielen überzeugen, dass der Test funktioniert: $a = 59\,252\,085$ ist durch 9 teilbar (und damit offenbar auch durch $5 \cdot 9 = 45$), und $107\,664$ ist zwar ein Vielfaches von 3, besteht aber den Teilbarkeitstest für 9 nicht. Ich überlasse es nun dem Leser, die Teilbarkeitstests für 18 und 36 zu formulieren.

Die Teilbarkeitstests für 3 und 9 beruhen darauf, dass jede Zahl modulo 3 und modulo 9 gleich ihrer Quersumme ist. Insbesondere ergibt die Division einer Zahl durch 3 oder 9 genau dann den Rest 0, wenn dasselbe auch für ihre Quersumme gilt. Das wiederum ist eine Folgerung aus der Tatsache, dass jede Potenz von 10 den Rest 1 liefert, wenn sie durch 3 oder 9 geteilt wird, denn eine Zahl, die aus einer Folge von Neunen besteht, ist ein Vielfaches sowohl von 3 als auch von 9.*

Auf dieser Eigenschaft beruht auch ein kniffliges kleines Problem, das vor einiger Zeit die jugendlichen Stars der Mathematik-Olympiade zum Aufwärmen lösen sollten. Gegeben sei eine Zahl a, man vertausche die Stellen der Zahl auf beliebige Weise und erhält eine neue Zahl b. Man zeige, dass $d = a - b$ niemals eine Primzahl sein kann.

Das sieht im ersten Augenblick schrecklich aus, und es hat den Anschein, als ob die Differenz d alles sein könnte. Wie sollte man da etwas über die Teiler aussagen können? Viele von uns würden das Problem sicherlich hoffnungslos anstarren und wüssten erst einmal nicht, wie sie überhaupt anfangen sollten. Für einen erfolgreichen Mathematiker ist eine solche Aufgabe jedoch wie eine sportliche Herausforderung. Er lässt sich zunächst von der Fragestellung leiten, auch wenn der eingeschlagene Weg anfänglich nicht zur gesuchten Lösung zu führen scheint. Wir wissen in jedem Fall über die beiden Zahlen a und b, dass ihre Quersummen gleich sind, und das bedeutet, a und b ergeben denselben Rest, wenn man sie durch 9 teilt. Wenn wir sie voneinander subtrahieren, hebt sich dieser Rest auf, und wir erhalten eine Zahl d, die ein Vielfaches von 9 ist. Und nun sehen wir die Lösung vor uns: Da d ein Vielfaches von 9 ist, kann es mit Sicherheit keine Primzahl sein.

Im Nachhinein erkennen wir, dass die Sache mit der Primzahl eher irreführend war. Hätte man uns gebeten zu erklären, weshalb d die Zahl 9 als Faktor besitzt, wäre unser Problem leichter gewesen, obwohl die ursprüngliche Aussage wesentlich allgemeiner war. In gewisser Hinsicht testet das Problem, ob der Kandidat den mathematischen Mut aufbringt, die spezielle Aufgabenstellung für einen Augenblick beiseite zu lassen und den mathematischen Wegweisern in der Fragestellung zu folgen. Die Moral der Geschichte ist, dass Schüler auf ihr Training vertrauen und sich nicht einschüchtern lassen sollten – leichter gesagt als getan.

7, 11 und 13

Es verbleiben noch drei schwierige Kandidaten: 7, 11 und 13. Hierbei handelt es sich um Primzahlen, die keine Teiler von 10 sind und deren Vielfache in der Schreibweise des Dezimalsystems nicht so leicht zu erkennen sind. Elf ist der Zahl Zehn am nächsten und lässt sich am einfachsten behandeln. Die Teilbarkeitsregel für 11 ist zwar die bisher schwierigste, doch sie lässt sich immer noch leicht anwenden.

Wenn die Stellen einer Zahl n jeweils mit alternierendem Vorzeichen addiert werden und diese Summe durch 11 teilbar ist, dann ist n durch 11 teilbar, andernfalls nicht.

Testen wir als Beispiel $a = 56\,518$ mit dieser Regel:

$$8 - 1 + 5 - 6 + 5 = 11\,.$$

Das Ergebnis ist ein Vielfaches von 11 und somit ist 11 ein Faktor unserer Zahl a. In diesem Fall haben wir die Stellen von rechts nach links abgearbeitet. Die umgekehrte Reihenfolge führt auf dasselbe Ergebnis, allerdings mit umgekehrtem Vorzeichen. Das Vorzeichen einer Zahl ändert aber nichts an deren Teilbarkeitseigenschaften und spielt daher in diesem Zusammenhang keine Rolle.

Eine äquivalente Formulierung dieses Tests lautet: Sei s die Summe der Ziffern an den geraden Stellen von a und t die Summe der anderen Ziffern. Dann ist 11 genau dann ein Faktor von a, wenn 11 ein Faktor von $s - t$ ist. Die Testzahl $s - t$ ist entweder dieselbe Zahl, wie bei der anderen Version dieses Tests, oder aber ihr Negatives, je nachdem, ob die Zahl a eine gerade oder ungerade Anzahl von Stellen hat. Die Schlussfolgerung ist in beiden Fällen dieselbe. Natürlich kann diese Testzahl negativ sein. Betrachten wir als Beispiel die Zahl $a = 814\,396$, in beiden Fällen ist die Testzahl $(1 + 3 + 6) - (8 + 4 + 9) = 10 - 21 = -11$, also wieder ein Vielfaches von 11. (Das Minuszeichen spielt keine Rolle.)*

Wie bei den anderen Tests, die auf der Bildung von Quersummen beruhten, können wir auch hier das Verfahren selbst wieder auf die Testzahl anwenden, bis die Zahl klein genug ist und man ihre Teilbarkeit sofort erkennt. In diesem Fall können zwei Dinge passieren: Entweder enden wir mit einer von Null verschiedenen einstelligen Zahl, und dann ist die Ausgangszahl nicht durch 11 teilbar, oder wir enden schließlich bei der Null, und die Ausgangszahl ist ein Vielfaches von 11. Ist die alternierende Summe beispielsweise gleich 154, können wir den Test auf 154 anwenden und erhalten $4 - 5 + 1 = 0$.

Für die folgende Zahl ist dieser Test vergleichsweise einfach durchzuführen, obwohl die Zahl weit jenseits der Möglichkeiten eines gewöhnlichen Taschenrechners liegt:

$$a = 12\,193\,818\,284\,590\,452\,;$$

$$s = (6 + 9 + 8 + 8 + 8 + 5 + 0 + 5)$$
$$- (1 + 1 + 3 + 1 + 2 + 4 + 9 + 4 + 2)$$
$$= 49 - 7 = 22; \quad 2 - 2 = 0\,.$$

Also ist a durch 11 teilbar.

Ein *Palindrom* ist eine Zahl, die unverändert bleibt, wenn man die Zifferfolge umgekehrt; Beispiele sind 121, 181 und 2002. Wir können leicht prüfen, dass 181 kein Vielfaches von 11 ist, 121 und 2002 allerdings wohl. Tatsächlich hat jedes Palindrom mit einer *geraden* Anzahl von Stellen die Zahl 11 als Faktor, denn man kann sich leicht davon überzeugen, dass die Summen s und t bei den geraden und ungeraden Stellen dieselben sein müssen, sodass ihre Differenz 0 ist, was die Teilbarkeit durch 11 beweist.

Schließlich gibt es noch einen auf den einzelnen Stellen einer Zahl beruhenden Teilbarkeitstest, der für 7 und 13 funktioniert. Er gelingt auch für die 11, allerdings ist er komplizierter als der uns schon bekannte Test für diese Zahl.

Sei a eine beliebige Zahl. Wir beginnen von rechts, fassen immer Blöcke von *drei* Stellen zusammen und bilden von diesen

Blöcken die alternierende Summe s, ähnlich wie bei dem Teilbarkeitstest für 11. Die Zahl a ist genau dann durch 7 oder 13 teilbar, wenn dies für s gilt. Sei beispielsweise $a = 24\,889\,375$. Diese Zahl ist durch 7 teilbar, aber nicht durch 13. Zur Überprüfung berechnen wir die Testzahl s:

$$s = 375 - 889 + 024 = -490 = -70 \cdot 7\,.$$

Wie man sich leicht überzeugen kann, ist 490 jedoch nicht durch 13 teilbar.

Nachdem wir nun die Teilbarkeitstests für 7 und 13 kennen, ist es ein Leichtes, auch Tests für die kleinen Vielfache dieser Zahlen – 14, 21, 28, ... und 26, 39, 52, ... – zu entwerfen, indem wir sie mit den Tests für die anderen hier auftretenden Faktoren koppeln.

Wir beschließen diesen Abschnitt mit einem beeindruckenden Beispiel. Ist $a = 98\,858\,760$ durch 8008 teilbar? Beginnen wir mit der Faktorisierung des Divisors: 8008 ist ein Palindrom gerader Länge und besitzt somit 11 als Faktor. Außerdem hat es offensichtlich den Faktor 8. Teilen wir durch diese Zahlen, erhalten wir $8008 = 11 \cdot 8 \cdot 91 = 11 \cdot 8 \cdot 7 \cdot 13$. Wir müssen also a auf die Teilbarkeit durch diese vier Zahlen überprüfen. Da $760/2 = 380$, und 380 durch 4 teilbar ist (denn 80 ist durch 4 teilbar), muss a ein Vielfaches von 8 sein. Die Zahlen 7, 11 und 13 können wir gleichzeitig testen, indem wir die alternierende Summe bilden:

$$s = 760 - 858 + 098 = 0\,,$$

und da 0 offenbar ein Vielfaches aller drei Zahlen ist, kommen wir zu dem Schluss, dass 8008 tatsächlich ein Faktor von a ist.

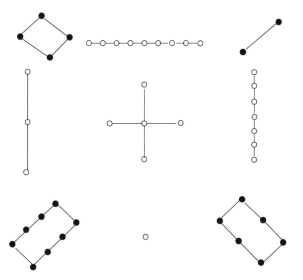

Abb. 3.1 Das erste magische Quadrat

Magische Muster

Ein Kapitel über Zahlenzauber wäre nicht vollständig ohne zumindest ein paar Anmerkungen zu magischen Quadraten und anderen magischen Zahlenanordnungen. Das erste magische Quadrat, das *Lo-Shu*, wurde ungefähr 2200 vor Christus von einer göttlichen Schildkröte am Ufer des Gelben Flusses dem Kaiser Yu gezeigt, so heißt es zumindest. Es handelt sich um eine quadratförmige Knotenanordnung, wobei die Knoten schwarz oder weiß sind, je nachdem, ob sie zu einer geraden oder ungeraden Zahl gehören (siehe Abb. 3.1).

Entlang jeder Linie des magischen Quadrats, egal ob waagerecht, senkrecht oder diagonal, ergibt die Summe der Zahlen eine *magische Konstante* – in diesem Fall 15. Im Allgemeinen handelt es sich bei einem *normalen magischen Quadrat* der Ordnung n um eine quadratförmige Anordnung der Zahlen 1 bis n^2 mit der Eigenschaft, dass die Summe der Zahlen entlang aller Linien dieselbe Zahl ergibt, die man als magische Konstante des Quadrats bezeichnet.* Man kann sich leicht davon überzeugen, dass es keine magischen 2×2 Quadrate gibt (es sei denn, alle Zahlen sind identisch). Tatsächlich ist das Lo-Shu das einzige normale magische Quadrat der Größe 3×3, und es enthält somit jede der Zahlen von 1 bis $3^2 = 9$.

Kennen wir ein normales magisches $n \times n$ Quadrat, können wir leicht unendlich viele weitere magische Quadrate konstruieren, die sich vom Original erheblich unterscheiden. Wir wählen einfach zwei Zahlen a und b (es muss sich noch nicht einmal um ganze Zahlen handeln) und ersetzen jede Zahl k in dem gegebenen Quadrat durch $ak + b$. Die Multiplikation mit a hat den Effekt, dass die Summe in jeder Reihe mit a multipliziert wird, und die Addition von b zu jeder Zahl bedeutet, dass in jeder Reihe insgesamt nb hinzugezählt wird. Handelt es sich bei c um die alte magische Konstante, dann hat das neue Quadrat die magische Konstante $ac + nb$. Wählen wir im Lo-Shu beispielsweise $a = 4$ und $b = -1$, erhalten wir das Quadrat von Abb. 3.2. In diesem Fall ist $c = 15$ und $n = 3$, also ist die neue Summe in den Reihen, Spalten und Diagonalen gleich $4 \cdot 15 - 3 = 57$.

Ein weiterer Trick, aus einem bereits bestehenden normalen magischen Quadrat ein neues zu erhalten, ist die Bildung des *komplementären magischen Quadrats*, indem man jede Zahl in dem Raster von $n^2 + 1$ abzieht. Auch bei diesem Quadrat tritt jede Zahl zwischen 1 und n^2 genau einmal auf, außerdem bleiben die Liniensummen dieselben wie zuvor.* Für das Lo-Shu müssen wir jede Zahl von 10 subtrahieren und erhalten nun das Quadrat aus Abb. 3.3. Das ist nicht wirklich ein neues magisches Quadrat, denn man erhält es aus dem ursprünglichen durch eine einfache Drehung um 180° um den Mittelpunkt. Das Lo-shu ist daher *selbstkomplementär*. Man erhält aus jedem magischen Quadrat

15	35	7
11	19	27
31	3	23

Abb. 3.2 Ein transformiertes Lo-Shu

6	1	8
7	5	3
2	9	4

Abb. 3.3 Das Komplement des Lo-Shu

äquivalente Varianten, indem man sie um 90° oder ein Vielfaches davon um den Mittelpunkt dreht oder das Quadrat an einer seiner Diagonalen oder der vertikalen oder horizontalen Achse spiegelt. Alle Quadrate, die man auf diese Weise erhält, sieht man als Kopien des ursprünglichen Quadrats, denn alle acht Versionen kann man in dem ursprünglichen Quadrat sehen, wenn man sich um das Quadrat bewegt oder es von der Rückseite betrachtet.

16	3	2	13
5	10	11	8
9	6	7	12
4	15	14	1

Abb. 3.4   Das magische Quadrat von Dürer

Das berühmteste Beispiel für ein magisches Quadrat der Größe 4×4 stammt von Albrecht Dürer (siehe Abb. 3.4). Es erscheint in der oberen rechten Ecke seines Stichs *Melancholia I*. Die Summe der Zahlen in jeder waagerechten, senkrechten und diagonalen Linie ergibt die vierte magische Konstante 34. Das Dürer-Quadrat besitzt jedoch weitere interessante Eigenschaften, sowohl mathematische als auch künstlerische. Beispielsweise ist die Summe der Zahlen in jedem der vier Quadranten ebenso wie die Summe der vier Zahlen um den Mittelpunkt des Quadrats ebenfalls gleich der magischen Konstante, was diesem magischen Quadrat eine besondere Symmetrie verleiht. Außerdem hat Dürer die ganze Anordnung in geschickter Weise so gewählt, dass die beiden mittleren Zahlen der unteren Reihe das Entstehungsjahr des Bildes angeben.

Es gibt eine einfache Beziehung zwischen Quadratzahlen und den magischen Konstanten. Man nehme alle Zahlen von 1 bis

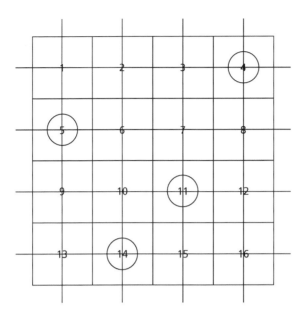

Abb. 3.5   Aus jeder Zeile und Spalte wird eine Zahl ausgewählt

n^2 und verteile sie der Reihe nach auf ein $n \times n$ Quadrat wie in Abb. 3.5.

Das folgende Verfahren führt immer auf die magische Zahl für ein magisches Quadrat derselben Größe. Man markiere irgendeine Zahl des Quadrats durch einen Kreis und streiche alle anderen Zahlen in der zugehörigen Zeile und Spalte. Dann umkreise man eine zweite Zahl des Quadrats und streiche wiederum alle verbliebenen Zahlen in der zugehörigen Zeile und Spalte. Das wiederhole man so lange, bis man insgesamt n Zahlen ausgewählt hat. Die Summe der ausgewählten Zahlen ergibt immer die magische Zahl.* In Abb. 3.5 ist $n = 4$, und das Diagramm zeigt, was passiert, wenn wir den oben angegebenen Regeln folgen. In diesem Fall haben wir die Zahlen $11 + 14 + 5 + 4 = 34$

ausgewählt, und das Ergebnis ist die magische Zahl des Dürer-Quadrats.

Es gibt einen einfachen Trick, den man manchmal als *Siamesische Methode*[2] bezeichnet und mit dem man normale magische Quadrate ungerader Ordnung konstruieren kann. Bei dem Verfahren verbindet man zunächst (in Gedanken) die senkrechten Kanten des Quadrats miteinander, sodass man einen Zylinder erhält, anschließend verbinde man die horizontalen Kanten und gelangt dadurch zu einer Form, die man als *Torus*[3] bezeichnet. Diese Konstruktion eines Torus können wir allerdings auch umgehen und stattdessen das Quadrat auf einem flachen Blatt Papier erweitern, was unten für ein 5 × 5 Quadrat geschehen soll. Wir zeichnen zunächst am oberen Rand sowie an einer Seite des Quadrats noch mit gestrichelten Linien weitere Quadrate hinzu und fügen außerdem noch eine weitere schattierte Zelle an der oberen rechten Ecke ein (siehe Abb. 3.6).

Wir beginnen nun, indem wir eine 1 in die Mitte der oberen Reihe schreiben und die Zahlen 1 bis 25 (in diesem Fall) nacheinander in Zellen eintragen, wobei wir immer weiter um einen Schritt nach oben und rechts gehen.

Ausnahmen treten auf, wenn uns dieser Weg aus dem Hauptquadrat herausführt oder in eine Zelle, die bereits von einer Zahl besetzt ist. In zweiten Fall gehen wir einfach einen Schritt unter das letzte bereits besetzte Quadrat und machen weiter wie zuvor. (Die schattierte Zelle wird als besetzt betrachtet.) Im ersten Fall machen wir an der gegenüberliegenden Seite des Quadrats weiter (entweder unten oder links, je nachdem wo wir endeten). Mit diesem Verfahren konstruieren wir das Quadrat aus Abb. 3.6

---

[2] Um 1688 brachte De la Loubère dieses Verfahren nach Europa, als er Gesandter von Ludwig XIV. in Siam war.

[3] Das Dürer-Quadrat ist sogar auf einem Torus noch magisch: Wenn man die Seiten auf diese Weise miteinander verbindet, wird die Summe der Zahlen in jedem Block zur magischen Zahl 34; zum Beispiel $3 + 2 + 15 + 14 = 34 = 5 + 9 + 12 + 8 = 16 + 13 + 4 + 1$.

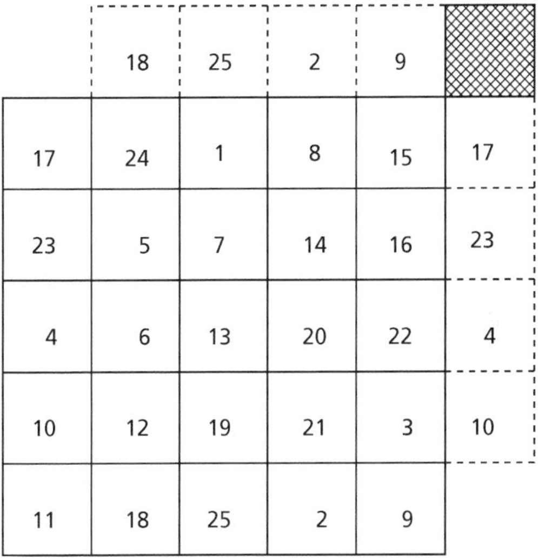

	18	25	2	9	
17	24	1	8	15	17
23	5	7	14	16	23
4	6	13	20	22	4
10	12	19	21	3	10
11	18	25	2	9	

Abb. 3.6 Ein magisches Quadrat nach der siamesischen Methode

mit der magischen Konstanten 65. Wendet man die siamesische Methode auf den Fall eines 3 × 3 Quadrats an, erhält man das Lo-Shu, allerdings an der horizontalen Achse gespiegelt.

Weitere magische Zahlenmuster

Wir müssen uns nicht auf Quadrate beschränken.[4] Man nehme ein beliebiges Netz aus Punkten und Kanten zwischen diesen Punkten und bezeichne die Punkte mit Zahlen. Man nennt dieses

[4] Zusammen mit vielen weiteren Beispielen finden wir diese auf der ausgezeichneten Seite http://mathworld.wolfram.com/. Diese speziellen Anordnungen stammen aus dem Buch *Mathematical Recreations* (1979) von Joseph S. Madachy und erscheinen hier mit freundlicher Genehmigung von *Dover Publications*. Das Buch selbst wird leider nicht mehr verlegt.

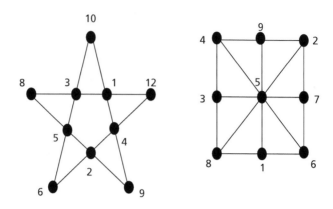

Abb. 3.7   Ein magisches Pentagramm und das Lo-Shu-Netz

Netz *magisch*, wenn die Summe der Zahlen entlang jeder Kante denselben Wert ergibt. Das Netz eines Fünfecks in Abb. 3.7 besitzt die magische Konstante 24. Daneben erkennen wir nochmals das Lo-Shu, diesmal aber als Netz von markierten Punkten dargestellt: Jeder Punkt entspricht in der früheren Darstellung einem Quadrat, und zwei Punkte werden durch eine Kante verbunden, wenn die entsprechenden Quadrate entlang einer Zeile, Spalte oder Diagonalen nebeneinander liegen.

Es gibt kein magisches Pentagramm aus den Zahlen von 1 bis 10, woraus man schließen kann, dass es kein magisches Pentagramm aus zehn aufeinanderfolgenden Zahlen geben kann.

Man kann auch Mengen aus *magischen Kreisen* definieren. In diesem Fall werden die Zahlen den Schnittpunkten von zwei Kreisen zugeordnet, und damit die Anordnung magisch wird, muss die Summe der Zahlen auf dem Rand eines Kreises für jeden Kreis dieselbe sein. Im Beispiel aus Abb. 3.8 ist die magische Konstante offensichtlich 39.

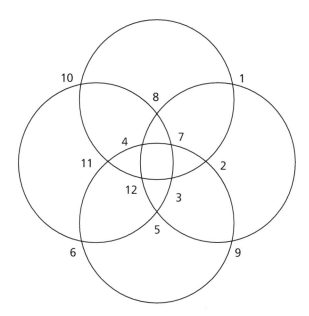

Abb. 3.8 Eine Menge aus vier magischen Kreisen

Unser letztes Sammelstück ist in Abb. 3.9 dargestellt. Es handelt sich um ein magisches Sechseck: Die Zahlen von 1 bis 19 sind so verteilt, dass jede Reihe in dieser Wabe unabhängig von ihrer Länge die Summe 38 hat. Das Addams'sche Hexagon wurde 1957 entdeckt und ist das einzige seiner Art: Es gibt keine andere Anordnung von aufeinanderfolgenden Zahlen für ein Sechseck beliebiger Größe, die gleichzeitig magisch ist. Das mag der Grund sein, weshalb Clifford W. Addams einen Großteil seines Lebens mit der Suche nach diesem magischen Sechseck verbracht hat, nachdem er 1907 damit begonnen hatte.[5]

---

[5] Offenbar wurde das magische Sechseck mehrfach unabhängig entdeckt, unter anderem auch von Ernst von Haselberg im Jahre 1887.

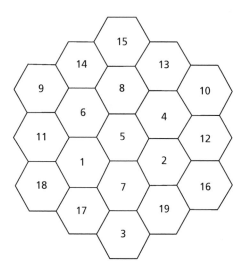

Abb. 3.9   Das magische Hexagon

4

Trickreiche Zahlen

Die traditionelle Zahlenkunde konzentrierte sich meist auf einzelne Zahlen mit besonderen Eigenschaften, wie beispielsweise die im ersten Kapitel erwähnten vollkommenen Zahlen. Ein Zahlenpaar, das die allgemeinen Fantasien angeregt hat, ist 220 und 284, das erste sogenannte *befreundete Zahlenpaar*. Damit ist gemeint, dass die Summe der Faktoren von jeder der beiden Zahlen gerade die andere Zahl ergibt – eine Art der erweiterten Vollkommenheit für Zahlenpaare. Wenn Liebende voneinander getrennt waren, trugen sie oft als Zeichen ihrer Bindung ein Schmuckstück, das mit der einen oder anderen dieser beiden Zahlen verziert war. Fermat (1601–1665) fand weitere befreundete Zahlenpaare, beispielsweise 17 296 und 18 415, und Euler (1707–1783) fand sogar mehrere Duzend solcher befreundeten Paare. Überraschenderweise übersahen sie alle das vergleichsweise kleine Paar 1184 und 1210, das im Jahre 1866 von dem 16 Jahre alten Nicolo Pagnini entdeckt wurde. Natürlich können wir auch versuchen, über Zahlenpaare hinauszugehen und nach vollkommenen Tripletts, Quadrupletts usw. Ausschau halten. Diese längeren Zyklen sind selten, aber es gibt sie.

Wir können mit irgendeiner Zahl beginnen, berechnen die Summe ihrer echten Teiler und wiederholen diesen Vorgang. Das Ergebnis ist gewöhnlich enttäuschend, da wir meist eine Zahlenkette erhalten, die sich sehr rasch und mit nur wenig Auftrieb der 1 nähert (was etwas an die Hagelschlag-Zahlen erinnert, die wir später in diesem Kapitel noch kennenlernen werden). Selbst wenn wir beispielsweise mit einer so vielversprechenden Zahl wie

der 12 beginnen, ist die Kette nur sehr kurz: 12 → 16 →
15 → 9 → 4 → 3 → 1. Das Problem dabei ist: Trifft man
auf eine Primzahl, ist die Sache vorbei. Die vollkommenen Zahlen sind natürlich Ausnahmen, die zu einer einfachen Schleife
führen, und die befreundeten Zahlenpaare bilden einen Zweier-
Zyklus: 220 → 284 → 220 → .... Führen Zahlen auf längere
Ketten, bezeichnet man sie als *gesellig*. Bis ins 20. Jahrhundert
wurden diese Zahlen nicht untersucht, da zuvor noch niemand
welche gefunden hatte. Auch heute kennt man noch keine Zahl,
die zu einem Dreier-Zyklus führt, andererseits sind mittlerweile
120 Ketten der Länge vier bekannt. Die ersten Beispiele entdeckte P. Poulet im Jahre 1918. Die erste Kette der Länge fünf ist:

$$12\,496 \to 14\,288 \to 15\,472 \to 14\,536 \to 14\,264$$
$$\to 12\,496$$

Poulets zweites Beispiel ist recht erstaunlich, und bis heute wurde
kein weiterer Zyklus entdeckt, der seinem auch nur nahe kommt:
Beginnend mit 14 316 erhält man einen Zyklus der Länge 28.
Alle anderen bekannten Zyklen haben eine Länge von weniger
als zehn. Bis heute kennt man keine mathematischen Sätze zu
befreundeten oder geselligen Zahlen, die von vergleichbarer Eleganz sind wie die Sätze von Euklid und Euler über die vollkommenen Zahlen*. Dieses Thema spielt aber in der Zahlentheorie
ein Schattendasein und wurde immer etwas vernachlässigt. Allerdings führten die Möglichkeiten moderner Computer zu einer
Art experimenteller Renaissance für dieses Gebiet.

Demgegenüber wurden Zahlen, die bei Aufzählungsproble-
men auftauchen, sehr eingehend untersucht. Es gibt viele Arten
von sehr speziellen Zahlen, und einige werde ich hier vorstellen.
Die Binomialkoeffizienten, die Zahlen von Catalan, Fibonacci,
Lucas, Stirling und Bell sind deshalb wichtig, weil sie bestimmte
natürliche Mengen abzählen. Die Primzahlen sind von einer ganz
anderen Natur und verdienen unsere besondere Aufmerksamkeit.

Eine spezielle Klasse von Zahlen, die bei kombinatorischen Problemen auftreten, sind die *Binomialkoeffizienten*.[1] Der Binomialkoeffizient $C(n, r)$ gibt die Anzahl der verschiedenen Möglichkeiten an, aus einer Menge mit n Elementen eine Menge mit r Elementen auszuwählen. Im ersten Kapitel haben wir schon $C(4, 2) = 6$ betrachtet: Aus einer Gruppe von vier Personen kann man sechs verschiedene Paare auswählen. Die Binomialkoeffizienten lassen sich mithilfe des *arithmetischen Dreiecks* berechnen, das als *Pascal'sches Dreieck* bekannt ist, benannt nach dem französischen Mathematiker Blaise Pascal (1623–1662).

Im Inneren des Dreiecks (siehe Abb. 4.1) ist jede Zahl gleich der Summe der beiden Zahlen über ihr. Das Dreieck lässt sich beliebig verlängern und enthält die vollständige Liste dieser Auswahlzahlen.

Man nummeriere die Zeilen des Dreiecks, beginnend mit 0 an der Spitze, außerdem nummeriere man die Lage innerhalb einer Zeile von links nach rechts, wiederum mit 0 beginnend. Sind Sie an der Anzahl der Möglichkeiten interessiert, fünf Personen aus einer Gruppe von sieben auszuwählen, gehen Sie zunächst in die Zeile mit der Nummer 7 und dann zur fünften Zahl innerhalb dieser Zeile (denken Sie daran, dass die Zählung jeweils mit 0 beginnt): Die Antwort lautet 21. In jeder Zeile erkennt man eine Symmetrie: Beispielsweise ist 21 auch gleich der Anzahl der Möglichkeiten, zwei Personen aus einer Gruppe von sieben auszuwählen. Das lässt sich leicht erklären, denn wenn wir fünf aus sieben auswählen, haben wir gleichzeitig auch zwei aus sieben ausgewählt, nämlich die beiden übriggebliebenen. Dieses Symmetrieargument gilt natürlich für jede Zeile.[2]

---

[1] Ihren Namen haben sie, weil es sich um die Koeffizienten handelt, die bei der Ausmultiplikation des Binomialausdrucks $(1 + x)^n$ auftreten.

[2] Das Pascal'sche Dreieck scheint schon um 1100 in China entdeckt und verwendet worden zu sein – es bildet in jedem Fall das Eröffnungsdiagramm des klassischen mathematischen Werks *Der kostbare Spiegel der vier Elemente*, das im Jahr 1303 von Chu Shih-chieh veröffentlicht wurde.

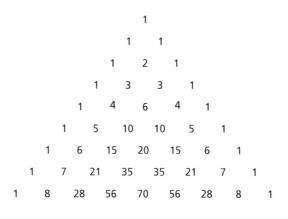

Abb. 4.1   Das Pascal'sche Dreieck

Der Grund, weshalb diese Regel zu den richtigen Antworten führt, ist leicht nachvollziehbar. Jede Zeile baut auf der darüberliegenden Zeile auf. Wir sehen unmittelbar, dass die ersten drei Reihen richtig sind: Beispielsweise bedeutet die 2 in der Mitte der dritten Zeile, dass es 2 Möglichkeiten gibt, eine einzelne Person aus einem Personenpaar auszuwählen. Die 1 an der oberen Spitze besagt, dass es 1 Möglichkeit gibt, eine Menge der Größe 0 aus der leeren Menge zu wählen. Tatsächlich gibt es immer genau 1 Möglichkeit, eine Menge der Größe 0 aus einer beliebigen Menge auszuwählen, und daher beginnt jede Zeile mit einer 1. Betrachten wir nochmals das obige Beispiel – es gibt $21 = 15+6$ Möglichkeiten, fünf Personen aus einer Gruppen von sieben auszuwählen. Die Zahl 21 ist in natürlicher Weise die Summe von zwei Beiträgen: Zunächst gibt es 15 Möglichkeiten, eine Gruppe von 4 Personen aus den ersten 6 Personen auszuwählen, zu denen wir dann die siebte Person als fünfte im Bunde hinzuzählen können. Wenn wir die siebte Person jedoch nicht einbeziehen, müssen wir unsere Gruppen von 5 Personen bereits aus den ersten 6 Personen bilden, und dafür gibt es 6 Möglichkeiten. Das verdeutlicht, wie eine Reihe auf die nächste führt: Jeder Eintrag ist gleich der Summe der beiden Einträge darüber, und diese Regel setzt sich durch das gesamte Dreieck fort.

Das Pascal'sche Dreieck steckt voller erstaunlicher Zusammenhänge. Addiert man zum Beispiel die Zahlen in den einzelnen Zeilen, erhält man die Folge von sich verdoppelnden Zahlen: 1, 2, 4, 8, 16, 32,..., also die Folge der Potenzen von 2. Bilden wir zum Beispiel die Summe in der Zeile, die mit den Zahlen 1, 8, 28, 56, ... beginnt, addieren wir sämtliche Möglichkeiten, eine Menge der Größe 0, 1, 2, 3 usw. aus einer Menge mit 7 Elementen auszuwählen. Insgesamt erhalten wir also die Anzahl der Möglichkeiten, eine Menge beliebiger Größe aus 7 Elementen auszusuchen, doch das ist gleich 2^7, denn ganz allgemein besitzt eine Menge von n Elementen 2^n Teilmengen.* Auf diesen Punkt kommen wir in Kap. 7 nochmals zurück, wenn wir endliche und unendliche Mengen betrachten.

Catalan'sche Zahlen

Jede zweite Zeile im Pascal'schen Dreieck hat eine Zahl genau in der Mitte: 1, 2, 6, 20, 70, 252, 924,.... Diese Zahlen lassen sich jeweils durch die Zahlen 1, 2, 3, 4, 5, 6, 7,... teilen, und als Ergebnis erhalten wir die *Catalan-Zahlen* (oder Catalan'schen Zahlen): 1, 1, 2, 5, 14, 42, 132, ... Sie treten unter anderem bei Abzählproblemen mit Klammern auf. Die Anzahl der Möglichkeiten, eine Menge von n Klammerpaaren sinnvoll anzuordnen, ist die n-te Catalan-Zahl. Ebensogut können wir auch sagen, es handelt sich um die Anzahl der Möglichkeiten, n „Berge" mit

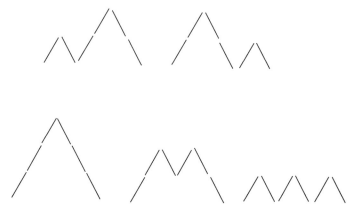

Abb. 4.2 Mit drei ansteigenden und drei abfallenen Strichen kann man 5 verschiedene Bergformen zeichnen

n ansteigenden und n abfallenden Strichen zeichnen zu können (siehe Abb. 4.2).[3]

Die n-te Catalan-Zahl ist auch gleich der Anzahl der Möglichkeiten, wie wir ein reguläres $n + 2$-seitiges Polygon (Vieleck) mithilfe von sich nicht schneidenden Diagonalen in Dreiecke aufteilen können. Es gibt noch viele weitere Interpretationen dieser Art. Wie für die Binomialkoeffizienten gibt es auch für die Catalan-Zahlen Formeln, mit denen man sie mit kleineren Catalan-Zahlen in Beziehung setzen kann, wodurch sie leicht zu handhaben sind.

---

[3] Beispielsweise sind $(())()$ und $((()))$ sinnvolle Klammerfolgen, $())(()$ aber nicht: Um sinnvoll zu sein, darf die Anzahl der linksseitigen Klammern niemals kleiner sein als die Anzahl der rechtsseitigen Klammern, wenn wir von links nach rechts zählen. Entsprechend dürfen unsere Berge niemals in den Untergrund gehen! Ausgedrückt durch die Binomialkoeffizienten ist die n-te Catalan-Zahl gleich $\frac{1}{n+1} C(2n, n)$.

Fibonacci-Zahlen

Die Fibonacci-Folge ist eine Zahlenfolge, die allgemein immer noch für Faszination sorgt. Die Folge beginnt:

$$1, 1, 2, 3, 5, 8, 13, 21, 34, 55, 89, 144, 233, 377, 610, \ldots,$$

wobei jede Zahl nach den ersten beiden Einsen gleich der Summe der beiden vorangehenden Zahlen ist. Man erkennt hier eine gewisse Ähnlichkeit mit den Binomialkoeffizienten, die sich ebenfalls jeweils als Summe von zwei früheren Zahlen schreiben lassen, aber das Bildungsgesetz der Fibonacci-Zahlen ist deutlich einfacher.

Wie kam es zu dieser Zahlenfolge? Entdeckt wurde sie von Leonardo da Pisa, besser bekannt als Fibonacci, im Zusammenhang mit seinem heute berühmten Kaninchenproblem. Zwei Monate nach der Geburt wird ein weibliches Kaninchen geschlechtsreif und gebärt von da an jeden Monat eine Tochter. Die Fibonacci-Zahlen sind gleich der Gesamtzahl der weiblichen Kaninchen zu Beginn eines jeden Monats. Zu Beginn des ersten und zweiten Monats gibt es jeweils nur ein Kaninchen; zu Beginn des dritten Monats gebärt dieses eine Tochter, sodass wir zwei Kaninchen haben. Einen Monat später bekommt sie eine weitere Tocher und den Monat darauf haben wir 5 Kaninchen, da sowohl die Mutter als auch ihre älteste Tocher nun alt genug für Nachwuchs sind. Ganz allgemein ist die Anzahl der *neugeborenen* Töchter zu Beginn eines Monats gleich der Anzahl aller weiblichen Kaninchen *zwei* Monate zuvor, denn nur sie sind alt genug für Nachwuchs (Fibonaccis Kaninchen sind unsterblich!). Daraus folgt, dass die Anzahl aller weiblichen Kaninchen zu Beginn eines Monats gleich der Anzahl der Kaninchen des Vormonats ist plus der Anzahl im vorletzten Monat. Die Bildungsregel der Fibonacci-Zahlen entspricht daher genau dem Fortpflanzungsmuster seiner Kaninchen.

Trotz der Tatsache, dass sich richtige Kaninchen nicht nach dieser künstlichen Regel fortpflanzen, treten die Fibonacci-Zahlen in der Natur in unterschiedlichen Formen auf, einschließlich im Zusammenhang mit dem Pflanzenwachstum. Die Gründe dafür sind zwar gut verstanden, hängen aber eher mit versteckten Eigenschaften dieser Zahlenfolge zusammen.[4]

Natürlich erhält man durch leichte Abänderungen des Bildungsgesetzes beliebig viele Fibonacci-artige Zahlenfolgen. Die sogenannten *Lucas-Zahlen* haben dasselbe Bildungsgesetz wie die Fibonacci-Zahlen, allerdings beginnt die Folge mit den beiden Zahlen 2, 1 – in dieser Reihenfolge. Die Lucas-Folge hat besondere Beziehungen zur Fibonacci-Folge, sie tritt aber auch eigenständig in verschiedenen Zusammenhängen auf. Eine Eigenschaft der Fibonacci-Zahlen, die Lucas selbst erkannt hatte, ist ihre Beziehung zum Pascal'schen Dreieck. Wie man in Abb. 4.3 erkennt, erhält man die Fibonacci-Zahlen, wenn man in der angegebenen Weise jeweils die Summen der Diagonalen des Dreiecks bildet.*

Johannes Kepler (1571–1630) ist besonders für die Entdeckung seiner drei Gesetze der Planetenbewegungen bekannt, die unter anderem besagen, dass die Planeten die Sonne auf elliptischen Bahnen umkreisen, bei denen in gleichen Zeiten gleiche Flächen überstrichen werden. Er war jedoch auch allgemein immer auf der Suche nach besonderen Gesetzmäßigkeiten in der Natur, und unter anderem fand er auch eine Regel bei den Fibonacci-Zahlen, auf die wir kurz eingehen wollen.

Die einfachsten Zahlenfolgen sind die *arithmetischen* und *geometrischen Folgen*. Bei arithmetischen Folgen ist die Differenz zwischen je zwei aufeinanderfolgenden Zahlen konstant, und ein Beispiel für eine arithmetische Folge ist die Folge der ungeraden

---

[4] Das Buch *The Book of Numbers* von Conway und Guth klärt den Zusammenhang durch gewisse optimale Eigenschaften spezieller Winkel, die mit dem Goldenen Schnitt zusammenhängen.

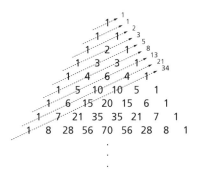

Abb. 4.3 Die Fibonacci-Zahlen und das Pascal'sche Dreieck

Zahlen, bei der diese Differenz 2 ist. Es gibt allgemeine Formeln für den n-ten Term und für die Summe der ersten n Terme, die sich leicht beweisen und anwenden lassen. In unserem Beispiel ist der n-te Term die n-te ungerade Zahl, $2n - 1$, und die Summe der ersten n ungeraden Zahlen ist n^2. Bei einer geometrischen Folge gelangen wir nicht durch eine Addition von einer Zahl zur nächsten, sondern durch eine *Multiplikation* mit einer festen Zahl. So ist die Folge der Potenzen von 2 ein Beispiel für eine geometrische Folge, und Formeln für den n-ten Term und die Summen von geometrischen Folgen gehören zum Standard in der Mathematik.

Die Folge der Fibonacci-Zahlen gehört jedoch nicht zu einer dieser beiden Klassen. Wenn wir uns die Folge der Differenzen zwischen den Zahlen anschauen, erhalten wir aus der Definition der Fibonacci-Zahlen die Zahlen 0, 1, 1, 2, 3, 5, 8, 13, ..., also wieder die Fibonacci-Folge, diesmal allerdings mit 0 beginnend. Das folgt unmittelbar aus dem Bildungsgesetz der Folge: Die Differenz zwischen zwei aufeinanderfolgenden Fibonacci-Zahlen ist gleich der Zahl, die unmittelbar vor diesen beiden in der Folge steht. Es handelt sich auch nicht um eine geometrische Folge, denn das Verhältnis von zwei aufeinanderfolgenden Fibonacci-Zahlen ist nicht konstant. Kepler war jedoch aufgefallen, dass das Verhältnis von zwei aufeinanderfolgenden Termen gegen einen Grenzwert geht. Dieses nahezu stabile Verhalten der Verhältnisse ergibt sich dabei schon sehr schnell:

$$\frac{1}{1}, \frac{2}{1}, \frac{3}{2}, \frac{5}{3}, \frac{8}{5}, \frac{13}{8}, \frac{21}{13}, \frac{34}{21} = 1{,}6190\,,$$

$$\frac{55}{34} = 1{,}6176\,, \qquad \frac{89}{55} = 1{,}6182\,, \qquad \frac{144}{89} = 1{,}6180\,,\ldots$$

Doch worum handelt es sich bei dieser geheimnisvollen Zahl 1,618..., die hier auftaucht? Diese Zahl τ bezeichnet man als *Goldene Zahl* oder auch *Goldenen Schnitt*, und sie tritt auch im Zusammenhang mit geometrischen Problemen auf, die mit den Fibonacci-Kaninchen überhaupt nichts zu tun zu haben scheinen. Beispielsweise ist τ gleich dem Verhältnis der Diagonalen in einem regelmäßigen Fünfeck zu einer seiner Seiten, und τ verleiht dieser geheimnisvollen Form ihre besondere Symmetrie und Ausdruckskraft (siehe Abb. 4.4). Schneiden sich zwei Diagonalen, so teilt der Schnittpunkt jede dieser Diagonalen in zwei Abschnitte, die selbst wiederum im Verhältnis $\tau : 1$ stehen. Zwei benachbarte Kanten bilden zusammen mit zwei Abschnitten sich schneidender Diagonalen die vier Seiten einer Raute (eines Parallelogramms mit vier gleichen Seiten) *ABCD*. An den Schnittpunkten bilden die Diagonalen ein kleineres, auf dem Kopf stehendes Fünfeck mit der Seitenlänge $\frac{1}{\tau^2}$-mal der Seitenlänge des ursprünglichen Fünfecks.

Sehr oft findet man im Zusammenhang mit dem Goldenen Schnitt auch Formen der Selbstähnlichkeit, zum Beispiel bei einem Rechteck mit den Kantenlängen τ und 1, das eine einzigartige Eigenschaft besitzt: Schneidet man bei ihm das größte Quadrat an einer Seite heraus (offensichtlich hat dieses Quadrat die Kantenlänge 1), dann ist das verbliebene Rechteck eine ver-

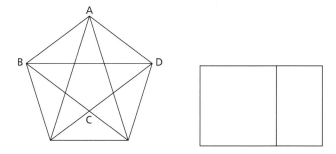

Abb. 4.4 Regelmäßiges Fünfeck und „Goldenes Rechteck"

kleinerte Kopie des ursprünglichen. Dieses Rechteck bezeichnet man daher auch als *Goldenes Rechteck*. Eine verwandte Form der Selbstähnlichkeit findet schon seit langem Anwendung in der Papierindustrie. Die genormten Abmessungen eines A4-Blatts werden mit 297 und 210 mm angegeben. Das entsprechende Verhältnis kürzt sich zu $\frac{99}{70}$, was eine gute Näherung für $\sqrt{2}$ ist (bei einem A4-Blatt ist der Fehler kleiner als ein Viertel Millimeter). Manchmal spricht man auch vom *Lichtenberg-Verhältnis*, denn Georg Lichtenberg fiel 1786 auf, dass ein Blatt mit einem Verhältnis der Seitenlängen von $\sqrt{2} : 1$ die besondere Eigenschaft hat, dass die kleineren Rechtecke, die man erhält, wenn man das Blatt in der Mitte der längeren Seite faltet, exakt dasselbe Seitenverhältnis haben. Das Angenehme daran ist, dass man durch das Falten eines größeren Blatts ähnliche kleinere Blätter erhält, was gerade im Zusammenhang mit der Erstellung von Kopien sehr nützlich sein kann. Aus diesem Grund hat das standardisierte A0-Blatt mit den Abmessungen 1189 · 841 genau dieses Verhältnis; außerdem ist seine Fläche ziemlich genau ein Quadratmeter. Durch mehrfaches Falten erhält man die A1-, A2-, A3-, A4-Blätter usw., alle mit demselben Seitenverhältnis zum Original und zueinander. Umgekehrt kann man auch zwei A4-Blätter an ihrer Längsseite nebeneinander legen und erhält dadurch ein größeres A3-Blatt derselben Form, lediglich um 90° gedreht, da die lange Seite nun zur neuen kurzen Seite wird.*

Bei sehr hohen Termen verhält sich die Fibonacci-Folge näherungsweise wie eine geometrische Folge mit dem Goldenen Schnitt als Multiplikator. Diese Eigenschaft, zusammen mit dem einfachen Bildungsgesetz, bewirkt den beharrlichen Anstieg der Fibonacci-Folge. Manche der weltentrückten Mathematiker neigen zu einem gewissen Befremden gegenüber der in ihren Augen übertriebenen Aufmerksamkeit, die der Zahl τ entgegengebracht wird, die umgekehrt für manche ihrer Anhänger eine nahezu kosmische Bedeutung hat. Doch die Zahl ist tatsächlich etwas Besonderes und wir werden ihrem Einfluss mehr als einmal im Verlaufe dieses Buches begegnen.

Stirling- und Bell-Zahlen

Ähnlich wie die Binomialkoeffizienten treten auch diese Zahlen oft bei kombinatorischen Problemen auf und hängen von zwei Parametern n und z ab. Die Stirling-Zahl[5] $S(n, r)$ ist gleich der Anzahl der Möglichkeiten, eine Menge mit n Elementen in r Blöcke (kein leerer Block, und die Reihenfolge der Blöcke ist ebenso wie die Reihenfolge innerhalb eines Blocks unerheblich) aufteilen bzw. partitionieren zu können. Beispielsweise lässt sich die Menge $\{a, b, c\}$ auf genau eine Weise in drei Blöcke aufteilen: $\{\{a\}, \{b\}, \{c\}\}$, auf drei Weisen in zwei Blöcke $\{\{a, b\}, \{c\}\}$, $\{\{a\}, \{b, c\}\}$ und $\{\{a, c\}, \{b\}\}$, und auf eine Weise in einen einzigen Block: $\{\{a, b, c\}\}$. Daraus folgt: $S(3, 1) = 1$, $S(3, 2) = 3$

---

[5] Streng genommen handelt es sich um die *Stirling-Zahlen zweiter Art*. Die Stirling-Zahlen erster Art hängen zwar mit diesen zusammen, gehören aber zu einer vollkommen anderen Kombinatorik; sie zählen die Anzahl der Möglichkeiten, wie man n Gegenstände in r Zyklen permutieren kann.

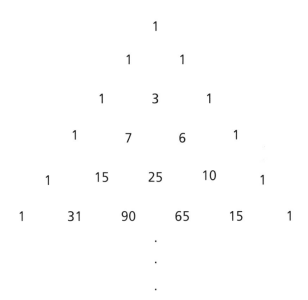

Abb. 4.5   Das Stirling-Dreieck

und $S(3,3) = 1$. Da eine Menge mit n Elementen immer nur auf genau eine Weise in 1 Block ebenso wie in n Blöcke partitioniert werden kann, gilt immer $S(n,1) = S(n,n) = 1$. Zeichnen wir ein Dreieck der Stirling-Zahlen in der Art des Pascal'schen Dreiecks, gelangen wir zu der Anordnung in Abb. 4.5.

Auch diese Zahlen erfüllen eine *Rekursionsformel* in dem Sinne, dass sich jede Zahl mit früheren Zahlen der Anordnung in Beziehung setzen lässt. Tatsächlich lässt sich sogar jede Stirling-Zahl wie die Binomialkoeffizienten aus den beiden darüberliegenden Zahlen berechnen, allerdings handelt es sich nicht einfach um die Summe. Das Stirling-Dreieck besitzt auch nicht mehr die Symmetrie innerhalb einer Zeile, die wir beim Pascal'schen Dreieck beobachtet hatten. Beispielsweise ist

$S(5, 2) = 15$ aber $S(5, 4) = 10$. Die Rekursionsformel ist jedoch ziemlich einfach. Zum Beispiel ist der Eintrag 90 gleich $15 + 3 \cdot 25$. Das entspricht der allgemeinen Beziehung: Um eine Zahl innerhalb des Dreiecks zu finden, nehme man die beiden unmittelbar darüberliegenden Zahlen, *multipliziere die zweite Zahl mit der Positionsnummer in der betreffenden Zeile* und addiere das Ergebnis zu der ersten Zahl. (Und anders als beim Pascal'schen Dreieck beginnt die Zählung in einer Zeile nun bei 1.) Ganz entsprechend erhält man $S(5, 4) = 10 = 6 + 4 \cdot 1$. Nur der kursiv geschriebene Teil des Bildungsgesetzes unterscheidet sich von dem beim Pascal'schen Dreieck.* Das reicht jedoch, um die Untersuchung der Stirling-Zahlen wesentlich schwieriger zu gestalten als die der Binomialkoeffizienten. Beispielsweise können wir jeden Binomialkoeffizienten durch eine einfache explizite Formel mithilfe der Fakultätsfunktion ausdrücken. Auch für die n-te Fibonacci-Zahl gibt es eine Formel in Form von Potenzen des Goldenen Schnitts, doch für die Stirling-Zahlen gibt es nichts in dieser Art. Anscheinend lassen sie sich nur rekursiv berechnen.* In jeder Zeile des Stirling-Dreiecks gibt es einen Buckel; das bedeutet, wenn wir die Zahlen von links nach rechts lesen, wachsen sie zu einem Maximalwert an und nehmen dann wieder ab bis zur 1. Sie werden nie erst größer, dann wieder kleiner, dann wieder größer usw. Diese Tatsache ist vielleicht nicht überraschend, doch sie lässt sich nur sehr schwer allgemein beweisen!

Beim Pascal'schen Dreieck ergibt die Summe der Zahlen in jeder Zeile die entsprechende Potenz von 2 – die Anzahl der Teilmengen einer Menge einer bestimmten Größe. In ähnlicher Weise ist die Summe der Zahlen in der n-ten Zeile des Stirling-Dreiecks gleich der Anzahl der Möglichkeiten, eine Menge aus n Gegenständen in Blöcke zu unterteilen, und diese Zahl bezeichnet man als *Bell-Zahl*.

Sind die n Gegenstände allerdings identisch und können nicht voneinander unterschieden werden, ist die Anzahl der Möglichkeiten, diese Menge in Blöcke zu unterteilen, wesentlich kleiner und gleich der *Partitionsfunktion* von n. Die Partitionsfunktion gibt an, auf wie viele Weisen man n als Summe von positiven ganzen Zahlen schreiben kann, wobei die Ordnung keine Rolle spielt. Wir können zum Beispiel die Zahl 5 als $1 + 1 + 1 + 1 + 1$, $1 + 1 + 1 + 2$, $1 + 2 + 2$, $1 + 1 + 3$, $2 + 3$, $1 + 4$ oder auch einfach als 5 darstellen. Daher ist die Partitionszahl für die Zahl 5 gleich 7 (man vergleiche das mit der fünften Bell-Zahl, die sich aus dem obigen Dreieck zu $1 + 15 + 25 + 10 + 1 = 52$ ergibt).[6]

Es gibt eine erstaunliche Beziehung zwischen den *geordneten* Partitionen einer bestimmten Art und den Fibonacci-Zahlen. Die Anzahl der Möglichkeiten, eine ganze Zahl n in eine geordnete Summe von Zahlen zu unterteilen, die alle größer sind als 1, ist gleich f_{n-1}, die $n-1$-te Fibonacci-Zahl. Zum Beispiel hat 8 genau 13 solcher Partitionen:

$$2 + 2 + 2 + 2 = 2 + 2 + 4 = 2 + 4 + 2$$
$$= 4 + 2 + 2 = 2 + 3 + 3$$
$$= 3 + 2 + 3 = 3 + 3 + 2$$
$$= 2 + 6 = 6 + 2 = 3 + 5$$
$$= 5 + 3 = 4 + 4 = 8 \,,$$

und 13 ist f_7, die siebte Fibonacci-Zahl. Das gilt ganz allgemein.*

---

[6] Es gibt keine einfache exakte Formel für die Anzahl der Partitionen einer Zahl. Allerdings existiert eine recht komplizierte und schöne Näherung für sehr große Werte von n, die von Ramanujan stammt: $\frac{1}{4n\sqrt{3}} e^{\pi\sqrt{2n/3}}$. Eine Rekursion für die Partitionsfunktion mithilfe der Fünfeckzahlen geht auf Euler zurück.

Hagelkörner-Zahlen

Von Zeit zu Zeit werfen Beziehungen zwischen Zahlen zunächst unscheinbare Probleme auf, die sich dann jedoch für eine sehr lange Zeit jeder Entschlüsselung entziehen. Viele solcher Beispiele im Zusammenhang mit Primzahlen werden wir im nächsten Kapitel sehen. In neuerer Zeit erleben Probleme, bei denen Rekursionen beispielsweise mit Fibonacci-Zahlen auftreten, eine Renaissance, da wir mit modernen Computern ihr Verhalten selbst für lange Folgen schnell und direkt untersuchen können. Das folgende Beispiel hat viele Namen, der *Collatz-Algorithmus*, das *Syracuse-Problem* und manchmal einfach auch das $3n + 1$-Problem. Es handelt sich dabei um die einfache Beobachtung, dass der folgende Prozess, beginnend mit einer beliebigen Zahl n, immer bei der Zahl 1 zu enden scheint: Wenn n gerade ist, teile man die Zahl durch 2, ist n ungerade, ersetzte man sie durch $3n + 1$. Beginnen wir zum Beispiel mit $n = 7$ und folgen den Regeln, so erhalten wir die Folge:

$$7 \rightarrow 22 \rightarrow 11 \rightarrow 34 \rightarrow 17 \rightarrow 52 \rightarrow 26 \rightarrow 13 \rightarrow 40$$
$$\rightarrow 20 \rightarrow 10 \rightarrow 5 \rightarrow 16 \rightarrow 8 \rightarrow 4 \rightarrow 2 \rightarrow 1 \,.$$

Die Vermutung gilt daher für $n = 7$, und sie wurde tatsächlich bisher für alle n bis weit jenseits einer Billion bestätigt. Die Zahlenfolgen bei diesen Berechnungen verhalten sich wie Hagelkörner in dem Sinn, dass sie wie zufällig über eine sehr lange Zeit immer auf- und abspringen, aber irgendwann anscheinend doch immer am Boden landen. Von den ersten 1000 ganzen Zahlen haben mehr als 350 ein Hagelkorn-Maximum von über 9 232, bevor sie zur 1 zusammenfallen. In Graphen und Diagrammen, die mit solchen Hagelkorn-Folgen in Beziehung stehen, lassen sich alle möglichen interessanten Eigenschaften entdecken, die an andere chaotische Muster in der Mathematik und Physik erinnern. Handelt es sich hierbei um ein richtig wichtiges Problem oder nicht? Die Antwort ist nicht so klar, aber es handelt sich in jedem Fall um ein schweres Problem. Paul Erdős (1913–1996) wusste vermutlich mehr über Zahlen als jeder andere, und er erachtete es als ein Problem, „für das die Mathematik noch nicht reif ist". Es könnte sich herausstellen, dass das Hagelkorn-Problem nur ein einfacher Ausdruck für ein wesentlich tieferes Problem ist. Etwas Ähnliches hatten wir beim Letzten Fermat'schen Problem erlebt, das schließlich als Folge einer vollkommen anderen sehr fundamentalen Frage in der Zahlentheorie, der sogenannten Shimura-Taniyama-Vermutung, bewiesen werden konnte.

Wie dem auch sei, es gibt einige einfache Beobachtungen und Umformulierungen. Man kann die Vermutung auch so ausdrücken, dass man mit irgendeiner Zahl n beginnend und den Regeln folgend irgendwann bei einer Potenz von 2 landet, denn die Potenzen von 2 sind genau die Zahlen, die ohne weitere Umschweife zur 1 herunterfallen. Es würde ebenfalls reichen, wenn wir beweisen könnten, dass man, beginnend mit einer Zahl n, irgendwann auf eine Zahl $m < n$ trifft. Wäre das nämlich *immer* richtig, dann müssten wir von m beginnend irgendwann eine Zahl kleiner als m erreichen usw., bis wir schließlich wieder bei der 1 landen. Wenn Sie in Ihrer bevorzugten Suchmaschine den Begriff „Collatz-Problem" oder „Collatz-Vermutung" eingeben, werden Sie eine Fülle an oft interessanten, manchmal auch spekulativen, aber im Allgemeinen ergebnislosen Informationen finden.

Die Primzahlen

Die Folge der Primzahlen ist die berühmteste und zugleich wichtigste Zahlenfolge von allen. Wie schon Euklid bewiesen hat, gibt es keine größte Primzahl. Das erforderte wirklich einen Beweis, denn wir kennen keine Möglichkeit, beliebig große Primzahlen zu berechnen, so wie wir beispielsweise zusammengesetzte Zahlen oder Quadratzahlen beliebiger Größe berechnen können. Trotz aller Anstrengungen über Jahrtausende hinweg sind wir immer noch auf der Suche nach Primzahlen. Die schwer fassbare Natur der Primzahlen liegt den Public-key-Verschlüsselungsverfahren zugrunde, die später in diesem Buch eine wichtige Rolle spielen werden.

Wollen wir überprüfen, ob es sich bei einer Zahl p um eine Primzahl handelt, müssen wir nur testen, ob sie nicht durch irgendeine Primzahl bis $\sqrt{p}$ teilbar ist. Der Grund ist einfach: Angenommen $p = ab$, wobei a und b ganzzahlige Faktoren von p größer als 1 und kleiner als p sein sollen. Nehmen wir weiter an, dass a auf keinen Fall größer ist als b. Dann ist es nicht möglich, dass *sowohl* a als auch b größer sind als $\sqrt{p}$, denn in diesem Fall wäre ab größer als p. Der kleinere Faktor a kann nicht größer als $\sqrt{p}$ sein. a muss selbst einen Primfaktor haben, der somit auch ein Faktor von p ist. Somit ist die erste Behauptung dieses Absatzes bewiesen. Wir müssen allerdings tatsächlich alle Primzahlen bis zur Quadratwurzel überprüfen, denn beispielsweise hat 25 nur den einen Primfaktor 5, also seine Quadratwurzel.

Die systematische Berechnung aller Primzahlen ist, zumindest im Prinzip, sehr leicht. Ein uraltes Verfahren ist das *Sieb des Eratosthenes*.[7] Wir schreiben alle Zahlen auf, angefangen bei 2 bis zu einer beliebigen von Ihnen gewählten oberen Grenze. Wir kreisen die 2 ein und streichen alle weiteren Vielfachen von 2. Nun kehren wir an den Anfang zurück, finden die erste noch nicht eingekreiste Zahl, zeichnen einen Kreis um sie und streichen alle Vielfachen dieser Zahl. Das wiederholen wir so lange, bis wir eine Zahl umkreisen, die größer ist als die Quadratwurzel der größten

---

[7] Eratosthenes wurde auch dadurch berühmt, dass er im Jahr 230 vor Christus den Durchmesser der Erde aus den unterschiedlichen Längen von Schatten in Syene und Alexandria zur Mittsommerwende berechnet hat.

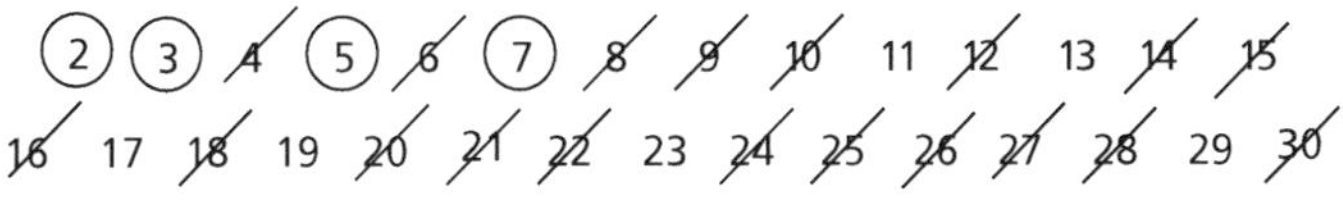

Abb. 4.6 Das Primzahl-Sieb bis 30

Zahl in Ihrem Sieb. Die nicht durchgestrichenen Zahlen bilden dann die gewünschte Liste der Primzahlen. In Abb. 4.6 können wir beispielsweise aufhören, nachdem wir alle Vielfachen von 5 gestrichen haben, denn die nächste noch nicht eingekreiste Zahl ist 7, deren Quadrat jedoch größer ist als 30.

Man erkennt leicht, weshalb dieses Verfahren funktioniert. Beim Aussieben der Zahlen streicht man niemals eine Primzahl. Andererseits wird jede zusammengesetzte Zahl aus der Liste gestrichen, denn jede Zahl wurde nach Primfaktoren untersucht, die zumindest so groß sind wie ihre Quadratwurzel. Das genügt, um die Frage auf die eine oder andere Weise zu entscheiden.

Man weiß ziemlich viel über die allgemeine Häufigkeit der Primzahlen. Für jede Zahl n gibt es mindestens eine Primzahl zwischen n und $2n$. Für die Zahl $n = 5$ bedeutet dieses so genannte *Bertrand'sche Postulat*, dass es in dem Bereich zwischen 6 und 10 mindestens eine Primzahl geben muss (und wir finden in diesem Fall auch genau eine, nämlich 7). Auch wenn dieses Ergebnis nicht besonders restriktiv ist (in dem durch das Postulat bezeichneten Bereich gibt es oft sehr viele Primzahlen), lassen sich Sätze dieser Art oft nur schwer beweisen. Andererseits sind solche Aussagen sehr interessant, denn sie zeigen uns, dass die Primzahlen nicht so ganz zufällig unter den ungeraden Zahlen verteilt sind, denn wenn wir die Zahl n erreicht haben, wissen wir *mit absoluter Sicherheit*, dass wir die nächste Primzahl vor $2n$ finden werden. In der modernen Primzahlforschung geht man allerdings meist davon aus, dass die globale Verteilung der Primzahlen in gewisser Hinsicht zufällig ist.

Eine bisher noch unbewiesene Vermutung ähnlich dem Bertrand'schen Postulat besagt, dass es zwischen je zwei aufeinanderfolgenden Quadratzahlen immer eine Primzahl gibt. Von Dirichlet stammt das berühmte Ergebnis: Man nehme zwei Zahlen ohne gemeinsamen Faktor, beispielsweise 3 und 8, dann gibt es unter den Zahlen in der arithmetischen Folge, die bei der ersten Zahl beginnt und in Schritten der zweiten Zahl zunimmt, unendlich viele Primzahlen. In diesem Fall lautet die Folge 3, 11, 19, 27, 35, 43, . . ., die daher unendlich viele Primzahlen enthält. Zunächst scheint diese Aussage nicht wesentlich über das ursprüngliche Ergebnis von Euklid hinauszugehen, nämlich dass die Folge der ungeraden Zahlen unendlich viele Primzahlen enthält. Tatsächlich ist dies nur ein Spezialfall des Dirichlet'schen Theorems, wenn wir als erste Zahl die 1 und als allgemeine Differenz die 2 wählen. Doch alle Beweise des Dirichlet'schen Theorems sind ziemlich tiefsinnig und schwierig. Wenn es um Primzahlen geht, muss man oft nicht tief bohren, um auf schwierige Fragen zu stoßen.

Andererseits kann keine artihmetische Folge ausschließlich aus Primzahlen bestehen, denn die Differenz zwischen zwei Termen einer arithmetischen Folge ist immer eine feste Zahl, wohingegen bekannt ist, dass es beliebig große Lücken zwischen den Primzahlen gibt, wenn wir die Zahlenleiter nur weit genug hinaufsteigen.*

Eine einfache Überlegung zeigt, dass jede Primzahl mit Ausnahme von 2 und 3 von der Form $6n \pm 1$ ist, denn jede Zahl, die nicht diese Form hat, ist entweder gerade oder ein Vielfaches von 3. Tatsächlich hat De Bouvelles im Jahre 1506 voreilig vermutet, dass zumindest eine der beiden Zahlen $6n \pm 1$ immer eine Primzahl sei. Seine Vermutung erweist sich aber schon bei einer kurzen Prüfung als falsch: Bereits für $n = 20$ finden wir ein Gegenbeispiel, denn $119 = 7 \cdot 17$ und $121 = 11^2$. Man kann auch vergleichsweise leicht zeigen, dass es unendlich viele Primzahlen der Form $6n - 1$ gibt.*

Die Folge der Primzahlen zeigt zu Beginn viele Besonderheiten, die sich nie mehr wiederholen. Die Zahl 2 ist die einzige gerade Primzahl, und das Triplett 3, 5, 7 ist das einzige Beispiel für drei aufeinanderfolgende ungerade Primzahlen, denn für jede andere Zahl n ist eine (und nur eine) der Zahlen $n - 2$, n und $n + 2$ ein Vielfaches von 3.[8] Untersuchen wir das Sieb der Primzahlen genauer, entdecken wir auch Paare von Primzahlen oder *Primzahlzwillinge*, die sich nur um 2 unterscheiden: $(11, 13)$ und $(17, 19)$ sind Beispiele, und man findet leicht weitere. Nach der *Primzahlzwillingsvermutung* gibt es unendlich viele solcher Primzahlpaare, und daher treten in der Liste immer wieder welche auf. Hierbei handelt es sich um eines der größeren offenen Probleme, das sich über die Jahrhunderte gehalten hat.

Das Gleiche gilt für die Goldbach'sche Vermutung, die sich indirekt in einem Brief an Euler vom 7. Juni 1742 findet: Jede gerade Zahl größer als 2 ist die *Summe* von zwei Primzahlen. Beispielsweise ist $28 = 17 + 11$. Es war sogar einmal ein Preis von einer Million Dollar für einen Beweis dieser Vermutung ausgesetzt, allerdings hätte der Beweis innerhalb einer Frist von zwei Jahren erfolgen müssen, und diese Frist endete im März 2002. „Ich will mehr als eine Million Dollar für diese Sache", bemerkte dazu ein frustrierter Mathematiker. Manche Zahlentheoretiker fühlen sich von Goldbach an der Nase herumgeführt. Es gibt schwächere Versionen der Aussage, die bewiesen werden konnten, und die Goldbach'sche ist zweifelsfrei richtig für alle Zahlen bis zu einer außerordentlich großen Zahl.[9] Im Jahre 1939 konnte Schnirelman zeigen, dass jede gerade Zahl oberhalb von 4 die Summe von nicht mehr als 300 000 Primzahlen ist. Virnogra-

---

[8] Man teile n durch 3: Wenn n ein Vielfaches von 3 ist, sind es seine Nachbarn nicht, falls der Rest 1 bleibt, dann besitzt $n + 2$ die 3 als Faktor aber $n - 2$ nicht, und ist der Rest gleich 2, dann ist nur $n - 2$ ein Vielfaches von 3.

[9] Gegenwärtig scheint die Schranke bei rund $6 \cdot 10^{16}$ zu liegen, aufgestellt von Oliveira e Silva im Oktober 2003: siehe die Webseite www.mathworld.wolfram.com.

dov bewies um dieselbe Zeit, dass jede genügend große ungerade Zahl die Summe von drei Primzahlen ist. (*Genügend groß* bedeutet hier, dass diese Behauptung ab einer Zahl gültig ist, die selbst nicht bekannt ist; man kennt zwar obere Schranken, die allerdings unvorstellbar riesig sind.) Etwas einschränkender klingt eine ähnliche Vermutung, wonach jede ungerade Zahl n die Summe von drei Primzahlen ist, von denen zwei gleich sind, d. h., n ist die Summe von einer Primzahl plus zweimal eine andere Primzahl. Auch diese Vermutung ist bisher unbewiesen. Eine sehr erstaunliche Aussage wurde von J. R. Chen bewiesen und besagt, dass sich jede genügend große gerade Zahl als Summe $p + m$ schreiben lässt, wobei p eine Primzahl ist und m nicht mehr als zwei eigentliche Faktoren besitzt, d. h., m ist eine Primzahl oder das Produkt pq von zwei Primzahlen (die auch gleich sein können). Das scheint zwar erstaunlich nah an der richtigen Goldbach'schen Vermutung, reicht aber noch nicht aus.

Es sieht so aus, als ob wir dem ursprünglichen Problem noch nicht wirklich nahe gekommen sind. Angeblich hat Hardy einmal etwas gereizt bemerkt, es sei vergleichsweise leicht, irgendwelche schlauen Vermutungen aufzustellen. Tatsächlich gibt es viele Vermutungen von der Goldbach'schen Art, die nie bewiesen wurden und die doch jeder Dummkopf aufstellen könnte.[10]

Andererseits sollte man solche Vermutungen auch nicht leichtfertig abtun. Der größte Mathematiker des 19. Jahrhunderts, Carl Friedrich Gauß (1777–1855), äußerte sich einmal geringschätzig über die Bedeutung des Letzten Fermat'schen Satzes: Keine n-te Potenz ist gleich der Summe von zwei n-ten Potenzen, sofern die ganze Zahl n größer ist als 2. Gauß mein-

---

[10] Als Beispiel könnten wir eine Art duale Goldbach'sche Vermutung aufstellen: Jede gerade Zahl lässt sich als *Differenz* von zwei Primzahlen schreiben. Das wiederum ist ein Spezialfall von de Polignacs Vermutung (1849), wonach sich für jede gerade Zahl $2n$ unendlich viele aufeinanderfolgende Primzahlen um diese Zahl unterscheiden: Für $n = 1$ handelt es sich um die Primzahlzwillingsvermutung.

te, es gäbe beliebig viele einfache Fragen zur Zahlentheorie, die ungelöst seien, weshalb sollte man sich also gerade auf diese stürzen? Doch der Fermat'sche Satz war es Wert, ihm nachzugehen. Die Vermutung wurde 1995 von Wiles bewiesen, aber die Frage könnte weitere Probleme aufwerfen. Von der Goldbach'schen Vermutung wird oft behauptet, sie gehöre nicht in dieselbe Klasse, denn Primzahlen seien nicht dazu da, addiert zu werden!

Die allgemeine Verteilung der Primzahlen ist recht gut verstanden und wurde von Gauß konkreter formuliert: Die Funktion $\pi(n)$, welche die Anzahl der Primzahlen bis zu einer Zahl n angibt, verhält sich für große Argumente wie n dividiert durch den natürlichen Logarithmus von n (dieser Logarithmus bezieht sich auf eine spezielle Basis, die mit e bezeichnet wird). Die Gauß'sche Vermutung bezog sich eigentlich auf etwas Komplizierteres und war auch präziser; sie wurde 1896 von Hadamard und unabhängig im selben Jahr von De La Vallée Poussin bewiesen.

Da die Primzahlen eine besonders natürliche Zahlenfolge sind, ist es nahezu unvermeidbar, dass man nach Regelmäßigkeiten zwischen den Primzahlen sucht. Es gibt allerdings keine wirklich nützlichen Formeln für Primzahlen. Das bedeutet, es gibt keine Regel, nach der man Primzahlen erzeugen oder eine ausschließlich aus verschiedenen Primzahlen bestehende Folge konstruieren kann. Es gibt einige nette Formeln, die allerdings kaum einen praktischen Wert haben, und einige von ihnen setzen sogar die Kenntnis der Primzahlenfolge voraus, damit man ihren Wert berechnen kann. Insofern handelt es sich bei ihnen im Wesentlichen um Betrug. Einige polynomiale Ausdrücke, wie $n^2 + n + 41$, enthalten besonders viele Primzahlen für viele Werte von n. Gleichzeitig ist jedoch offensichtlich, dass diese Folge für $n = 41$ keine Primzahl liefern kann, denn das Ergebnis muss 41 als Faktor haben. Ganz allgemein ist es nicht schwer zu beweisen, dass Polynome dieser Art niemals eine Formel zur Erzeugung von ausschließlich Primzahlen sein können.*

Wir können auch Rekursionsformeln ausprobieren: Wir beginnen mit 2, verdoppeln immer und addieren 1. Auf diese Weise erhalten wir zunächst einige Primzahlen: 2, 5, 11, 23, 47, doch die nächste Zahl in der Folge ist 95, und damit funktioniert auch dieses Verfahren nicht zur Erzeugung von ausschließlich Primzahlen.

Es gibt einige Tests, ob es sich bei einer Zahl um eine Primzahl handelt oder nicht, die sich in wenigen Worten beschreiben lassen. Doch damit solche Tests von irgendeinem Nutzen sind, müssen sie zumindest in einigen Fällen schneller sein als die direkte Überprüfung, die wir früher erwähnt haben. Ein berühmtes Ergebnis ist als Wilson'sches Theorem[11] bekannt. Es besagt, dass eine Zahl p genau dann eine Primzahl ist, wenn p ein Faktor von $1 + (p - 1)!$ ist. Obwohl es sich um eine knappe und präzise Aussage handelt, hilft der Satz kaum bei der Identifikation von Primzahlen. Möchten wir beispielsweise mit dem Wilson'schen Theorem überprüfen, ob die Zahl 13 eine Primzahl ist, müssen wir zeigen, dass 13 ein Faktor von $1 + 12! = 479\,001\,601$ ist.[12] Man vergleiche diesen Aufwand mit dem einfachen Test, dass 13 weder durch 2 noch durch 3 teilbar ist. Auch wenn sich das Wilson'sche Theorem als Test für Primzahlen kaum eignet, ist es von allgemeinem Nutzen. Beispielsweise kann man damit feststellen, welche Zahlen sich als Summe von zwei Quadratzahlen darstellen lassen. Der Satz selbst folgt vergleichsweise leicht aus einem fundamentalen Satz, der als Fermat'sches Lemma bekannt ist.*

---

[11] Die namentliche Zuordnung ist nicht ganz richtig, denn das Ergebnis wurde zuerst von Lagrange um 1770 bewiesen, und Leibniz stellte im Jahre 1682 als erster die Vermutung auf.

[12] Mit dem Teilbarkeitstest für 13 von S. 54 berechnen wir $601 - 1 + 479 = 1079 = 13 \cdot 83$ und sehen, dass Wilson Recht hatte!

Glückliche Zahlen

Primzahlen sind wirklich etwas Besonderes, doch manche ihrer Eigenschaften findet man auch in anderen Zahlenfolgen. Die Folge der sogenannten *Glücklichen Zahlen* ergibt sich aus einem „falschen" Eratosthenes-Sieb. Wir beginnen mit der Folge der ungeraden Zahlen, 1, 3, 5, 7, …. Die erste Glückliche Zahl ist 3 (wie bei den Primzahlen zählen wir die 1 nicht zu unserer Liste und bezeichnen sie auch nicht als glücklich). Wir markieren 3 durch einen Kreis und streichen jede dritte Zahl aus der Folge, sodass die reduzierte Liste 1, 3, 7, 9, 13, 15, 19, … übrigbleibt. Die nächste noch nicht eingekreiste Zahl ist 7, die wir durch einen Kreis markieren, und nun streichen wir jede siebte Zahl aus der reduzierten Liste usw. Wie bei den Primzahlen bleibt eine Folge von Zahlen übrig, die nie weggestrichen werden. Sie bilden die *Glückliche Folge*. Sie beginnt mit

$$3, 7, 9, 12, 15, 21, 25, 31, 33, 37, 43, \ldots.$$

Auch wenn die Glücklichen Zahlen nicht die Bedeutung der Primzahlen erlangt haben, zeigen sie doch einige Ähnlichkeiten in ihrer Verteilung: Für sehr große Zahlen folgt ihre Dichte demselben Gesetz, wir können Vermutungen über glückliche Zwillingszahlen aufstellen und sogar eine Entsprechung zur Goldbach'schen Vermutung. Sie alle scheinen wahr zu sein und bleiben doch, ähnlich wie die Primzahlen, gegenüber unseren heutigen Beweisverfahren immun. Das legt nahe, dass sich viele der Sätze und Vermutungen zu den Primzahlen in Wirklichkeit auf durch Siebverfahren erzeugte Zahlenfolgen beziehen und nicht ausschließlich den Primzahlen vorbehalten sind. Allerdings scheint es in der mathematischen Literatur noch keine klare Vermutung oder Formulierung hinsichtlich dieser Idee zu geben.

5

Nützliche Zahlen

Prozente, Verhältnisse und Wahrscheinlichkeiten

Nach einer Form der Zahlenangabe scheint die moderne Welt süchtig zu sein – dem Prozent. Dafür gibt es natürlich gute Gründe. Es geht ständig um Dinge wie Wachstum oder einen bestimmten Anteil von Populationen, andererseits lieben wir Brüche nicht besonders, und selbst der Bezug auf unhandliche Dezimalbrüche ist für eine Alltagsunterhaltung oft ungeeignet. Die Prozentangabe ist eine einfache Idee, die hier zur Hilfe kommt. Wir alle ziehen ganze Zahlen den Brüchen und Dezimalbrüchen vor, und wir rechnen auch lieber mit kleinen Zahlen als mit großen. Daher denken wir uns jede messbare Sache als aus 100 Teilen bestehend – wie immer soll unser System auf einer Potenz von 10 beruhen, und eine Unterteilung in 10 Teile wäre für ein nützliches Maß etwas zu grob, also nimmt man 100. Ein Prozent ist daher dasselbe, wie der $1/100$. Teil der Sache, um die es gerade geht. Will man einen Bruch oder eine Dezimalzahl in Prozent umrechnen, muss man lediglich mit 100 multiplizieren.

Manchmal hört man auch die Begriffe *Quartile* und *Perzentile*. Ein Viertelwert einer Datenmenge ist der Punkt, unter dem $1/4$ – also 25 % – der Daten liegen, der Rest liegt darüber. Und k-Quantil entspricht dem Wert, unterhalb dem k Prozent der Daten liegen, der Rest ist darüber.

Mit Verhältnissen lassen sich zwei Anteile lediglich durch ihre Zähler vergleichen. Ist beispielsweise in einer Bevölkerung das Verhältnis von Personen mit blauen Augen zu Personen mit braunen Augen gleich $\frac{4}{3}$, dann meinen wir damit, dass auf je drei Personen mit braunen Augen vier Personen mit blauen Augen kommen. Den wichtigen Nenner erhalten wir, indem wir die beiden Zahlen des Verhältnisses addieren. In diesem Fall wäre der Anteil der Personen mit blauen Augen in der Bevölkerung gerade $\frac{4}{7}$ – zumindest, wenn es nicht noch andere Augenfarben gibt. Es könnte aber auch sein, dass das Verhältnis von blauen Augen zu braunen Augen zu allen anderen Farben mit 4 : 3 : 1 angegeben wurde. Dann betrüge der Anteil der blauen Augen $\frac{4}{8} = \frac{1}{2}$.

Jede Berechnung, bei der es um Verhältnisse geht, lässt sich auf diese Weise durch Brüche ausdrücken. Man könnte also auf die Angabe von Verhältnissen ganz verzichten. In einem Zusammenhang spielen Verhältnisse jedoch eine besonders wichtige Rolle, nämlich bei Wetten, besonders bei Pferderennen. Eine *Quote* von 2/1 bedeutet, dass das Verhältnis von Gewinn zu Einsatz 2 : 1 ist – der Spieler erhält somit für jeden bei der Wette eingezahlten Anteil nicht nur diesen Anteil zurück, sondern zusätzlich noch zwei Gewinnanteile ausgezahlt, zumindest, wenn er auf den Gewinner gesetzt hat.[1] Bei fairen Quoten (was im Allgemeinen natürlich nicht der Fall ist, denn sonst würden die Wettbüros nichts verdienen) wäre die Wahrscheinlichkeit, dass das eigene Pferd gewinnt, gleich $\frac{1}{2+1} = \frac{1}{3}$. In diesem Fall würde man in zwei Drittel der Fälle seinen Einsatz verlieren, aber in einem Drittel zwei Anteile gewinnen (und seinen Einsatz zurückbekommen). Der durchschnittliche Verlust wäre somit $1 \cdot \frac{2}{3} - 2 \cdot \frac{1}{3} = 0$, insgesamt sollte man also ±0 herausbekommen.

---

[1] Dies entspricht den Quotenangaben in England. In Kontinentaleuropa handelt es sich bei der Angabe meist um eine Bruttoquote, bei welcher der Einsatz mit einbezogen wird. 2 : 1 bedeutet eine Auszahlung (einschließlich Einsatz) von zwei Anteilen auf einen Anteil Einsatz.

Man kann auch „2:1 gegen" wetten, was ein Quotenverhältnis von 1:2 bedeutet. In diesem Fall setzt der Spieler auf einen hohen Favoriten, und die Chancen, dass dieses Pferd gewinnt, werden auf zwei Drittel geschätzt. Im Falle eines Gewinns würde man neben dem Einsatz (von zwei Anteilen) noch einen Gewinnanteil erhalten. Bei einer fairen Wette wäre die Summe aller Zahlen $\frac{r}{r+s}$, wobei $r : s$ eine typische Quote für ein Pferd darstellt. Bildet man die Summe über das gesamte Feld, ist das Ergebnis 1. Tatsächlich ist die Summe meist etwas kleiner, und die Differenz ist ein Maß für den Vorteil des Wettbüros gegenüber den Spielern.

Es gibt einige sehr verblüffende Rätsel im Zusammenhang mit einfachen Verhältnissen. In einem klassischen arabischen Problem geht es um einen Jäger, der nichts mehr zu essen hat und zufällig auf zwei Hirten trifft, von denen einer drei Brotlaibe und der andere fünf hat. Sie kommen überein, die Brotlaibe bei einem gemeinsamen Essen gleichmäßig aufzuteilen. Der Jäger dankt den Hirten und zieht seines Weges, nachdem er ihnen insgesamt acht Piaster für ihre Brote bezahlt hat. Wie sollen die Hirten das Geld untereinander aufteilen?

Die Lösung lautet: Jede Person hat $\frac{8}{3} = 2\frac{2}{3}$ Brote gegessen, sodass der Hirte mit den fünf Broten $5 - 2\frac{2}{3} = \frac{15-8}{3} = \frac{7}{3}$ Brote an den Jäger abgetreten hat, der andere Hirte nur $\frac{1}{3}$ Brot. Das Verhältnis der abgegebenen Brotmengen ist somit $\frac{7}{3} : \frac{1}{3} = 7 : 1$, und der eine Hirte sollte 7 der 8 Piaster erhalten und der andere den verbliebenen 1 Piaster. (Der Jäger hat $8 : \frac{8}{3} = 3$ Piaster pro Brot bezahlt, doch das war nicht gefragt.)

Dieses Rätsel war noch vergleichsweise einfach, doch wie sollen wir das folgende angehen?

Ein Auto ist doppelt so alt wie sein Motor war, als das Auto genauso alt war, wie der Motor heute ist. Was ist das Verhältnis vom Alter des Autos zu dem des Motors?

Die Schwierigkeit liegt darin, dass sich der eine Satz, der die gesamte Information enthält, nicht nur auf einen, sondern auf zwei interne Referenzpunkte bezieht und dadurch schwer zu entwirren ist. Die Sache ist erfrischend kompliziert, und so sieht es aus: Es geht um drei Zahlen, denen wir zunächst einmal Bezeichnungen geben. Es sei c das Alter des Autos, e das Alter des Motors und d die Anzahl der Jahre, als das Auto genauso alt war wie der Motor heute. Vielleicht leichter verständlich können wir auch sagen: d ist die Differenz zwischen c und e, dem heutigen Alter des Autos und des Motors (denn $c = d + e$). Nun fassen wir in Formeln, wie die Zahlen zusammenhängen: Wie wir gerade gesagt haben, gilt $d = c - e$, denn wenn das Auto 10 Jahre alt ist und der Motor 7, dann hatte das Auto vor $10 - 7 = 3$ Jahren das heutige Alter des Motors. Die zweite Information lässt sich durch die Gleichung $c = 2(e - d)$ ausdrücken, denn das Auto ist doppelt so alt wie der Motor vor d Jahren war. Ersetzen wir nun d durch $c - e$ erhalten wir aus dieser Gleichung:

$$c = 2(e - d) = 2(e - (c - e)) = 2(e - c + e)$$
$$= 2(2e - c) = 4e - 2c.$$

Wir addieren auf beiden Seiten der Gleichung $2c$ und erhalten $3c = 4e$, sodass das Verhältnis von c zu e gleich $4 : 3$ ist.

Die wissenschaftliche Schreibweise

Diese Darstellung von Zahlen verdankt ihren Namen ihrer besonderen Bedeutung in der Wissenschaft, denn in dieser Form drückt man gewöhnlich Messergebnisse aus, besonderes wenn es sich entweder um sehr große oder sehr kleine Messwerte handelt, die nur mit einer begrenzten Genauigkeit bekannt sind. Daher bezeichnet man sie auch oft als *Standardform*. Üblicherweise besteht sie aus einer Zahl zwischen 1 und 10, multipliziert mit ei-

ner passenden Potenz von 10. Beispielsweise beträgt die Lichtge-
schwindigkeit im Vakuum ungefähr 300 000 000 m/s, was meist
durch $3 \cdot 10^8$ m/s ausgedrückt wird. Auf diese Weise umgeht
man die umständliche Schreibweise mit einer langen Folge von
Nullen. Ein anderes Beispiel ist die Avogadro-Konstante, mit der
man in der Chemie die Anzahl der Atome in einem Mol bezeichnet. Auf drei signifikante Stellen beträgt ihr Wert $6,01 \cdot 10^{23}$.

Eine vergleichbare Bedeutung hat die wissenschaftliche
Schreibweise bei sehr kleinen Zahlen. In der Quantenmechanik
gibt es beispielsweise die *Planck-Konstante*, deren Wert auf fünf
signifikante Stellen gleich $6,6261 \cdot 10^{-34}$ J·s ist. In der herkömmlichen Dezimalschreibweise müsste man $0,0000\ldots 00066261$
schreiben, mit 34 Nullen vor den wichtigen Stellen, die ihrerseits
nur aus Experimenten bekannt sind.

Jede Berechnung lässt sich in wissenschaftlicher Schreibweise
durchführen, und wenn die Zahlen sehr große Potenzen von 10
benötigen, seien sie positiv oder negativ, ist dies oft die einfachste
Weise der Darstellung. Betrachten wir ein Beispiel:

$$(3,14 \cdot 10^7) \cdot (6,21 \cdot 10^6) = (3,14 \cdot 6,21) \cdot 10^7 \cdot 10^6$$
$$= 19,5 \cdot 10^{7+6} = 19,5 \cdot 10^{13}$$
$$= 1,95 \cdot 10^{14}.$$
$$(2,4 \cdot 10^{18}) : (1,1 \cdot 10^{11}) = (2,4 : 1,1) \cdot 10^{18-11}$$
$$= 2,2 \cdot 10^7.$$

Die Zehnerpotenzen werden bei einer Multiplikation einfach addiert und bei einer Division subtrahiert. Über die Anzahl der
Nullen bei einer Berechnung müssen Sie Buch führen. Die Zahlen in wissenschaftlichen Berechnungen sind oft Messergebnisse,
und die Anzahl der signifikanten Stellen im Ergebnis sollte nicht
größer sein als die der Ausgangszahlen, andernfalls würde man eine gar nicht vorhandene Messgenauigkeit vorgaukeln. Beispiels-

weise ist der exakte Wert von $3,14 \cdot 6,21 = 19,4994$, doch diesen sollte man auf drei signifikante Stellen runden.

Allgemein beruht dieses Verfahren darauf, dass wir eine beliebige Multiplikation oder Division durchführen können, wenn wir sie für Zahlen im Bereich 1 bis 10 verstanden haben. Das ist auch die Grundlage von Berechnungen mithilfe des Logarithmus. Irgendwann wurde einmalig eine Tafel aufgestellt, in der sehr viele Zahlen zwischen 1 und 10 als Potenz von 10 dargestellt wurden – das nannte man den *gewöhnlichen Logarithmus* dieser Zahl. Der „Log" des Ergebnisses einer Multiplikation ließ sich dann einfach als Summe dieser Zehnerpotenzen berechnen, und aus der umgekehrten Tabelle konnte man die Antwort wieder in die Standardform bringen. Die erste Logarithmentafel zur Basis Zehn erstellte Henry Briggs von Oxford im Jahre 1617 in Zusammenarbeit mit dem Erfinder dieser Idee, dem Schotten John Napier.

Die Bedeutung von Mittelwerten

Ein Durchschnitt oder *Mittelwert* ist eine Möglichkeit, einen ganzen Datensatz durch eine einzige Zahl zu charakterisieren. Diese Zahl sollte dabei einen typischen Wert darstellen, und sie gibt an, wo man vernünftigerweise den mittleren Punkt der Daten ansiedeln würde. Wir schauen uns zunächst den gewöhnlichen Mittelwert an, wie er in der Statistik auftritt, und anschließend einige Mittelwerte mit eher rein mathematischem Charakter.

Statistischer Mittelwert

Der *normale Mittelwert* oder *arithmetische Mittelwert* ist der gewöhnliche Durchschnitt der betrachteten Datenmenge. Zu seiner Berechnung bilden wir die Summe aller Datenwerte und teilen durch die Gesamtanzahl der Daten. Zum Beispiel wäre der Mittelwert der Zahlen auf einem Würfel gleich $(1 + 2 + \ldots + 6)/6 = 21/6 = 3{,}5$. Wir sehen hier sofort einen der Nachteile dieser Kenngröße: Auch wenn der Datensatz ausschließlich aus ganzen Zahlen besteht, ist der gewöhnliche Durchschnitt oft selbst keine ganze Zahl. Der Mittelwert ist eine Zahl, die selbst nicht zum ursprünglichen Datensatz gehört und auch nicht gehören kann. Angenommen, die mittlere Anzahl der Personen in einem amerikanischen Durchschnittshaushalt sei 1,9. Das bedeutet, das Produkt aus der Anzahl der Haushalte mit 1,9 ist gleich der Gesamtzahl der Personen in Amerika, die in einem Haushalt leben. Es ist daher durchaus sinnvoll, über die mittlere Größe eines Haushalts zu sprechen, selbst wenn kein Haushalt tatsächlich diese Größe haben kann.

Das Konzept des Mittelwerts wird dann missbraucht, wenn man zwei verschiedene Populationen wie eine behandelt und auf dieser gemeinsamen Population eine Statistik aufbaut. Angenommen, ein sehr naiver Biologe kennt den prinzipiellen Unterschied zwischen Spinnen und Insekten nicht und fasst beide einfach unter seiner Klassifikation *Käfer* zusammen. Für eine Stichprobe seiner Käfer aus zehn Spinnen und zehn Insekten könnte er die Gesamtzahl der Beine bestimmen, durch 20 teilen und dann zu dem Schluss gelangen, dass „Käfer im Durchschnitt sieben Beine haben". Obwohl dieser Durchschnitt tatsächlich eine ganze Zahl ist, hat keiner seiner Käfer sieben Beine. Unser Wissenschaftler gelangte also zu dieser lächerlichen Schlussfolgerung, weil er zwei vollkommen verschiedene Spezies durcheinander warf. Im Extrem kann dieser Unsinn zu Scherzaussagen der Art „Der durchschnittliche Mensch hat einen Busen und einen Hoden" führen. Derartige Fehler sind natürlich offensichtlich und deshalb lächerlich, doch tatsächlich wird relativ oft nicht erkannt, dass es innerhalb einer Gruppe mehr als eine unterschiedliche Population gibt, und manchmal bemerkt man es erst bei der Auswertung der Daten. Interessiert man sich beispielsweise für die mittlere Körpergröße von Erwachsenen, sollte man natürlich zwischen Männern und Frauen unterscheiden, auch wenn diese Unterscheidung bei der Quantifizierung anderer Eigenschaften weniger wichtig zu sein scheint. Bei Stichprobenanalysen kann man umgekehrt auch viel Geld verschwenden, wenn man aus übertriebener Vorsicht Teile der Bevölkerung unterscheidet, die sich in Bezug auf die untersuchte Größe statistisch gar nicht signifikant unterscheiden. Die beste Aufteilung eines Datensatzes kommt oftmals erst mit der Erfahrung und lässt sich nicht immer vor der Feststellung der Tatsachen entscheiden.

Eine positive Eigenschaft des gewöhnlichen Mittelwerts ist, dass er jeden einzelnen Datenwert berücksichtigt, was ein großer praktischer Vorteil sein kann. In der Vergangenheit musste sich zum Beispiel ein Schiffskapitän sehr auf die Messungen von Sternenpositionen, Kompasspeilungen usw. verlassen. Eine Einzelmessung konnte ziemlich ungenau sein, und so ersetzte man sie durch den Mittelwert mehrerer Messungen. Intuitiv hatte man das Gefühl, dass dieser Mittelwert mit großer Wahrscheinlichkeit nicht weit vom wahren Wert abwich, wohingegen der Wert einer Einzelmessung sehr schwanken konnte. Diese wissenschaftliche Praxis hat einen guten mathematischen Grund – je mehr Messungen man macht, umso größer ist die Wahrscheinlichkeit, dass der Durchschnitt sehr nahe am wahren Wert liegt, es sei denn, es gibt einen systematischen Fehler im Messprozess selbst. Wenn das Astrolabium des Kapitäns nicht richtig geeicht war, konnte sich zwar der Mittelwert seiner Messungen einem festen Wert nähern, doch dieser hätte immer noch falsch sein können, einfach, weil sein Instrument fehlerhaft war.

Diese Einbeziehung von jedem einzelnen Datenwert in die Berechnung des Mittelwerts kann jedoch auch eine Schwäche sein, denn der Mittelwert ist sehr empfindlich in Bezug auf *Ausreißer*, also Zahlen, die sehr weit außerhalb des Bereichs der übrigen Daten liegen. Gibt es beispielsweise in einem Haushalt aus insgesamt sieben Personen nur einen Raucher, der jedoch täglich eine Packung Zigaretten raucht, dann raucht jedes Mitglied des Haushalts pro Woche im Mittel 20 Zigaretten. Diese Aussage ist zwar richtig, aber sie verschleiert eher das wahre Bild, da fast alle Mitglieder des Haushalts Nichtraucher sind.

Ganz allgemein ist der Mittelwert kein gutes Maß für den mittleren Punkt einer Datenmenge, wenn die Daten nicht symmetrisch um diesen Mittelwert verteilt, sondern eher einseitig verzerrt sind. Ein gutes Beispiel ist das mittlere Einkommen. Typischerweise verdient nur ein Drittel der Bevölkerung mehr als der Durchschnitt, wodurch 67 % der Menschen ungerecht behandelt werden. Der Grund dafür beruht auf Personen, die sehr viel mehr verdienen als der Durchschnitt. Ohne jetzt über soziale Gerechtigkeit sprechen zu wollen, kann man durchaus behaupten, dass der Mittelwert kein gutes Maß für eine mittlere Tendenz ist, wenn dieser zu nahe an einem Ende des möglichen Bereichs liegt. In einem solchen Fall ist der *Median* bzw. Medianwert eines Datensatzes vermutlich eine bessere Kenngröße. Der *Median* ist dadurch charakterisiert, dass die eine Hälfte der Daten unterhalb und entsprechend die andere Hälfte oberhalb des Medianwerts liegt. Es handelt sich um den 50. Perzentil. In Bezug auf das Einkommen vermittelt der Median den Menschen eine bessere Vorstellung, wo sie im Vergleich zur „typischen" Person der Population stehen.

Zur Berechnung des Medianwerts eines Datensatzes müssen wir die Daten zunächst ordnen und dann die mittlere Zahl nehmen. Beispielsweise ist der Median von 3, 3, 5, 8, 12, 13, 13 die mittlere Zahl 8. Bei einer ungeraden Anzahl von Daten, wie in diesem Fall, ist der Median immer eine Zahl aus dem tatsächlichen Datensatz. Gibt es jedoch eine gerade Anzahl von Daten, nimmt man gewöhnlich den Mittelwert des mittleren Datenpaares als Median. Das ist zwar etwas geschummelt, besonders bei großen Datenmengen aber kaum von Relevanz. Allerdings wird dadurch einer der Nachteile des Mittelwerts auch auf den Median übertragen, nämlich dass er selbst kein Mitglied der Datenmenge sein muss und sogar einem prinzipiell nicht möglichen Wert entsprechen kann.

Für den Medianwert der Zahlen auf einem Spielwürfel erhalten wir beispielsweise $\frac{3+4}{2} = 3{,}5$, also keine ganze Zahl und sogar dieselbe Zahl wie der Mittelwert. Ganz allgemein liegen der Median und der Mittelwert sehr nahe beieinander, wenn die Daten symmetrisch um den Mittelwert verteilt sind. Nur wenn die Daten sehr zu einem Ende hin gestreckt sind, tritt ein signifikanter Unterschied zwischen diesen beiden Maßen für den Durchschnitt auf.

Aus mathematischer Sicht ist der Median keine besonders schöne Kenngröße. Sie ist ziemlich vergesslich, denn sie berücksichtigt nicht den genauen Wert jeder Zahl. Würden wir in unserem ersten Beispiel den letzten Zahlenwert 13 durch 113 ersetzen, hätte das auf den Median überhaupt keinen Einfluss. Die Berechnung des Medianwerts kann auch sehr aufwändig sein, denn es ist ziemlich viel Arbeit, eine umfangreiche Zahlenliste der Größe nach zu ordnen. Für einhundert Zahlen ist die Berechnung des Mittelwerts kein Problem, doch für den Median ist der Aufwand schon deutlich größer.

Ein drittes, allgemein verbreitetes Maß für die Mitte eines Datensatzes ist der *Modalwert*, bei dem es sich einfach um den häufigsten Wert handelt. Gegenüber den anderen beiden Formen von Mittelwerten hat der Modalwert den Vorteil, dass er immer ein Mitglied des Datensatzes ist, sogar das häufigste Mitglied. Der Modalwert der Personen, die in einem Haushalt leben, könnte zum Beispiel 3 sein – er ist niemals gleich einer nicht ganzen Anzahl von Personen. Der Nachteil des Modalwerts ist, dass er alle anderen Datenwerte außer dem häufigsten unberücksichtigt lässt. Er ist besonders angebracht, wenn es sich bei den Daten gar nicht um Zahlen handelt. Haben in einer Gruppe von Kindern 30 Kinder blaue Augen, 18 Kinder braune und 6 eine andere Farbe, dann kann man durchaus sagen, die vorherrschende Farbe sei Blau. Es wäre auch unsinnig, für die Augenfarbe der Gruppe einen Mittelwert oder Medianwert zu berechnen.

Sind die Daten ziemlich gleichmäßig verteilt, ist der Modalwert kaum von Interesse. Bei einem gewöhnlichen Würfel kommt jede Augenzahl von 1 bis 6 genau einmal vor. Alle sechs Möglichkeiten wären somit gleichermaßen Modalwerte.

Ein weiteres Beispiel von Daten, bei denen der Mittelwert oder Medianwert eher verwirren würde, wäre eine Statistik bezüglich der Wolkendecke zur Mittagszeit an einem bestimmten Ort, ausgedrückt in ganzzahligen Prozentsätzen. Der mittlere Anteil des Himmels, der von Wolken bedeckt ist, kann bei 50 % liegen. An vielen Orten der Erde ist jedoch einer der Extremzustände die Norm – entweder ist der Himmel vollkommen klar oder er ist vollständig mit Wolken bedeckt. Eine teilweise Bewölkung gibt es natürlich, aber sie ist vergleichsweise instabil und stellt oft nur den kurzen Übergang von einem Extrem zum anderen dar. In diesem Fall wäre der Modalwert entweder 0 oder 100, aber nicht irgendeine Zahl dazwischen. Für diesen Datentyp ist keines der Maße – arithmetischer Mittelwert, Median oder Modalwert – ein guter Indikator für typische Werte dieser Variablen.

Mathematische Mittelwerte

Nachdem wir bereits drei verschiedene Arten von Durchschnittswerten kennengelernt haben, sollten wir uns die Frage stellen, was eigentlich einen Durchschnitt ausmacht, bevor wir noch mehr Kenngrößen dafür heraussuchen. Ein *Durchschnitt* einer Zahlenmenge ist selbst eine einzelne Zahl, die in jedem Fall zwischen dem Minimal- und dem Maximalwert der Menge liegt. Das sollte immer gelten. Damit es sich um einen guten Durchschnitt handelt, sollte diese Zahl zusätzlich noch in Bezug auf eine geeignete Interpretation mehr oder weniger das Zentrum der Datenmenge bilden.

Da der arithmetische Mittelwert A von a und b (mit $a \leq b$) auf der Hälfte zwischen diesen Werten liegt, bilden die drei Zahlen a, A und b eine arithmetische Folge, d. h., die Differenz zwischen je zwei aufeinanderfolgenden Zahlen dieser Folge ist dieselbe. Tatsächlich ist A die einzige Zahl zwischen a und b, die eine solche Folge ergibt. Vor diesem Hintergrund können wir den *geometrischen Mittelwert* von a und b als die Zahl G definieren, für die a, G und b eine *geometrische* Folge bilden. Dazu muss es einen Multiplikator r geben, sodass $ar = G$ und $Gr = b$. Daraus ergibt sich für G der Wert $\sqrt{ab}$.[2] Sei beispielsweise $a = 4$ und $b = 9$, dann sind $A = 6{,}5$ und $G = \sqrt{36} = 6$. Allgemein ist der geometrische Mittelwert von n Zahlen $a_1, \ldots, a_n$ gleich der n-ten Wurzel ihres Produkts.

Eine andere Möglichkeit, vom arithmetischen zum geometrischen Mittelwert zu gelangen, besteht darin, in der Definition von A jede arithmetische Rechenoperation durch die nächst höhere Rechenoperation zu ersetzen, d. h., wir ersetzen die Addition durch die Multiplikation und die Multiplikation mit $1/2$ durch eine Potenzierung zur Potenz $1/2$, also durch die Quadratwurzel. Auf diese Weise wird aus dem Ausdruck für A der Ausdruck für G. Das geometrische Mittel von zwei Zahlen a und b hat außerdem die Interpretation, dass das Quadrat mit der Seitenlänge G dieselbe Fläche hat wie das Rechteck mit den Seitenlängen a und b.

Eine dritte, eher seltsame Form von Mittelwert ergab sich aus den Überlegungen der Pythagoräer zur Musik und ist der *harmonische Mittelwert* einer Zahlenmenge. Drei Zahlen $a < H < b$ bilden eine sogenannte *harmonische Folge*, wenn ihre Kehrwerte eine arithmetische Folge bilden. Das bedeutet, $1/H$ liegt genau in der Mitte zwischen den Kehrwerten von a und b. In diesem

---

[2] Setzen wir die erste Gleichung in die zweite ein, erhalten wir $ar^2 = b$ und somit $r = \sqrt{\frac{b}{a}}$, woraus wir für $G = ar = a\sqrt{\frac{b}{a}} = \sqrt{ab}$ erhalten.

Fall sagen wir, H sei das *harmonische Mittel* von a und b. Mit ein wenig Algebra gelangen wir zu der Formel

$$H = \frac{2ab}{a+b}, \quad \text{abgeleitet aus} \quad \frac{2}{H} = \frac{1}{a} + \frac{1}{b}.*$$

Betrachten wir als Beispiel nochmals $a = 4$ und $b = 9$, so erhalten wir $H = \frac{72}{13} = 5\frac{7}{13}$. Auch das harmonische Mittel lässt sich auf mehr als zwei Zahlen erweitern: Der Kehrwert des harmonischen Mittels von n Zahlen ist gleich dem arithmetischen Mittelwert der Kehrwerte der n Zahlen.

Für die drei Mittelwerte lässt sich zeigen, dass für $a < b$ ihre relative Reihenfolge immer dieselbe ist:

$$a < H < G < A < b.$$

(Für den Fall $a = b$ ist natürlich jeder Mittelwert von a und b gleich ihrem gemeinsamen Wert.) Aus dieser Eigenschaft können wir ein klassisches Verfahren von Heron von Alexandrien (um 150 n. Chr.) ableiten, mit dem wir $\sqrt{2}$ und andere Quadratwurzeln bis zu jeder gewünschten Genauigkeit berechnen können.*

Die drei genannten Mittelwerte waren bereits den alten Babyloniern bekannt, und die Griechen fügten der Liste nochmals weitere sieben Mittelwerte m hinzu, die auf bestimmten Regeln von Verhältnissen der Zahlen a, b und m beruhten. Die Bezeichnung „harmonisch" für unseren dritten Mittelwert stammt von dem Griechen Archytas, dem Herrscher von Tarentum im 5. Jahrhundert v. Chr. Er ist als unbesiegbarer General bekannt, außerdem liebte er Kinder sehr, für die er alle möglichen Spielzeuge erfand, und schließlich beharrte er auf der Verwendung mathematischer Formeln bei manchen Staatsangelegenheiten. Ihm wird das Quadrivium zugeschrieben, die vier Teile der mathematischen Bildung – Arithmetik (Zahlen in Ruhe), Geometrie (Größen in Ruhe), Musik (Zahlen in Bewegung) und

Astronomie (Größen in Bewegung). Zusammen mit dem *Trivium* – Grammatik, Rhetorik und Dialektik – bildeten sie die sieben freien Künste. Seine Interpretation von Musik war besonders weitsichtig: Er war überzeugt, dass die Tonhöhen mit unterschiedlichen Bewegungsraten zusammenhängen, die auf einem den Klang verursachenden Fließen beruhen.

Der Reziprokwert einer Summe von Reziprokwerten tritt auch bei vielen anderen Problemen auf, bei denen es um Raten (also auf Zeiteinheiten bezogene Mengen) geht. Ein typisches Beispiel dieser Art ist die folgende Knobelaufgabe:

Der kalte Wasserhahn würde eine Badewanne in sechs Minuten füllen, der heiße Wasserhahn benötigt acht. Wie lange dauert es, bis die Badewanne voll ist, wenn beide Wasserhähne gleichzeitig laufen?

Bezeichnen wir das Volumen der Badewanne als eine Einheit, dann füllt der kalte Wasserhahn die Wanne mit einer Rate von $\frac{1}{6}$ Einheiten/Minute und der heiße Wasserhahn mit $\frac{1}{8}$ Einheiten/Minute. Zusammen ist die Füllrate der beiden Wasserhähne gleich der Summe dieser beiden Anteile: $\frac{1}{6} + \frac{1}{8} = \frac{4+3}{24} = \frac{7}{24}$ Einheiten/Minute. Wir bezeichnen mit der Potenz -1 den Kehrwert, also das Vertauschen von oben und unten bei einem Bruch, und erhalten für die notwendige Zeit:

$$\left(\frac{1}{6} + \frac{1}{8}\right)^{-1} = \frac{24}{7} = 3\frac{3}{7} \text{ Minuten}.$$

Da wir die Badewanne mit $\frac{7}{24}$ Einheiten pro Minute für $\frac{24}{7}$ Minuten auffüllen, ist das gesamte geflossene Wasservolumen gleich $\frac{7}{24} \cdot \frac{24}{7} = 1$ bzw. eine Badewannenfüllung.

Auf die nächste Sekunde gerundet benötigt man zum Füllen der Badewanne 3 Minuten und 26 Sekunden.

Für den Gesamtwiderstand in einem Parallelschaltkreis gilt ebenfalls, dass sein Kehrwert gleich der Summe der Kehrwerte der Einzelwiderstände ist.

Und so funktioniert ein einfacher elektrischer Schaltkreis: In Abb. 5.1(a) erkennen wir eine Spannungsquelle, beispielsweise eine Batterie, deren Enden über einen Draht miteinander verbunden sind, sodass der Strom durch den geschlossenen Kreis von (+) nach (−) fließt. Der Stromfluss wird jedoch durch einen Widerstand im Stromkreis gehemmt.

In dieser Anordnung ist die *Spannung V* der Batterie vorgegeben. Sie ist ein Maß für die Energie der geladenen Teilchen (der Elektronen), die sich durch den Schaltkreis bewegen. Die Spannung, die wir der Einfachheit halber als 1 Volt annehmen, ist gleich dem Produkt aus der Stromstärke I und dem Widerstand R. Mit anderen Worten, I und R sind *invers proportional* zueinander: Wenn der eine Wert ansteigt, nimmt der andere ab, sodass ihr Produkt gleich der konstanten Spannung V bleibt; im vorliegenden Fall ist das $IR = 1$. (Die üblichen Einheiten für die Stromstärke und den Widerstand sind das *Ampere* bzw. das *Ohm*.)

Befinden sich zwei Widerstände R_1 und R_2 hintereinander in dem Schaltkreis, sagt man, sie liegen in *Reihe*. Der Gesamtwiderstand ist einfach $R_1 + R_2$, und der Strom ist in diesem Fall der Kehrwert dieser Summe.

Die interessantere Situation tritt auf, wenn die beiden Widerstände parallel geschaltet sind (siehe Abb. 5.1(b)). Der Strom kann nun frei durch jeden der beiden Stromkreise fließen, d. h., sie sind unabhängig voneinander. (Die beiden Ströme treffen zwar wieder aufeinander, doch der Widerstand des Drahts soll vernachlässigbar sein, sodass er an diesem Punkt keinen verzögernden Einfluss auf die Ströme hat.)

Die beiden Ströme sind $I_1 = \frac{1}{R_1}$ und $I_2 = \frac{1}{R_2}$. Der Gesamtstrom im Schaltkreis ist $I = I_1 + I_2$, und da $R = \frac{1}{I}$ erhalten

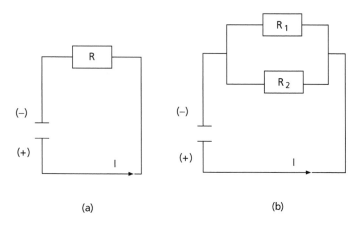

(a)   (b)

Abb. 5.1 Widerstand in einem einfachen parallelen Schaltkreis

wir den Gesamtwiderstand, indem wir I, I_1 und I_2 in dieser Gleichung durch die Kehrwerte der entsprechenden Widerstände ersetzen:

$$\frac{1}{R} = \frac{1}{R_1} + \frac{1}{R_2} \quad \text{bzw. mit anderen Worten}$$

$$R = \left(\frac{1}{R_1} + \frac{1}{R_2} \right)^{-1}.$$

Das entspricht unserer ursprünglichen Behauptung.

Zusammenfassend können wir sagen: In Reihe geschaltete Widerstände werden einfach addiert, doch für parallel geschaltete Widerstände muss man die Kehrwerte der Widerstände addieren und anschließend den Kehrwert bilden.

6
Auf der Suche nach neuen Zahlen

In diesem Kapitel fassen wir die *natürlichen Zahlen*, wie man sie allgemein nennt, als gegeben auf, wobei diese mit der Zahl Null beginnen sollen: 0, 1, 2, ... Davon ausgehend werden wir sehen, wohin uns die natürlichen Fragen und Rechenoperationen der Arithmetik führen. Dabei kommen wir auch auf die knifflige Frage zurück, was das Ergebnis von 3 − 4 ist. Eine Möglichkeit wäre, dass diese Frage keine Antwort hat (erinnern wir uns an das Argument mit den Enten), und damit geben wir uns einfach zufrieden. Man kann sich auf den Standpunkt stellen, dass jeder Versuch, irgendwelche neuen Zahlen zu erfinden, um unseren numerischen Appetit zu stillen, ohnehin von vorneherein zum Scheitern verurteilt ist und nur verwirrt, da eine solche Zahl inhärent keine Bedeutung hat.

Das erscheint ein vernünftiger Standpunkt, aber es ist halt nur ein Standpunkt. Wie jede Vorhersage auf unsicherem Boden lässt sich ihr Wert nur dadurch einschätzen, dass man sie ausprobiert. Außerdem lässt sich die Argumentation teilweise mit ihren eigenen Mitteln angreifen. Es gibt Dinge in dieser Welt, die einen numerischen Anstrich haben und über das einfache Entenzählen hinausgehen. Nehmen wir als Beispiel das Konzept der Schulden – klar, dabei handelt es sich um eine menschliche Erfindung, doch sie erscheint uns sehr real, und in jedem Fall sollte man damit rechnerisch umgehen können. Das Rechnen mit Schulden, die letztendlich so etwas wie „negatives Geld" bedeuten, erfordert, dass wir mit positiven und negativen Zahlen umgehen können.

Unabhängig von dem Problem der Schulden steht seit mindestens zwei Jahrhunderten fest, dass wir die Mathematik auf ihre Weise für uns arbeiten lassen und der Natur der Zahlen, die bei bestimmten Berechnungen auftauchen, keinerlei Einschränkungen auferlegen sollten. Der Mathematik kann man trauen, und selbst wenn eine Berechnung uns zu Orten in der Zahlenwelt führen sollte, die man eigentlich nicht besuchen wollte, werden uns die Zahlen nicht in die Irre führen, selbst wenn die Bedeutung der Antworten nicht sofort erkennbar ist. Um wirklich überzeugend zu sein, muss man eine solche Behauptung natürlich durch Beispiele untermauern. Wir können zwar nicht die Rolle der höheren Mathematik in wenigen Sätzen umfassend beschreiben, doch es gibt auch einfache Beispiele, die den Punkt schnell deutlich machen. Und natürlich geht es mal wieder ums Geld.

Wie viele Möglichkeiten gibt es, einen Euro in Münzen zu wechseln?

Die zur Verfügung stehenden Münzen sind die üblichen 1, 2, 5, 10, 20 und 50 Eurocent-Münzen. Es gibt sehr viele Lösungen, einschließlich zwei 50er, fünf 20er, zehn 10er usw. Diese Art von Fragestellungen bezeichnet man gewöhnlich als *kombinatorische Probleme*. Es gibt endlich viele Möglichkeiten, und im Prinzip könnte man das Problem lösen, indem man alle Möglichkeiten auflistet und abzählt. In der Praxis kann das jedoch sehr schwierig werden, schon allein für dieses „Toy"-Problem, wie Mathematiker solch einfache Beispiele gerne nennen. Viele Anwendungen der modernen diskreten Mathematik bestehen aus solchen kombinatorischen Aufgaben, bei denen wir es zum Teil mit einer riesigen Anzahl von Möglichkeiten zu tun haben. In der Praxis bedarf es einer Kombination aus raffinierter Mathematik und sorgfältig programmierter Software, um solche Probleme lösen zu können. Aus diesem Grund bezeichnet man die Kombinatorik auch manchmal als die „Kunst des Zählens ohne zu zählen".

Zur Lösung des oben angegebenen Problems geht man meist über die gewöhnliche Schulmathematik hinaus. Ein algebraisches Verfahren verwendet Summationstechniken für geometrische und verwandte Reihen, gefolgt von der Methode der *Partial-bruchzerlegung*, bei dem man Brüche mit einer Unbekannten x in eine Summe von getrennten, aber einfacheren Brüchen aufteilt. Die gesuchte Antwort erhält man dann, indem man die Zahlen für dieses konkrete Problem einsetzt. Der entscheidende Punkt ist jedoch, dass man bei diesen algebraischen Tricks nicht nur von negativen Zahlen oder Brüchen Gebrauch macht, sondern manchmal sogar von komplexen Zahlen – Zahlen, bei denen die „imaginäre Einheit" i auftritt, die Quadratwurzel aus minus eins. Die abschließende Antwort ist natürlich eine einfache positive ganze Zahl, doch der Weg zu ihrer Berechnung führt über alle möglichen Arten von Zahlen. Weigerten wir uns aus reiner Dickköpfigkeit, meist verkleidet als irgendwelche unechte philosophische Einwände, mit komplexen Zahlen zu rechnen, wäre die Lösung einer Vielzahl wichtiger Probleme für immer unmöglich.

Die natürlichen Zahlen sind nur die Spitze des Eisbergs der Zahlenarten. Diese Spitze ist natürlich das Erste, das wir sehen, und zunächst glauben wir vielleicht, dass es außer dieser Spitze nichts mehr gibt, insbesondere wenn wir uns weigern, unter die Wasseroberfläche zu schauen. Eine der großen Errungenschaften des 19. Jahrhunderts war die Einsicht, dass der wahre Bereich der Zahlen nicht ein-, sondern zweidimensional ist. Die Ebene der komplexen Zahlen ist die natürliche Arena zur Problemlösung für viele, wenn nicht gar die meisten mathematischen Aufgaben.

Plus und Minus

Unter den *ganzen Zahlen* verstehen wir die Menge aller positiven und negativen ganzen Zahlen einschließlich der Null. Man bezeichnet diese Menge meist mit dem Symbol $\mathbb{Z}$. Sie erstreckt sich in beide Richtungen ins Unendliche:

$$\mathbb{Z} = \{\ldots -4, -3, -2, -1, 0, 1, 2, 3, 4, \ldots\}.$$

Die ganzen Zahlen stellt man oft als in gleichen Abständen liegende und der Größe nach geordnete Punkte auf einer waagerechten Linie dar, der sogenannten *Zahlengeraden*. Diese mathematische Darstellung ist nicht nur eine Metapher, sondern sie besitzt auch praktische Anwendungen. Sie ist so verbreitet, dass jeder, dem die ganzen Zahlen auch nur etwas vertraut sind, sofort das Bild der Zahlengeraden vor seinem geistigen Auge hat, sobald das Thema auch nur erwähnt wird. Dabei sollte man aber berücksichtigen, dass es sich um eine vergleichsweise moderne Art der Vorstellung von Zahlen handelt – es ist kein Bild, wie es Euklid oder Archimedes in den Kopf gekommen wäre.

Die zusätzlichen Regeln, die wir kennen müssen, um Arithmetik mit den ganzen Zahlen betreiben zu können, lassen sich folgendermaßen zusammenfassen:

(a) Um eine negative Zahl $-m$ zu addieren oder zu subtrahieren, bewegen wir uns auf der Zahlengeraden um m Schritte nach links im Fall der Addition und um m Schritte nach rechts im Fall der Subtraktion.

(b) Um eine ganze Zahl mit $-m$ zu multiplizieren, multiplizieren wir die ganze Zahl zunächst mit m und ändern anschließend das Vorzeichen.

Mit anderen Worten, die Richtung der Addition und Subtraktion von negativen Zahlen ist genau umgekehrt wie bei den positiven Zahlen, und die Multiplikation mit -1 ändert das Vorzeichen zur anderen Alternative. Beispielsweise ist $3 + (-5) = -2$, $3 \cdot (-5) = -15$ und $(-1) \cdot (-1) = 1$.

Sie sollten sich von der letzten Gleichung nicht verwirren lassen. Es ist sicherlich vernünftig, dass die Multiplikation einer negativen Zahl mit einer positiven insgesamt eine negative Zahl ergibt: Wenn auf Schulden (ein negativer Betrag) Zinsen (ein positiver Multiplikator größer als 1) zu zahlen sind, besteht das Ergebnis in noch mehr Schulden, d. h. einer größeren negativen Zahl. Dass die Multiplikation einer negativen Zahl mit einer anderen negativen Zahl ein positives Ergebnis hat, erscheint da nur konsistent. Und dass eine doppelte Negation zu einer positiven Aussage führt, kennen wir auch von der Sprache. Natürlich könnte man wieder einwerfen, das Produkt von zwei negativen Zahlen sei physikalisch nicht so einfach zu erklären und unsinnig. Doch wenn man in der Mathematik den Fortschritt sucht, sollte man sich aus den oben genannten Gründen nicht an solchen Zweifeln stören. Die Tatsache, dass das Produkt von zwei negativen Zahlen positiv ist, lässt sich leicht formal beweisen, wenn wir annehmen, dass unser erweitertes Zahlensystem die ursprünglichen natürlichen Zahlen ersetzen und immer noch allen vertrauten Regeln der Algebra genügen soll.* Sie sollten sich auch nicht von bedeutungsleeren Interpretationen verwirren lassen. Natürlich stimmt es, dass man nicht Schulden mit Schulden multiplizieren kann und dann einen positiven Betrag ausgezahlt bekommt, doch das Problem liegt nur daran, dass es schon von vornherein unsinnig ist, einen Geldstapel mit einem anderen Geldstapel zu multiplizieren, ob es sich bei diesen Stapeln nun um Guthaben oder Schulden handelt.

Brüche und rationale Zahlen

Ähnlich, wie uns die Subtraktion zu den negativen Zahlen geführt hat, führt uns die Operation der Division aus der Menge der natürlichen Zahlen hinaus in die größere Menge der Brüche. Die dazu notwendige Arithmetik hat jedoch einen ganz anderen Charakter. Viele Menschen fühlen sich unwohl, wenn sie es mit negativen ganzen Zahlen zu tun haben, obwohl die Rechenregeln für die Menge der ganzen Zahlen, wie wir sie oben beschrieben haben, nicht besonders kompliziert sind. Sie gehen kaum über das hinaus, was wir schon für die rein positiven Zahlen benötigen. Andererseits scheint die Notwendigkeit, mit Bruchzahlen umzugehen, von Anfang an erkannt worden zu sein, doch die beste Art, die Rechenregeln dafür aufzustellen, ist weniger offensichtlich: Die Rechenregeln für Bruchzahlen sind vergleichsweise kompliziert.

Die alten Ägypter liebten nur Bruchzahlen, die einfache Kehrwerte von ganzen Zahlen waren, $\frac{1}{2}$, $\frac{1}{3}$, $\frac{1}{4}$ usw. Ein Bruch der Art $\frac{3}{4}$ wurde nicht als eigenständige sinnvolle Entität angesehen, und sie schrieben diese Größe als Summe von zwei Kehrwerten: $\frac{3}{4} = \frac{1}{2} + \frac{1}{4}$. Eine winzige Ausnahme ließen sie allerdings zu, indem sie ein eigenes Symbol für $\frac{2}{3}$ einführten. Dieses beharrliche Bestehen auf dem, was wir heute Stammbrüche nennen, war neu und wirft einige interessante Probleme auf. Es war allerdings die falsche Richtung, denn ihre Ablehnung gegenüber Bruchzahlen mit einem anderen Zähler als 1 hatte keinen vernünftigen Grund. Es ist noch nicht einmal offensichtlich, dass sich jeder Bruch als Summe von *verschiedenen* Stammbrüchen schreiben lässt, worauf sie beharrten. Es scheint ihnen allerdings bekannt gewesen zu sein, dass dies tatsächlich immer möglich ist, was sie unglücklicherweise in ihrer Ansicht bestärkt haben könnte, dies sei der richtige Weg im Umgang mit solchen Zahlen. Die Geschichte der Zahlen ist vollgepflastert mit solchen Begebenheiten, wo sich eine Kultur selbst in der einen oder anderen Weise im Weg steht und neue Zahlenarten ignoriert, die nur darauf warteten, ihnen gute Dienste zu leisten. Andererseits sollten wir nicht zu kritisch sein, denn unser eigenes Beharren auf einer Arithmetik der Basis Zehn ist nur ein weiteres Beispiel für ein Vorurteil dieser Art, wenn auch vielleicht ein weniger schädliches.

Möchte man eine ägyptische Zerlegung eines Bruchs wie $\frac{9}{20}$ vornehmen, muss man nur den größtmöglichen Stammbruch von der gegebenen Zahl subtrahieren und diesen Prozess so lange wiederholen, bis der Rest selbst ein Stammbruch ist. Das geht immer, und die Anzahl der Brüche ist niemals größer als der Zähler im Ausgangsbruch, denn bei jedem Schritt ist der verbliebene Zähler des Bruchs immer kleiner als der vorherige – das ist zwar nicht offensichtlich, aber wahr.* Wenn Sie sich an obigem Beispiel versuchen, erhalten Sie die Zerlegung:

$$\frac{9}{20} = \frac{1}{3} + \frac{1}{9} + \frac{1}{180}.$$

Dieses „gierige" Verfahren, immer den größtmöglichen Stammbruch zu subtrahieren, funktioniert zwar, führt aber manchmal nicht auf die kürzeste Zerlegung, wie wir an diesem Beispiel sehen, da $\frac{9}{20} = \frac{1}{4} + \frac{1}{5}$. Auch nach 5000 Jahren gilt das Problem, wie man die kürzeste ägyptische Zerlegung eines Bruchs erhält, immer noch als ungelöst.[1]

Die Multiplikation von Brüchen ist leicht: Man multipliziert die Zähler (obere Zahlen) miteinander und die Nenner (untere Zahlen) miteinander. Für Stammbrüche sieht man das leicht, zum Beispiel $\frac{1}{3} \cdot \frac{1}{4} = \frac{1}{12}$, denn wir interpretieren diese Multiplikation in der Bedeutung: ein Drittel *von* einem Viertel. Auch

---

[1] Diese Zerlegung von $\frac{9}{20}$ in zwei Brüche lässt sich jedoch durch ein Verfahren finden, das auf den Holztafeln von Akhmim (heute in Kairo) beschrieben wird.*

wenn die Zähler nicht 1 sind, sehen wir leicht, was hier passiert:

$$\frac{2}{3} \cdot \frac{3}{4} = 2 \cdot 3 \cdot \frac{1}{3} \cdot \frac{1}{4} = 6 \cdot \frac{1}{12} = \frac{6}{12} = \frac{1}{2}.$$

(In diesem Fall wäre es einfacher gewesen, zunächst die Produkte zu kürzen, bevor man multipliziert, doch das Beispiel sollte lediglich verdeutlichen, weshalb Brüche gerade so und nicht anders zu multiplizieren sind.)

Eine Division macht den Effekt der entsprechenden Multiplikation rückgängig. Teilen durch 2 hat den gegenteiligen Effekt wie die Multiplikation mit 2, also teilen wir, indem wir mit $\frac{1}{2}$ multiplizieren. Ganz allgemein übertragen wir dieses Verfahren auch auf andere Divisonen. Wollen wir beispielsweise durch $\frac{3}{4}$ teilen, so multiplizieren wir mit dem Kehrwert $\frac{4}{3}$. Mit anderen Worten, wenn wir eine Zahl durch einen Bruch teilen, multiplizieren wir sie mit dem Kehrwert des Bruchs.

Die Schwierigkeiten liegen bei der Addition (und Subtraktion) von Brüchen. Zwei Brüche mit demselben Nenner können einfach addiert oder subtrahiert werden, indem wir die Zähler addieren bzw. subtrahieren. Sind die Nenner jedoch verschieden, haben wir es mit einer echten Unverträglichkeit zu tun. Es ist so ähnlich, als wollten wir zwei Zahlen addieren, die in verschiedenen Basissystemen dargestellt sind. Wir müssen die Zahlen zunächst auf eine gemeinsame Basis umrechnen. Das Gleiche gilt für Brüche: Wir müssen zunächst alle Brüche auf einen gemeinsamen Nenner bringen, erst dann können wir die Addition bzw. Subtraktion durchführen. Gewöhnlich versuchen wir, die Zahlen so klein wie möglich zu halten, indem wir den *kleinsten gemeinsamen Nenner* suchen. (Seltsamerweise wurde dieser Ausdruck auch von der Alltagssprache übernommen, wo er meist so etwas wie das Minimum an Gemeinsamkeiten zwischen mehreren Personen bedeutet. In der Arithmetik sind kleine Zahlen jedoch von Vorteil, denn mit großen Zahlen lässt sich schwieriger rechnen.) Dabei handelt es sich um das kleinste gemeinsame Vielfache der beiden Nenner c und d. Wenn wir wollen, können wir immer einen gemeinsamen Nenner finden, indem wir c und d einfach miteinander multiplizieren. Der kleinste gemeinsame Nenner von c und d ist cd/h, wobei h der größte gemeinsame Faktor von c und d ist.

Das gerade beschriebene Verfahren hat schon unzählige Schultage gekostet und mit Sicherheit auch viel Arbeit. Trotzdem bleibt ein gewisses Unbehagen, und das ist vermutlich auch der Grund, weshalb es nicht so oft angewandt wird. Das Verfahren ist nicht nur umständlich, sondern die Antwort ist in der Praxis auch oft nicht sehr hilfreich, und das ist nicht nur ein Vorurteil. Vielfach interessiert von der endgültigen Antwort nur, ob sie größer oder kleiner als eine gegebene Größe ist (Haben wir genug Geld, um uns das alles leisten zu können?). Oft will der Benutzer ein klares Gefühl für die Größe des Ergebnisses erhalten, und gewöhnliche Brüche vermitteln uns dieses Gefühl meist nicht. Addieren wir beispielsweise die drei Stammbrüche mit den Nennern 3, 4 und 5:

$$\frac{1}{3} + \frac{1}{4} + \frac{1}{5} = \frac{(4 \cdot 5) + (3 \cdot 5) + (3 \cdot 4)}{3 \cdot 4 \cdot 5}$$
$$= \frac{20 + 15 + 12}{60} = \frac{47}{60}.$$

Nun haben wir zwar die Antwort, doch sind wir deshalb schlauer? Die alten Ägypter hätten die Summe ohnehin in der ursprünglichen Form stehen gelassen, und geht es uns wirklich besser, nachdem wir sie berechnet haben?

Die meisten von uns werden das Bedürfnis haben, den abschließenden Bruch in eine Dezimalzahl umzuwandeln: 0,783333. . .. Weshalb? Wir kennen das exakte Ergebnis, welchen Vorteil könnte es haben, dieses in eine Dezimalzahl umzuwandeln, insbesondere in eine nicht abbrechende Dezimalzahl wie diese?

Rein psychologisch haben wir nur für eine begrenzte Anzahl von Zahlen ein Gespür von ihrer Bedeutung. Ein Bruch als Antwort ist nur dann von Nutzen, wenn wir ihn mit einer vertrauten Zahl vergleichen können. In diesem Fall sehen wir, dass die Antwort größer ist als ein Halb, was natürlich mehr ist als nichts, doch wenn wir wissen wollen, um wie viel größer, müssen wir eine Subtraktion ausführen und haben letztendlich dieselbe Arbeit wie bei der Umrechnung in eine Dezimalzahl. Liegt die Antwort jedoch als Dezimalzahl vor, sehen wir sofort, dass sie nicht nur größer ist als ein Halb, sondern auch größer als drei Viertel ($= 0{,}75$), und wir können sogar sofort hinschreiben, um wie viel sie größer ist als drei Viertel: $0{,}0333\ldots$. Indem wir Bruchzahlen in einer Dezimaldarstellung angeben, übertragen wir unser Zehnersystem von den ganzen Zahlen in den Bereich der Brüche, mit all seinen Vorteilen einer gleichförmigen Darstellung und der Einfachheit von Vergleichen. In der Dezimalschreibweise sehen wir beispielsweise auf einen Blick, dass $\frac{19}{24} = 0{,}791666\ldots$ größer ist als $\frac{47}{60} = 0{,}78333\ldots$, was bei den Brüchen bei Weitem nicht so offensichtlich ist.[2]

Die Verwendung gebrochener Dezimalzahlen finden wir im alten China und während des Mittelalters in den arabischen Ländern, doch in Europa wurden sie erst im späten 16. Jahrhundert allgemein bekannt, nachdem ernsthafte Anstrengungen unternommen worden waren, die praktischen Rechenverfahren zu verbessern. François Viète, der führende französische Mathematiker jener Tage, setzte sich 1579 für die Verwendung von Dezimalzahlen ein. Zu dieser Zeit waren sie jedoch schon keine neue Erfindung mehr, sondern wurden von professionellen Mathematikern bereits routinemäßig verwendet.[3] Der breiten Öffentlich-

---

[2] Der schnellste Weg ist eine Kreuzmultiplikation: $\frac{19}{24} > \frac{47}{60}$, denn $19 \cdot 60 = 1140 > 1128 = 24 \cdot 47$.

[3] Al-Kashi von Samarkand (um 1436) bezeichnete sich selbst als den Erfinder der Dezimalbrüche. Er verwendete zwar Bruchzahlen im Dezimal- und Sexa-

keit blieben sie jedoch teilweise noch geheimnisvoll, bis schließlich Simon Stevin den Umgang mit ihnen in seinem 1585 in Leyden veröffentlichten kleinen Buch *De thiende* (Das Zehntel) erklärte.[4]

Die Dezimalschreibweise verlangt allerdings auch ihren Preis. In der gewöhnlichen Arithmetik zur Basis Zehn nutzen wir aus, dass sich jede Zahl als Summe von Vielfachen von Potenzen von Zehn schreiben lässt. Drücken wir einen Bruch als Dezimalzahl aus, schreiben wir die Zahl als Summe von Potenzen von $\frac{1}{10} = 0{,}1$. Leider ist das schon für einfache Brüche wie $\frac{1}{3}$ nicht mehr ohne Weiteres möglich, und die Dezimalentwicklung hat kein Ende: $\frac{1}{3} = 0{,}333\ldots$. Unsere antiken Vorfahren kannten dieses Problem noch nicht, schließlich hatten sie die einfache exakte Darstellung durch einen Stammbruch, der keine nicht abbrechende Rechnung notwendig machte. In der Praxis brechen wir die Dezimalentwicklung jedoch nach einer bestimmten Anzahl von Stellen ab (abhängig von der gewünschten Genauigkeit) und ersetzen die letzte Dezimale durch eine Zahl, die dem exakten Ergebnis am nächsten kommt. Solange die Arbeit von einem Taschenrechner gemacht wird, ist das alles ohnehin kein Problem. Solche Ungenauigkeiten sind banal im Vergleich zu den Vorteilen, sämtliche Berechnungen in der Standardbasis Zehn ausführen zu können. Dezimalentwicklungen kommen der Idee am nächsten, einen einzigen gemeinsamen Nenner für alle Brüche zu haben.

An dieser Stelle liegt jedoch die Frage nahe, welche Brüche eine endliche Entwicklung haben (also nach endlich vielen Stellen abbrechen) und welche nicht? Die Antwort lautet, nur sehr wenige Entwicklungen sind endlich. Weitaus häufi-

---

gesimalsystem (Basis 60) sehr ausgiebig, doch er könnte dieses Verfahren in chinesischen Quellen kennengelernt haben. Es gibt schon Aufzeichnungen aus dem 10. Jahrhundert zur Verwendung von Dezimalbrüchen.

[4] Stevin selbst schreibt über seinen Text, er „lehrt uns alle Berechnungen, die das Volk braucht, ohne Brüche zu benutzen".

ger geht die Entwicklung in eine periodische Abfolge über: $\frac{3}{22} = 0{,}1363636\ldots$, wobei sich die Ziffernfolge 36 unendlich wiederholt. Jeder Bruch erzeugt eine wiederkehrende Dezimalfolge von dieser Form, und die Länge eines solchen Blocks kann nie länger sein als die Zahl im Nenner minus eins. Das wird verständlich, wenn man sich überlegt, was bei einer ausführlichen Division passieren kann: Ist der Nenner n, kann der Rest nach jedem Teilungsschritt einen der Werte $0, 1, \ldots, n-1$ annehmen. Wird der Rest irgendwann 0, endet der Prozess und damit auch die Dezimalentwicklung: So ist $\frac{3}{8}$ gleich $0{,}375$. Sobald sich jedoch der Rest irgendwann wiederholt, was sich nicht vermeiden lässt,[5] wird auch derselbe Zahlenzyklus wieder durchlaufen, und auf diese Weise erhalten wir eine sich wiederholende Zahlenfolge, die nicht länger als $n-1$ sein kann. Die Zahlenfolge endet genau dann, wenn der Nenner ein Produkt aus den Primfaktoren 2 und 5 von unserer Basis 10 ist. Sie endet nie, wenn irgendein anderer Faktor enthalten ist. Beispielsweise enden Brüche mit den Nennern 16, 40 und 50 immer, aber Brüche wie 1/14 oder 1/15 enden nie, denn die Primfaktoren 7 bzw. 3 im Nenner lassen das nicht zu.

Das zeigt gleichzeitig, dass die Frage, ob die Entwicklung eines Bruchs irgendwann endet oder nicht, keine Eigenschaft der Zahl selbst ist, sondern von der Beziehung zwischen der Zahl und der verwendeten Basis für die Entwicklung abhängt. In der Basis zur Zahl 3 wäre zum Beispiel die Darstellung von 1/3 gleich 0,1, denn die 1 nach dem Komma steht nun genau für 1/3 und nicht für 1/10 wie im Dezimalsystem.

Der umgekehrte Prozess, eine Dezimalzahl wieder in einen gewöhnlichen Bruch umzuwandeln, ist ebenfalls ziemlich einfach*

---

[5] Wir verwenden hier das *Taubenschlagprinzip* oder auch *Schubfachprinzip*: Wenn mehr als n Briefumschläge auf n Fächer verteilt werden, dann müssen einige Fächer mehr als einen Brief enthalten, d. h., einige Fächer wiederholen sich.*

und zeigt, dass die Beziehung zwischen den Brüchen und den sich wiederholenden Dezimalzahlen eindeutig ist. Wir können uns also für die Darstellung entscheiden, die für unsere Absichten geeigneter erscheint.

Enthält die Menge aller Brüche bereits sämtliche Zahlen, denen wir je begegnen werden? Die Menge aller positiven und negativen Brüche bezeichnet man als die Menge der *rationalen Zahlen*. Diese Menge enthält also sämtliche Zahlen, die sich aus den ganzen Zahlen und Verhältnissen zwischen ganzen Zahlen bilden lassen. Sofern es sich um die Grundrechenarten handelt, reichen diese Zahlen aus, denn eine Rechnung, die nur die vier arithmetischen Grundoperationen der Addition, Subtraktion, Multiplikation und Division umfasst, wird nie die Welt der rationalen Zahlen verlassen. Wenn wir damit glücklich sind, ist diese Zahlenmenge, die man oft mit dem Symbol $\mathbb{Q}$ bezeichnet, alles was wir brauchen.

Es gibt jedoch deutliche Anzeichen, dass wir weitergehen können, wenn wir wollen. Aus heutiger Sicht können wir sagen, dass wir Zahlen mit ihren Dezimalentwicklungen gleichsetzen, und die rationalen Zahlen sind gerade die endlichen oder periodischen Zahlenfolgen. Man kann sich jedoch leicht Dezimalentwicklungen ohne eine dieser Eigenschaften vorstellen. Es ist sogar leicht, solche Zahlen tatsächlich anzugeben. Natürlich können wir keine unendliche Zahlenfolge hinschreiben, aber wir können sie durch eine bestimmte Vorschrift charakterisieren. Solange diese Vorschrift nicht auf eine einfache Wiederholung von Zahlenblöcken hinausläuft, kann es sich nicht um eine rationale Zahl handeln. Betrachten wir als Beispiel die Zahl $a = 0{,}101001000100001000001\ldots$, wobei die Anzahl der Nullen zwischen je zwei Einsen von Block zu Block zunimmt. Dabei kann es sich nicht um die Entwicklung einer rationalen Zahl zur Basis Zehn (oder irgendeiner anderen Basis) handeln. Offenbar ist es sehr leicht, *irrationale Zahlen* zu finden, die sich nicht als gewöhnlicher Bruch schreiben lassen.*

Wir könnten uns zunächst damit zufriedengeben, dass wir diese Zahlen nicht wirklich brauchen, da die Welt der rationalen Zahlen für die Grundrechenoperationen ausreichend und abgeschlossen ist. Mit dieser Einstellung stehen wir jedoch auf sehr dünnem Eis, das auch sofort zerbricht, wenn wir geometrische Messungen mit einbeziehen.

Wir alle haben schon von der Zahl π gehört, dem Verhältnis des Umfangs eines Kreises zu seinem Durchmesser. Wenn Sie einen Taschenrechner nach dieser Zahl befragen, lautet die Antwort $3,1415927\ldots$. Es gibt hier noch keinerlei Hinweis auf eine Wiederholung. Doch woher wollen wir das wissen? Die Länge sich wiederholender Blöcke könnte viele Tausend Stellen umfassen oder vielleicht auch erst nach vielen Millionen Dezimalstellen deutlich werden. Ganz ähnlich können Sie Ihren Taschenrechner nach dem Wert der Zahl $\sqrt{2}$ fragen und erhalten die Antwort $1,4142136\ldots$, und wieder stehen wir vor demselben Problem. Es könnte sich um eine rationale Zahl handeln, aber woher sollen wir das wissen?

Die Pythagoräer kannten die Antwort, zumindest wussten sie um die irrationale Natur von $\sqrt{2}$.[6] Die Griechen dachten noch nicht in Dezimalentwicklungen, aber für sie war eine Länge, die sie in der Geometrie mithilfe von Zirkel und Lineal konstruieren konnten, eine tatsächlich existierende Größe. Insbesondere sagt uns der Satz des Pythagoras, dass die längere Seite eines rechtwinkligen Dreiecks, dessen beide kürzere Seiten jeweils die Länge 1 haben, exakt gleich der Quadratwurzel von 2 ist. (Tatsächlich braucht man noch nicht einmal den Satz des Pythagoras für dieses Ergebnis, es reicht sogar ein altes Argument aus Indien.*) Ebenso wie bei der Zahl π gibt es keine sich wiederholende

---

[6] Das heute vertraute Symbol $\sqrt{}$ ist natürlich nicht griechischen Ursprungs, sondern wurde im Jahr 1525 von Christoff Rudolff eingeführt: Es soll entfernt an den Buchstaben r erinnern, der für „radizieren" (radix, Latein für Wurzel) steht.

Zahlenfolge. Auch wenn Sie die Quadratwurzeln einiger anderer Zahlen untersuchen, werden Sie feststellen, dass mit Ausnahme der perfekten Quadratzahlen 1, 4, 9, 16 usw., die Dezimaldarstellung der Antworten nie einen Hinweis darauf gibt, dass es sich letztendlich um eine rationale Zahl handeln könnte.

Pythagoras konnte beweisen, dass die Quadratwurzel aus 2 durch keinen bekannten Bruch dargestellt werden kann, und er hatte damit gleichzeitig gezeigt, dass die irrationalen Zahlen „real" sind. Insbesondere kann man die Diagonale eines Quadrats nicht mit derselben Einheitslänge ausmessen wie die Seiten. Die beiden Größen sind grundsätzlich inkompatibel oder *inkommensurabel*, wie es in klassischen Texten heißt. Für die Zahl π gilt dasselbe. Näherungsweise lässt sie sich durch den Bruch 22/7 darstellen, aber sie ist nicht gleich diesem Bruch oder irgendeinem anderen Bruch, an den man denken könnte. Für die Zahl π ist der Beweis ziemlich schwer, doch für die Quadratwurzel von 2 lässt sich die Behauptung sehr leicht durch ein Widerspruchsargument zeigen. Zunächst müssen wir uns klar machen, dass die höchste Potenz, mit der die Zahl 2 als Faktor in einer Quadratzahl c^2 auftritt, das Doppelte der höchsten Potenz von 2 als Faktor in der Zahl c selbst ist. Insbesondere muss die höchste Potenz von 2 in irgendeiner Quadratzahl immer eine gerade Zahl sein. Beispielsweise ist $24 = 2^3 \cdot 3$ und $576 = 24^2 = 2^6 \cdot 3^2$, d. h., die höchste Potenz von 2 verdoppelt sich von 3 auf 6, wenn wir das Quadrat bilden. Das gilt immer, nicht nur für die Potenzen von 2, sondern für die Potenzen von jedem Primzahlfaktor der ursprünglichen Zahl.

Nun wollen wir annehmen, $\sqrt{2}$ sei gleich einem Bruch a/b. Indem wir beide Seiten dieser Gleichung quadrieren, erhalten wir: $a^2 = 2b^2$. Nach der obigen Aussage muss die höchste Potenz von 2, welche die linke Seite dieser Gleichung teilt, eine gerade Zahl sein, wohingegen die höchste Potenz von 2, welche die rechte Seite teilt, eine ungerade Zahl sein muss (weil dort ein zusätzlicher Faktor 2 steht). Das beweist, dass diese Gleichung unsinnig ist, also ist es nicht möglich, $\sqrt{2}$ als einen Bruch zu schreiben. Ebenso wie Pythagoras müssen wir die Existenz irrationaler Zahlen akzeptieren.

In ähnlicher Weise können wir ganz allgemein beweisen, dass die Quadratwurzel einer Zahl (ja, sogar auch die dritte Wurzel oder beliebig höhere Wurzeln) entweder eine ganze Zahl ist oder irrational. Daher zeigen auch die Dezimaldarstellungen Ihres Taschenrechners niemals ein sich wiederholendes Muster an, wenn man ihn nach einer solchen Wurzel fragt.*

Sehr zu seinem eigenen Missfallen hatte Pythagoras also entdeckt, dass er für seine Art von Mathematik mehr Zahlen benötigte als nur die rationalen Zahlen. Für die Griechen war eine Zahl „real", wenn sich ihre Länge aus einem vorgegebenen Einheitsintervall mit Lineal (ohne Markierungen, nur die Kante) und Zirkel konstruieren lässt. Die Konstruktion der Quadratwurzel führte zwar auf die irrationalen Zahlen, doch insgesamt gehen die Möglichkeiten für derart konstruierbare Längen nicht weit über die rationalen Zahlen hinaus. Die Menge der *Euklidischen Zahlen*, wie wir sie im Folgenden nennen werden, besteht aus allen Zahlen, die sich aus der Zahl 1 durch eine der vier arithmetischen Operationen sowie durch das Ziehen der Quadratwurzel in beliebiger Reihenfolge und Häufigkeit erhalten lassen. Zum Beispiel ist auch die Zahl $\sqrt{5 - \sqrt{3/2}}$ von dieser Art. Doch schon die dritten Wurzeln liegen außerhalb der Reichweite der erlaubten euklidischen Hilfsmittel. Genau hier lag der Ausgangspunkt für eines der ersten großen und für lange Zeit ungelösten Probleme der Mathematik. Das erste der drei sogenannten Deli'schen Probleme lautete, die dritte Wurzel aus 2 zu konstruieren, und zwar lediglich mit Zirkel und Lineal. Nach der Legende hatten die Götter diese Aufgabe den von einer Pest heimgesuchten Bewohnern von Athen auferlegt. Um die Pest loszuwerden, sollten sie das Volumen eines Altars, der die Form eines vollkommenen Würfels hatte, exakt verdoppeln.

Zu klassischen Zeiten blieb das Problem ungelöst – die Griechen fanden die Wahrheit nie heraus und hinterließen es der fernen Nachwelt. Sie wussten zwar, dass man diese Länge mit anderen mechanischen Hilfsmittel konstruieren kann, beispielsweise mit einem Zimmermannswinkel und einem Geodreieck, und es gibt sogar eine bestimmte Konstruktion, die Plato zugeschrieben wird. Doch die beiden grundlegenden euklidischen Hilfsmittel galten als besonders, und bis zu dem Beweis, dass diese Hilfsmittel nicht ausreichen, blieb die Herausforderung der Götter bestehen. Dass sich die dritte Wurzel aus 2 tatsächlich nicht mit den euklidischen Mitteln konstruieren lässt, wurde erst im 19. Jahrhundert bewiesen, nachdem man eine präzise algebraische Beschreibung derjenigen Zahlen hatte, die sich mit den klassischen Hilfsmitteln konstruieren lassen. Erst dadurch wurde offensichtlich, dass die dritte Wurzel aus 2 von vollkommen anderer Art ist. Letztendlich muss man beweisen, dass man eine dritte Wurzel nie aus Quadratwurzeln und rationalen Zahlen zusammensetzen kann. In dieser Formulierung erscheint die Unmöglichkeit plausibler, doch das ist noch lange kein Beweis.

7

Ein Blick in die Unendlichkeit

Die Griechen hatten eine zwiespältige Einstellung gegenüber Zahlen. Sie wussten, dass die rationalen Zahlen nicht alles waren, zögerten andererseits aber, weit über die Quadratwurzeln hinauszugehen, die sich mit Längen in der euklidischen Geometrie identifizieren ließen. Gleichzeitig suchten sie nach einem besseren Verständnis der dritten Wurzeln, die nochmals auf einer anderen Hierarchieebene angesiedelt zu sein schienen. Sie zögerten, diese Ebene anzuerkennen, da sie keine befriedigende Möglichkeit sahen, mit diesen Zahlen zurechtzukommen. Außerdem gab es die quälende Frage nach dem Zahlenwert von π.

Archimedes (ca. 287–212 v. Chr.) hatte beweisen können, dass die Fläche eines Kreises vom Radius r gleich πr^2 ist. Sie erinnern sich vielleicht, dass π durch das Verhältnis von Umfang zu Durchmesser bei einem Kreis definiert ist, und von daher gibt es keinen offensichtlichen Grund, weshalb dieselbe Zahl auch mit der Kreisfläche zusammenhängen soll. Doch Archimedes hatte im dritten vorchristlichen Jahrhundert schon gezeigt, dass ein Kreis und ein Dreieck die gemeinsame Eigenschaft haben, dass ihre Flächen durch die Hälfte des Produkts aus Grundlinie und Höhe gegeben sind: Wenn wir die „Grundlinie" eines Kreises als seinen Umfang interpretieren und seine „Höhe" als seinen Radius, dann folgt aus der Formel für die Fläche eines Dreiecks die Form: $\frac{1}{2} \cdot (2\pi r) \cdot r = \pi r^2$.

Das ist kein Zufall, sondern hängt damit zusammen, dass sich die Fläche eines Kreises durch eine Folge identischer Dreiecke annähern lässt, die alle einen gemeinsamen Punkt im Mittelpunkt

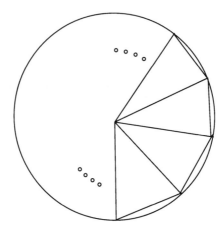

Abb. 7.1 Approximation eines Kreises durch Dreiecke über seinem Umfang

des Kreises haben und deren Grundseiten an beiden Enden auf dem Kreisumfang liegen (siehe Abb. 7.1).

Ausgehend von dieser Überlegung konnte Archimedes zeigen, dass π zwischen den rationalen Zahlen $3\frac{10}{71} = 3,1408$ und $3\frac{1}{7} = 3,1428$ liegen muss. Tatsächlich war ein weiteres der klassischen Deli'schen Probleme die Aufgabe, einen Kreis zu quadrieren – d. h. ausschließlich mit den euklidischen Mitteln aus einem Kreis ein Quadrat mit derselben Fläche zu konstruieren. Auch das ist unmöglich, weil π nicht zu den rationalen oder euklidischen Zahlen zählt. Könnten wir beispielsweise ein Quadrat mit derselben Fläche einer Kreisscheibe vom Radius 1 konstruieren, dann hätte eine Seite dieses Quadrats die Länge $\sqrt{\pi}$. Doch wenn man diese Länge konstruieren kann, dann auch das Quadrat dieser Länge, also π selbst. Die Griechen wussten noch nicht, dass die Zahl π zu keinem der Zahlentypen gehört, mit denen sie sich beschäftigten, denn es gibt keinen Ausdruck für diese Zahl in Form von Brüchen und Wurzeln, selbst wenn wir dritte und höhere

Wurzeln zulassen. Diese Tatsache konnte endgültig erst im Jahr 1880 von Lindemann bewiesen werden.

Im Vergleich zu den Griechen ist unsere heutige Vorstellung von Zahlen nicht so eng an die Konstruierbarkeit geometrischer Längen gebunden, die in der Schulgeometrie ohnehin immer weniger Raum einnimmt und nahezu in Vergessenheit geraten ist. Für uns, die wir mit Dezimalzahlen aufgewachsen sind, erscheint jede Zahl als „real", die eine Dezimaldarstellung beliebiger Art hat, selbst wenn diese unendlich ist und auch keine erkennbaren Regelmäßigkeiten aufzeigt. Dieser freiere Zugang hat weitreichende Folgen, die wir zunächst nicht erwarten würden. Der ungezwungene Umgang mit Dezimalzahlen hat viele Vorteile, allerdings öffnet er auch die Tür zu einer Fülle an Fragen in Bezug auf das Unendliche.

Galileo hat als Erster darauf hingewiesen, dass unendliche Zahlenmengen grundlegend andere Eigenschaften besitzen als endliche Mengen. Wie schon früher erwähnt, ist die Größe einer *endlichen* Menge kleiner als die einer zweiten Menge, wenn die erste Menge in eine eindeutige Beziehung zu einem Teil der zweiten Menge gesetzt werden kann. Unendliche Mengen können in dieser Weise jedoch mit einer Teilmenge von sich selbst in Beziehung gebracht werden (wobei ich unter einer *Teilmenge* eine Menge innerhalb der größeren Menge verstehe, die nur einen Teil der größeren Menge ausmacht). Dazu müssen wir noch nicht einmal über die Menge der natürlichen Zahlen 1, 2, ... hinausgehen. Man kann leicht beliebige Teilmengen der natürlichen Zahlen, die eine unendliche Menge bilden, angeben, die selbst wieder unendlich sind und in einer eindeutigen Beziehung zu der gesamten Menge stehen: die ungeraden Zahlen, 1, 3, 5, 7 ..., die Quadratzahlen 1, 4, 9, 16 ... und, wenn auch weniger offensichtlich, die Primzahlen 2, 3, 5, 7 .... Wie Galileo aufgefallen war, macht genau diese Eigenschaft den andersartigen Charakter unendlicher Mengen im Vergleich zu endlichen Mengen aus: Nimmt man aus einer endlichen Menge irgendwelche Elemente heraus, dann hat die verbliebene Menge sicherlich weniger Elemente, doch das gilt für unendliche Mengen nicht immer.

Hilberts Hotel

Dieses etwas außergewöhnliche Hotel wird immer mit dem Mathematiker David Hilbert (1862–1943) in Verbindung gebracht, und es veranschaulicht die seltsame Natur des Unendlichen. Irgendwo in den Tiefen des Universums schwebt Hilberts Hotel, das größte Hotel des Universums. Tatsächlich besitzt es unendlich viele Räume – ein Zimmer für jede natürliche Zahl. Außerdem prunkt am Eingang ein Schild, wonach in *Hilberts Hotel* immer ein Zimmer frei ist.

Eines Nachts jedoch sind alle Zimmer im Hotel belegt, und sehr zum Unmut des Empfangschefs kommt ein weiterer Gast, der ein Zimmer verlangt. Als sich der Empfangschef (dem die Zusatzausbildung für das Management unendlicher Hotels fehlte) entschuldigt und angibt, das Hotel sei belegt, ist der Gast, der viele tausende Lichtjahre zurückgelegt hat, verständlicherweise sehr verärgert und zeigt auf die Anzeigetafel. Bevor es zu einer peinlichen Szene kommt, erscheint jedoch der Hotelmanager, nimmt den Empfangschef zur Seite und erklärt ihm, wie man mit dieser Situation umgehen kann. Der Manager gibt ihm den Rat, alle Gäste zu bitten, einfach in ein anderes Zimmer umzuziehen: Der Gast aus Zimmer 1 zieht in Zimmer 2, der aus Zimmer 2 zieht in Zimmer 3 usw. Es erfolgt also die allgemeine Bitte, dass der Gast aus Zimmer n in das Zimmer mit der Nummer $n + 1$ umziehen möge. Damit wird Zimmer 1 frei für diesen Herrn!

Sie sehen also, es *ist* tatsächlich immer ein Zimmer in Hilberts Hotel frei. Doch wie viele freie Plätze gibt es wirklich?

Am nächsten Abend sieht sich der Empfangschef einer vergleichbaren, aber leicht größeren Herausforderung gegenüber. Ein Raumschiff mit 42 Passagieren kommt an, und alle möchten in dem bereits ausgebuchten Hotel ein Zimmer haben. Doch der Mann an der Rezeption hat seine Lektion vom Vortag gelernt und sieht sofort, wie er die Idee auf die größere Gruppe übertragen kann. Er bittet die Person in Zimmer 1 in Zimmer 43 umzuziehen, die Person aus Zimmer 2 verlegt er in Zimmer 44 usw. Es ergeht also diesmal die allgemeine Bitte an die Gäste, dass der Bewohner von Zimmer n in das Zimmer mit der Nummer $n + 43$ umziehen möge. Das ist zwar etwas aufwändiger, doch die Räume 1 bis 42 werden dadurch frei für die Neuankömmlinge, und unser Empfangschef ist stolz, mit dieser neuen Variante des Problems alleine fertig geworden zu sein.

In der letzten Nacht steht er wieder an der Rezeption des ausgebuchten Hotels, doch zu seinem Schrecken kommen diesmal nicht nur ein paar neue Gäste an, sondern es taucht plötzlich ein unendlich großer Weltraumreisebus mit unendlich vielen Passagieren, einer für jede natürliche Zahl 1, 2 usw., auf. Der überforderte Angestellte erklärt dem Busfahrer, das Hotel sei voll und es gäbe keine erdenkliche Möglichkeit, diese Menge an neuen Gästen unterzubringen. Er könne ein oder zwei Passagiere aufnehmen, vielleicht sogar eine beliebige endliche Anzahl von Passagieren, aber nicht unendlich viele.

Möglicherweise hätte die Situation zu einem unendlichen Aufruhr geführt, wenn nicht der Hotelmanager rechtzeitig dazwischengetreten wäre und dem Busfahrer freundlich mitgeteilt hätte, es sei alles kein Problem. In Hilberts Hotel gebe es immer freie Zimmer, für jeden und alle. Wir müssen nur Folgendes machen: Wir bitten den Gast aus Zimmer 1 in Zimmer 2 umzuziehen, den Gast aus Zimmer 2 in Zimmer 4, den aus Zimmer 3 in Zimmer 6 usw. Die allgemeine Bitte lautet nun, der Gast aus Zimmer n möchte bitte in das Zimmer mit der Nummer $2n$ umziehen. Damit sind sämtliche ungeraden Zimmernummern frei für die Passagiere aus dem unendlichen Raumbus. Alles kein Problem!

Anscheinend hat der Hotelmanager die Sache unter Kontrolle. Doch auch er müsste passen, wenn plötzlich ein Raumschiff auftauchte, das für jeden Punkt der reellen Zahlengeraden einen Passagier an Bord hätte. Eine Person für jede Dezimalzahl würde Hilberts Hotel völlig überfordern, wie wir im nächsten Abschnitt sehen werden.

Cantors Vergleiche

Wenn man zum ersten Mal über diese Dinge nachdenkt, ist man vielleicht überrascht, doch es ist nicht schwer zu akzeptieren, dass sich unendliche Mengen in mancher Hinsicht anders verhalten als endliche, und die Eigenschaft, dieselbe Größe wie manche ihrer Teilmengen zu haben, gehört dazu. Im 19. Jahrhundert ging Georg Cantor (1845–1918) jedoch einen großen Schritt weiter und entdeckte, dass nicht alle unendlich großen Mengen als gleich angesehen werden können. Diese neuartige Erkenntnis kam vollkommen unerwartet. Sie lässt sich jedoch durchaus nachvollziehen, sobald man einmal auf das Problem aufmerksam geworden ist.

Cantor beschreibt die folgende Situation. Angenommen, wir haben irgendeine unendliche Liste L von Zahlen a_1, a_2 ..., die in ihrer Dezimaldarstellung gegeben seien. Dann kann man eine Zahl a aufschreiben, die nirgendwo in dieser Liste L auftaucht. Wir wählen einfach a nach folgender Vorschrift: a soll sich an der ersten Stelle hinter dem Dezimalkomma von a_1 unterscheiden, an der zweiten Dezimalstelle von a_2, an der dritten Stelle von a_3 usw. Auf diese Weise können wir eine Zahl a konstruieren, die auf keinen Fall mit irgendeiner Zahl in der Liste übereinstimmt. Diese Überlegung erscheint zunächst harmlos, aber aus ihr folgt, dass es *absolut unmöglich* ist, dass die Liste *L sämtliche* reellen Zahlen enthält, denn sie enthält mit Sicherheit nicht die Zahl *a*. Daraus folgt, dass sich die Menge der reellen Zahlen, d. h. die Menge aller Dezimalentwicklungen, nicht in Form einer Liste aufschreiben lässt oder, mit anderen Worten, die reellen Zahlen lassen sich *nicht* in eine eindeutige Beziehung zu den natürlichen Zahlen setzen. Die Menge aller reellen Zahlen ist also in gewisser Hinsicht größer als die Menge aller positiven ganzen Zahlen. Obwohl beide Mengen unendlich sind, lassen sich die Elemente der Mengen nicht paarweise einander zuordnen, wie es zum Beispiel für die geraden Zahlen und die natürlichen Zahlen der Fall ist. Tatsächlich lässt sich das Cantor'sche Diagonalargument, wie es genannt wird, mit derselben Schlussfolgerung auf alle Zahlen in dem Intervall zwischen 0 und 1 anwenden, denn wir können unsere Zahl *a* in diesem Fall ebenfalls aus diesem Bereich konstruieren. Ich erwähne das, weil es für uns noch wichtig wird.

Die Ergebnisse von Cantor sind umso erstaunlicher, weil sich viele andere Zahlenmengen durch derartige unendliche Aufzählungen angeben lassen, einschließlich der Euklidischen Zahlen der Griechen. Es bedarf zwar eines gewissen Einfallsreichtums, doch mit ein paar Tricks ist es nicht besonders schwer, von vielen Mengen zu zeigen, dass sie *abzählbar* sind. Diese Bezeichnung verwenden wir für Mengen, deren Elemente sich, wie die natürlichen Zahlen, in Form einer Liste anordnen lassen. Andernfalls bezeichnen wir eine unendliche Menge als *überabzählbar*.

Betrachten wir als Beispiel die Menge aller ganzen Zahlen $\mathbb{Z}$, die wir meist wie eine Verdopplung der unendlichen Liste der natürlichen Zahlen empfinden. Wir können sie jedoch mit einem eindeutigen Anfangspunkt zu einer Folge umordnen: $\mathbb{Z} = \{0, 1, -1, 2, -2, 3, -3, \ldots\}$. Indem wir jede positive ganze Zahl mit ihrem negativen Gegenstück paaren, erhalten wir eine Liste, in der jede ganze Zahl auftaucht – es geht keine verloren. Das Gleiche können wir auch mit den rationalen Zahlen machen: Wir beginnen mit 0, als Nächstes kommen alle rationalen

Zahlen, die sich mit den ganzen Zahlen $+1$ und -1 schreiben lassen, danach alle Zahlen, bei denen noch $+2$ und -2 hinzukommen (das sind $2, -2, \frac{1}{2}, -\frac{1}{2}$), anschließend alle, bei denen noch $+3$ und -3 hinzukommen usw. Auf diese Weise können wir sämtliche Brüche (positive, negative und die Null) in eine Reihe ordnen, in der jeder Bruch tatsächlich auftaucht. Aus diesem Grund bilden auch die rationalen Zahlen eine abzählbare Menge, ebenso wie die Euklidischen Zahlen, und wir können sogar noch alle Zahlen hinzunehmen, die sich aus den rationalen durch beliebige Wurzeln ergeben. Diese Mengen sind immer noch abzählbar. Wir können sogar noch einen Schritt weiter gehen: Die Menge aller *algebraischen Zahlen*, das sind die Lösungen von gewöhnlichen polynomialen Gleichungen,* bilden ebenfalls eine Menge, die im Prinzip in einer unendlichen Liste angeordnet werden kann. Mit etwas technischem Aufwand ist es möglich, eine systematische Aufzählung zu finden, in der alle algebraischen Zahlen auftreten.

Indem wir wie beiläufig alle Dezimalentwicklungen als Zahlen zugelassen haben, haben wir die Tür zu den sogenannten *transzendenten Zahlen* geöffnet. Diese Zahlen liegen jenseits der Zahlen, die man durch die euklidische Geometrie und gewöhnliche algebraische Gleichungen erhält. Cantors Argument beweist, dass es transzendente Zahlen gibt, und es muss sogar unendlich viele von ihnen geben, denn andernfalls könnten wir sie einfach vor unsere Liste der algebraischen Zahlen (die nicht transzendent sind) setzen und erhielten eine Liste aller reellen Zahlen, von der wir aber wissen, das sie nicht möglich ist. Überraschend ist, dass wir auf die Existenz dieser Zahlen schließen konnten, ohne auch nur eine einzige von ihnen eindeutig identifiziert zu haben! Ihre Existenz ergab sich einfach aus dem Vergleich bestimmter unendlicher Mengen. Die transzendenten Zahlen füllen die riesige Leere zwischen den uns eher vertrauten algebraischen Zahlen und der Menge aller Dezimalentwicklungen. Um einen astronomischen Vergleich zu wagen: Die transzendenten Zahlen sind die dunkle Materie im Kosmos der Zahlen.

Der Übergang von den rationalen Zahlen zu den reellen Zahlen führt auf eine Menge mit einer *höheren Kardinalität*, wie die Mathematiker es nennen. Zwei Mengen haben dieselbe *Kardinalzahl*, wenn sich ihre Elemente paarweise einander zuordnen lassen.* Cantors Argument zeigt, dass die Kardinalzahl einer beliebigen Menge immer kleiner ist als die Kardinalzahl der Menge, die man aus sämtlichen Teilmengen dieser Menge erhält. Für endliche Mengen ist das offensichtlich. Beispielsweise hat eine Menge mit drei Elementen, a, b und c, schon acht Teilmengen: Drei dieser Teilmengen bestehen aus jeweils nur einem der drei Elemente, außerdem gibt es drei Paare von Elementen $\{a, b\}$, $\{b, c\}$ und $\{a, c\}$ (die Reihenfolge, in der die Elemente angeführt werden, spielt keine Rolle), und schließlich dürfen wir die ursprüngliche Menge selbst sowie die leere Menge (die Menge ohne Elemente) nicht vergessen. Ganz allgemein hat eine Menge mit n Elementen insgesamt 2^n Teilmengen, die man auf diese Weise bilden kann (siehe Anmerkung 10 in Kap. 13). Wie steht es mit der unendlichen Menge der natürlichen Zahlen $\{1, 2, 3, \ldots\}$? Hier kommt Cantors Argument wieder zum Tragen, mit dem man zeigen kann, dass auch bei unendlichen Mengen die Menge der Teilmengen immer streng größer ist als die ursprüngliche Menge.*

Es gibt noch eine zweite Möglichkeit, mit der Größe unendlicher Mengen umzugehen, wenn nämlich die fraglichen Mengen als geordnet angesehen werden können. Dadurch erhält man eine andere Form eines Vergleichs. Dazu jedoch später mehr.

Kehren wir nochmals zu den transzendenten Zahlen zurück. Der eine oder andere Leser ist vielleicht verwundert, dass er ihnen noch nie zuvor begegnet ist. Das ist jedoch nicht so erstaunlich, denn aufgrund ihrer Natur treten sie *nicht* bei gewöhnlichen Rechnungen oder beim Ziehen von Wurzeln auf, also in der Familie der grundlegenden Rechenoperationen. Außerdem bilden die transzendenten Zahlen eine sehr verschlossene Gemeinschaft, und ihre Mitglieder geben sich nicht so leicht als solche zu erkennen. Ein Beispiel für eine transzendente Zahl ist π, doch diese Tatsache ist alles andere als offensichtlich.

Ein vielleicht noch wichtigeres Beispiel für eine transzendente Zahl ist $e = 2,71828\ldots$. Sie tritt ständig im Zusammenhang mit Ableitungen und Integralen auf. Sie ist auch die Basis des sogenannten *natürlichen Logarithmus*, also der Funktion, welche die Fläche unter dem Graphen der Kehrwertfunktion $1/x$ angibt. Außerdem ist e der Grenzwert der Zahlenfolge, die man erhält, wenn man das Verhältnis von zwei aufeinanderfolgenden ganzen Zahlen – $\frac{n+1}{n}$ – zur n-ten Potenz anhebt. (Fragen Sie Ihren Taschenrechner nach dem Wert von $(21/20)^{20}$.)

Genau diese Folge findet man auch bei dem Problem des Grenzwerts einer Zinsrate, wenn man das Zeitintervall der Auszahlung immer kürzer macht, angefangen von jährlich zu monatlich zu täglich zu sekündlich usw. Angenommen, Sie würden einen bestimmten Geldbetrag, der im Folgenden einer Einheit entsprechen soll, in einen Sparvertrag investieren, bei dem Ihnen eine jährliche Verdopplung Ihres Geldes garantiert wird, d. h., man verspricht Ihnen eine jährliche Zinsrate von 100 %. Nach einem Jahr haben Sie somit 2 Einheiten. Noch besser wäre es allerdings, wenn der Sparvertrag alle sechs Monate 50 % Zinsen auszahlen würde, denn dann könnten Sie die Zinsen nach einem halben Jahr wieder investieren und für die zweite Jahreshälfte Zinsen auf diesen Zinsen erhalten. Alle sechs Monate würde Ihr Kapital somit um den Faktor $1\frac{1}{2}$ größer, oder anders ausgedrückt, am Ende des Jahres hätten Sie $(1 + \frac{1}{2})^2 = 2.25$ Einheiten auf Ihrem Konto, was einem effektiven Jahreszins von 125 % entsprechen würde. Noch besser wäre jedoch ein Konto, bei dem die Zinsen monatlich auflaufen. In diesem Fall würde Ihr Gespartes monatlich um $1\frac{1}{12}$ zunehmen, was am Ende des Jahres $(1 + \frac{1}{12})^{12} = 2{,}613$ Einheiten entspricht, also einem effektiven Jahreszins von 161,3 %. Je kürzer die Zeitdauer bis zur nächsten Zinsauszahlung, umso besser ist es für den Investor, sodass eine tägliche Auszahlung der Zinsen noch lukrativer wäre. Wenn wir diese Unterteilung fortsetzen, gelangen wir schließlich zu einem Konto mit einer kontinuierlichen Zinsauszahlung. Allerdings würde das Ihre Bank aus dem folgenden Grund nicht ruinieren.

Die allgemeine Situation lässt sich so beschreiben, dass der Zins n-mal im Jahr gezahlt wird, und dass Ihre anfängliche Einzahlung daher insgesamt n-mal mit dem Faktor $(1 + \frac{1}{n})$ multipliziert wird. Der Grenzfaktor, der einer solchen kontinuierlichen Zinsrate entsprechen würde, ist gleich der Zahl, die man erhält, wenn n unbegrenzt anwächst:

$$\text{Für} \quad n \to \infty \quad \text{ist} \quad \left(1 + \frac{1}{n}\right)^n = e = 2{,}71828\ldots.$$

Die effektive Jahreszinsrate ist in diesem Grenzfall gleich 171,82... % und damit nicht unendlich!

Diese mysteriöse Zahl e ist auch gleich der unendlichen Summe von Kehrwerten der Fakultätszahlen, und mit dieser Reihe kann man e sehr genau berechnen:

$$e = 1 + \frac{1}{1!} + \frac{1}{2!} + \frac{1}{3!} + \frac{1}{4!} + \ldots.$$

Mit dieser Darstellung kann man vergleichsweise leicht zeigen, dass es sich bei e um eine irrationale Zahl handelt.* Wesentlich schwieriger ist jedoch der Beweis, dass diese Zahl nicht nur irrational, sondern sogar transzendent ist.

Da sich e auf vielfältige und teilweise recht einfache Weisen darstellen lässt, taucht es ständig und überall in der Mathematik auf, manchmal sogar in Zusammenhängen, wo man es nicht erwarten würde. Betrachten wir als Beispiel zwei verdeckte, gemischte Kartendecks. Sie nehmen von beiden Decks die oberste Karte, drehen sie um und vergleichen. Dies wiederholen Sie so lange, bis Sie beide Stapel abgearbeitet haben. Wie groß ist die Wahrscheinlichkeit, dass Sie irgendwann einmal von beiden Decks dieselbe Karte ziehen? Mit welcher Wahrscheinlichkeit sind also irgendwann einmal die beiden gezogenen Karten gleich, sei es eine Kreuz-Acht oder eine Herz-Dame oder was auch immer. Es stellt sich heraus, dass die relative Anzahl von Spielen, bei denen dieses Experiment mindestens eine solche Übereinstimmung erbringt, sehr nahe bei $1/e$ liegt, d. h. bei ungefähr 36,8 %.* Das ist weitaus größer, als die meisten Leute vermuten würden, und damit eignet sich dieses Spiel als Grundlage für eine „Kneipenwette". Manch einer ist vielleicht bereit, 5:1 (oder noch besser) gegen das Auftreten einer solchen zufälligen Übereinstimmung zu wetten.

Der wahrhaft besondere Status von e lässt sich nicht leugnen und ist nicht mit der Bedeutung von π vergleichbar. Weshalb sollten wir überhaupt der Zahl π ein besonderes Symbol zuschreiben? Die Antwort lautet, weil π das Verhältnis von Umfang zu Durchmesser bei einem Kreis ist. Doch der Radius wird weitaus häufiger verwendet als der Durchmesser, sollten wir also nicht besser der Zahl 2π einen besonderen Status einräumen, statt π?[1] Tatsächlich würden es vermutlich viele Mathematiker vorziehen, wenn wir ein besonderes Symbol für $\pi/2$ hätten, da diese Kombination bei mathematischen Berechnungen sehr viel häufiger auftaucht als π. Es liegt vielleicht daran, dass $\pi/2$ bei einem Kreis vom Radius 1 gerade die Länge eines Viertelkreisbogens ist, und der entspricht einem rechten Winkel. Und der rechte Winkel ist, wie Pythagoras gezeigt hat, das grundlegendste aller geometrischen Konzepte.

Transzendente Zahlen sind zwar sehr häufig, aber sie sind außerordentlich schwer zu handhaben. Als grobe Daumenregel

---

[1] Der arabische Mathematiker Al-Kashi aus dem 15. Jahrhundert berechnete 2π korrekt auf 16 Dezimalstellen.

kann man sagen, wenn in der Mathematik eine Zahl auftaucht, ist sie fast immer transzendent, es sei denn, das Gegenteil ist offensichtlich. Doch zu beweisen, dass eine bestimmte Zahl tatsächlich transzendent ist, kann außerordentlich schwierig sein. In der Zahlentheorie gibt es unzählige Probleme dieser Art. Jeder ist sich zwar sicher, was die Antwort sein sollte, doch gleichzeitig hat niemand wirklich eine Idee, wie man es beweisen könnte.

Die Struktur der Zahlengeraden

Das bisher Gesagte lässt sich leicht in der Sprache einfacher Gleichungen zusammenfassen. Die abzählbare Menge der rationalen Zahlen besteht aus genau den Zahlen, die Lösungen einfacher linearer Gleichungen sind: Der Bruch b/a ist die Lösung zu der Gleichung $ax - b = 0$ (a und b ganze Zahlen). Alle anderen Zahlen, die nicht diese Eigenschaft haben (wie $\sqrt{2}$), bezeichnet man als irrational. Im Gegensatz zu den rationalen Zahlen bilden sie eine überabzählbare Menge, deren Elemente sich nicht paarweise den natürlichen Zahlen zuordnen lassen. Innerhalb der Menge der irrationalen Zahlen gibt es die transzendenten Zahlen, die niemals Lösungen von Gleichungen dieser Art sind, selbst wenn wir höhere Potenzen von x zulassen. Von π ist bekannt, dass es transzendent ist, während $\sqrt{2}$ die Gleichung $x^2 - 2 = 0$ löst und somit nicht transzendent ist. Die transzendenten Zahlen bilden für sich genommen schon eine überabzählbare Menge.

Man kann die Größe unendlicher Zahlenmengen auch noch aus einem anderen Blickwinkel betrachten. Dazu schauen wir uns die Verteilung der verschiedenen Zahlenarten an, die zusammengenommen die Zahlengerade zu einem Kontinuum werden lassen. Die rationalen Zahlen bilden zwar nur eine abzählbare Menge, doch sie liegen dicht auf der Zahlengeraden verteilt, was für die ganzen Zahlen offensichtlich nicht gilt. Zwischen je zwei beliebigen Zahlen a und b gibt es immer eine rationale Zahl. Der Mittelwert der beiden Zahlen, $c = \frac{a+b}{2}$, liegt sicherlich dazwischen, könnte aber irrational sein. Falls c jedoch irrational ist, können wir es durch eine rationale Zahl d annähern, bei der die Dezimalentwicklung sogar abbricht: Wir nehmen einfach für d bis zu der gewünschten Genauigkeit dieselbe Dezimaldarstellung wie für c. Für $\sqrt{2} = 1{,}414\ldots$ sehen wir beispielsweise, dass $\sqrt{2}$ sich um weniger als $0{,}001$ von $1{,}414$ unterscheidet, und immer, wenn wir eine weitere Dezimalstelle hinzu nehmen, erhalten wir eine rationale Zahl, die $\sqrt{2}$ noch näher liegt (im Mittel zehnmal genauer) als die vorherige Zahl. Wenn die Anzahl der führenden Stellen, in denen die beiden Zahlen übereinstimmen, genügend groß ist, wird die Differenz zwischen den Zahlen so klein, dass sowohl c als auch d zwischen a und b liegen. Die notwendige Anzahl der Stellen, die wir nach dem Dezimalkomma berücksichtigen müssen, hängt davon ab, wie nahe a und b beieinander liegen, doch es ist immer möglich, eine rationale Zahl d zu finden, die das Gewünschte leistet (siehe Abb. 7.2). Aus diesem Grund sagen wir, dass die Menge der rationalen Zahlen auf der Zahlengeraden *dicht* verteilt ist. Natürlich können wir mit demselben Argument auch zeigen, dass es eine weitere rationale Zahl gibt, die in dem Intervall zwischen a und d liegt, und auf diese Weise kommen wir zu dem Schluss, dass zwischen je zwei Zahlen immer unendlich viele rationale Zahlen liegen, egal wie klein der Abstand zwischen diesen zwei Zahlen auch sein mag. Insbesondere gibt es auch keinen kleinsten Bruch, denn für jede positive Zahl gibt es immer eine rationale Zahl, die zwischen ihr und der Null liegt.

Die irrationalen Zahlen lassen sich jedoch nicht lumpen und bilden ebenfalls eine dichte Menge. Bevor ich das erläutere, möchte ich kurz betonen, dass wir mit einer einzigen irrationalen Zahl, beispielsweise der Pythagoräer-Zahl $\sqrt{2}$, die Schleusentore geöffnet haben und sofort unendlich viele weitere irrationale Zahlen konstruieren können. Wenn wir zu einer rationalen Zahl

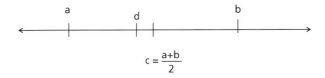

Abb. 7.2 Das Auffinden einer rationalen Zahl zwischen zwei beliebigen Zahlen

eine irrationale Zahl addieren, ist das Ergebnis immer irrational.* Daher ist beispielsweise $\sqrt{2} + 7$ eine irrationale Zahl. Aus demselben Grund ist das Produkt aus einer irrationalen Zahl mit einer rationalen Zahl (außer 0) wieder eine irrationale Zahl. Insbesondere können wir auch irrationale Zahlen finden, die beliebig klein sind, beispielsweise ist $t = \frac{\sqrt{2}}{n}$ für jede beliebige natürliche Zahl n irrational, und indem wir n immer größer wählen, können wir t der 0 beliebig nahe bringen.* Wie bei den rationalen Zahlen gibt es daher auch keine kleinste positive irrationale Zahl und damit überhaupt keine kleinste positive Zahl.

Kehren wir zu unseren beiden gegebenen Zahlen a und b zurück, und wiederum sei c ihr Mittelwert. Falls c irrational ist, haben wir bereits eine Zahl der geforderten Art. Sollte c jedoch rational sein, setzen wir $d = c + t$, wobei t die irrationale Zahl aus dem vorherigen Absatz ist. Nach dem eben Gesagten ist d ebenfalls irrational, und wenn wir n groß genug wählen, können wir d so nahe an den Mittelwert c der beiden Zahlen a und b bringen, dass es zwischen ihnen liegt. Wir sehen also, dass auch die irrationalen Zahlen ebenso wie die rationalen Zahlen eine dichte Menge bilden, und wir kommen außerdem zu dem Schluss, dass es unendlich viele irrationale Zahlen zwischen je zwei Zahlen auf der Zahlengeraden gibt.

In gewisser Hinsicht sind die beiden komplementären Mengen der rationalen und der irrationalen Zahlen vergleichbar (beide liegen dicht auf der Zahlengeraden), in anderer Hinsicht aber auch nicht (die erste Menge ist abzählbar und die zweite nicht). Die Frage, wie wir die Größe dieser Mengen messen sollen, ist durch diese Diskussion noch nicht vollständig gelöst, und dieser Punkt hatte wichtige Auswirkungen auf die Wahrscheinlichkeitstheorie, eine der wichtigsten Anwendungen der Mathematik der Zahlen. Probleme im Zusammenhang mit Glücksspielen, wie einfachen Kartenspielen oder Lotto-Ziehungen, lassen sich mit den rationalen Zahlen angemessen behandeln. Obwohl solche Zufallsprobleme sehr trickreich sein können und oftmals knifflige Verfahren erfordern, gibt es bei der Interpretation der Ergebnisse solcher Berechnungen keine wirklichen Schwierigkeiten. Als jedoch das Unendliche Einzug in die Wahrscheinlichkeitstheorie hielt, stieß man auf wirkliche Schwierigkeiten, wie man vorzugehen habe. Bestimmte Probleme im Zusammenhang mit unendlichen Mengen führten je nach Sichtweise zu unterschiedlichen Antworten. Daher dauerte es eine ganze Weile, bis eine allgemeine Wahrscheinlichkeitstheorie reifen und sich uneingeschränkt etablieren konnte. Selbst Probleme im Zusammenhang mit einfachen Spielen, die jedoch unendlich oft gespielt werden, führten zu Verwirrung. Auch wenn die Wahrscheinlichkeitstheorie heute eine der Säulen des wissenschaftlichen Denkens ist, fehlte es ihr lange Zeit an Seriosität. Ohne einen vernünftigen und handhabbaren Formalismus konnten die Mathematiker oft nur eingeschränkte Probleme im Zusammenhang mit dem Zufall angehen.

Heute ist die Wahrscheinlichkeitstheorie in einem Gebiet der Mathematik angesiedelt, das man *Maßtheorie* nennt. In diesem Rahmen kann man beispielsweise die Größe der Menge der rationalen Zahlen im Einheitsintervall zwischen 0 und 1 messen. Das gesamte Intervall hat das Maß 1, wie man erwarten würde. Jede abzählbare Menge, wie die Menge der rationalen Zahlen, hat das Maß 0. Die komplementäre Menge der irrationalen Zahlen hat das Maß $1 - 0 = 1$. Obwohl abzählbare Mengen alle vom

Maß 0 sind, haben die überabzählbaren Mengen unterschiedliche Eigenschaften und ihre Maße können jeden Wert zwischen diesen beiden Extrempunkten annehmen. Beispielsweise hat ein Intervall der Länge l auf der reellen Zahlenachse das Maß l, wie man es auch erwarten würde, wenn die Maßtheorie diesen Namen zu Recht trägt. Überraschend ist jedoch, dass auch überabzählbare Mengen das Maß 0 haben können. Aus der Tatsache, dass eine Menge überabzählbar ist, können wir also noch keine Rückschlüsse auf ihr Maß ziehen. Das Standardbeispiel für eine überabzählbare Menge vom Maß 0 ist die Cantor-Menge, eine Art fraktales Muster. Man erhält sie, indem man das mittlere Drittel eines Intervalls entfernt und diesen Prozess mit den verbleibenden Intervallen unendlich oft wiederholt. Überraschenderweise gibt es einige Punkte – sogar ziemlich viele –, die diesen unendlichen Auswahlprozess überleben, und zusammen bilden sie eine sehr interessante Menge, der wir in Kap. 11 wiederbegegnen werden, wenn wir die Zahlengerade mit einem Mikroskop unendlicher Auflösung untersuchen.

Unendlich plus eins

Eine andere, ebenfalls von Cantor entwickelte Art der Nummerierung ergibt sich, wenn wir unendliche Mengen betrachten, die eine natürliche Ordnung besitzen. Wir wollen dies durch ein Beispiel belegen. Es ist oft überraschend, dass wir eine unendliche Folge von positiven Zahlen addieren können, ohne über eine endliche Grenze hinaus zu gelangen. Das Standardbeispiel ist die Reihe

$$\frac{1}{2} + \frac{1}{4} + \frac{1}{8} + \frac{1}{16} + \ldots$$

Der Grenzwert dieser Reihe ist 1. Das bedeutet, wenn man immer mehr Zahlen aus dieser Reihe aufsummiert, kommt das Ergebnis der 1 immer näher, ohne sie jedoch zu erreichen. Man sagt in diesem Fall, dass 1 der Grenzwert dieser Reihe ist, denn es ist die kleinste Zahl, die niemals erreicht (oder überschritten) wird, indem man die Terme der Reihe addiert. Der Grund ist leicht zu erkennen: Hat man alle Zahlen in dieser Reihe bis zu einem bestimmten Term addiert (man spricht in diesem Fall von einer *Partialsumme*), dann entspricht der nächste Term, der addiert werden muss, genau der Hälfte des Abstands, der noch bis zur 1 fehlt.

Wenn wir sämtliche Partialsummen, die wir auf diese Weise erhalten können, zusammen mit dem Grenzwert in einer Folge auflisten, erhalten wir eine unendliche Menge S geordneter Zahlen, die eine eigenartige Form hat:

$$S : \frac{1}{2} < \frac{3}{4} < \frac{7}{8} < \frac{15}{16} < \ldots < 1 \,.$$

Mit gutem Grund kann man die Anzahl der Terme in dieser geordneten Menge als „unendlich plus eins" bezeichnen, denn es gibt eine unendliche Folge von größer werdenden Zahlen, gefolgt von einer einzelnen Zahl, die größer ist als alle anderen. Auf diese Weise kann man die *Ordinalzahlen* einführen. Die endlichen Ordinalzahlen sind gerade unsere gewöhnlichen natürlichen Zahlen in ihrer gegebenen Reihenfolge: $1 < 2 < 3 < \ldots < n < n + 1 < \ldots$. Nach all diesen Zahlen gelangt man zur ersten unendlichen Ordinalzahl, die Ordinalzahl der *gesamten Menge* der natürlichen Zahlen, die man mit ω bezeichnet. Wenn wir, wie in obigem Beispiel, noch einen zusätzlichen Term haben, der größer ist als alle anderen Zahlen, dann erhalten wir eine Menge, die wie unsere Menge S geordnet und deren Ordinalzahl $\omega + 1$ ist. Würden wir S zusätzlich um die 2 erweitern, die größer als 1 ist, wäre die Ordinalzahl dieser so erhaltenen Menge $\omega + 2$. In ähnlicher Weise können wir Mengen mit der Ordinalzahl $\omega + 3$, $\omega + 4, \ldots$ konstruieren.

Für diese Art der Ordnung ist jedoch wichtig, ob wir das neue Element an den Anfang oder das Ende der Menge setzen, und das drückt sich in der Ordinalzahl der Menge aus. Zum Beispiel ist die Ordinalzahl der natürlichen Zahlen (ohne die 0) ω. Wenn wir diese geordnete Zahlenmenge um die 0 erweitern, erhalten wir natürlich wieder eine geordnete Menge:

$$0 < 1 < 2 < \ldots < n < \ldots.$$

Die Ordinalzahl dieser Menge ist immer noch ω, denn als geordnete Menge hat sie dieselbe Struktur wie die natürlichen Zahlen beginnend mit der 1. Offensichtlich ist diese Menge nicht von der gleichen Art wie die obige Menge S, die vom Typ $\omega + 1$ ist, da es nun kein Element gibt, das oberhalb von allen anderen steht – es gibt also kein größtes Element.

Als Fazit dieser Überlegungen können wir festhalten, dass bei der Addition unendlicher Ordinalzahlen die Reihenfolge eine Rolle spielt: $1 + \omega = \omega < \omega + 1$.

Wir können aber noch weiter gehen. Die Menge

$$0{,}9 < 0{,}99 < 0{,}999 < \ldots$$
$$< 1 < 1{,}9 < 1{,}99 < 1{,}999 < \ldots$$

besteht aus einer Menge vom Ordinaltyp ω, gefolgt von einer zweiten Menge desselben Ordinaltyps und besitzt damit die Ordinalzahl: $\omega + \omega$, was wir als $\omega \cdot 2$ oder $\omega 2$ schreiben, denn es handelt sich um zwei zusammengesetzte Kopien von Mengen mit der Ordinalzahl ω. Betrachten wir jedoch 2ω, was wir als ω Kopien von geordneten Paaren interpretieren, dann hat die resultierende Menge immer noch die Ordinalzahl ω, denn wenn wir die Paare durch $(1, 1'), (2, 2'), \ldots, (n, n'), \ldots$ bezeichnen, dann entspricht der geordneten Menge vom Typ 2ω die geordnete Folge

$$1 < 1' < 2 < 2' < 3 < 3' < \ldots < n < n' < \ldots,$$

die immer noch vom Ordnungstyp der natürlichen Zahlen ist, also die Ordinalzahl ω hat.

Wir gelangen jedoch zu immer größeren Ordinalzahlen, indem wir neue Elemente oberhalb der alten hinzufügen. So erhalten wir beispielsweise

$$\omega 2 < \omega 2 + 1 < \omega 2 + 2 < \ldots$$
$$< \omega 3 < \ldots < \omega 4 < \ldots < \omega^2.$$

Die Ordinalzahl ω^2 entspricht einer Menge, die der unendlichen Folge

$$a_1 < a_2 < \ldots < a_n < \ldots$$
$$b_1 < b_2 < \ldots < b_n < \ldots$$
$$c_1 < c_2 < \ldots < c_n < \ldots$$
$$\cdot$$
$$\cdot$$
$$\cdot$$

entspricht, wobei alle a kleiner sind als alle b, die wiederum kleiner sind als alle c usw. Anschließend kommt:

$$\omega^2 + 1 < \omega^2 + 2 < \ldots$$
$$< \omega^2 + \omega 2 < \omega^2 + \omega 2 + 1 < \ldots$$
$$< \omega^2 + \omega 3 < \ldots < \omega^2 2 < \omega^2 2 + 1 < \ldots$$
$$< \omega^3 < \ldots$$

Und wir können beliebig lange weitermachen:

$$\omega^4 < \ldots < \omega^5 < \ldots < \omega^\omega < \omega^\omega + 1 < \ldots < \omega^{\omega 2}$$
$$< \ldots < \omega^{\omega^\omega} < \ldots < \omega^{\omega^{\cdot^{\cdot^{\cdot}}}}$$

mit ω-vielen ω im letzten Turm aus Potenzen. Diese Ordinalzahl bezeichnet man als ε_0, und es handelt sich dabei um die erste Ordinalzahl, die sich nicht mehr aus kleineren Ordinalzahlen durch eine endliche Anzahl von Additions-, Multiplikations-

oder Potenzierungsoperationen erhalten lässt. Und dann kommt $\varepsilon_0 + 1 < \ldots$.

Sie werden sicherlich bemerkt haben, dass die Arithmetik der Ordinalzahlen einen sehr eigenen Charakter hat, und aus diesem Grund ist sie auch eine ergiebige Quelle seltsamer und exotischer Beispiele für verschiedene Bereiche der Mathematik, insbesondere der Topologie, also der Mathematik der Räume auf ihrem abstraktesten Niveau. Darüber hinaus wurden die Cantor'schen Ordinalzahlen in jüngerer Zeit noch verallgemeinert. Ähnlich wie die gewöhnlichen reellen Zahlen die Lücken zwischen den ganzen Zahlen auffüllen, hat der englische Mathematiker John Conway etwas erfunden, das er *surreale Zahlen* nennt und deren Zweck es ist, die Lücken zwischen den Cantor'schen Ordinalzahlen zu füllen.

8

Anwendungen: Der Zufall

Die Wahrscheinlichkeitstheorie gehört zu den Gebieten, die einen enormen Fortschritt gemacht haben, und zwar nicht nur in Bezug auf ihre theoretische Entwicklung, sondern auch hinsichtlich der allgemeinen Anerkennung ihrer Bedeutung. Einerseits spielt sie heute eine wichtige Rolle in der theoretischen Physik und den Wirtschaftswissenschaften, andererseits hat sie auch in den Schulunterricht vordringen können. Bis gegen Ende des 18. Jahrhunderts war die Wahrscheinlichkeitstheorie kein wirklich anerkannter Bereich der angewandten Mathematik. Obwohl der Zufall und die Glücksspiele schon seit Jahrtausenden für den Menschen von großer Bedeutung waren und trotz der Tatsache, dass Zahlen hierbei offensichtlich eine wichtige Rolle spielen, hielt man diesen Bereich für eine gründliche Untersuchung weder für reif noch würdig. Vielleicht hatte die Wahrscheinlichkeit in den Augen der Gelehrten immer den Makel, mit Glücksspielen assoziiert zu werden, und kam daher für eine ernsthafte Erforschung nicht in Frage. Außerdem sah man den Zufall als das genaue Gegenteil der Mathematik, die sich traditionell mit ewigen und strengen Wahrheiten beschäftigte. Was auch immer der Grund gewesen sein mag, die Wahrscheinlichkeitstheorie entwickelte sich schließlich zu einem der fruchtbarsten und aktivsten Forschungsgebiete mathematischer Untersuchungen und führt auch heute noch zu überraschenden Ergebnissen.

Auf der einfachsten konzeptuellen Ebene handelt die Wahrscheinlichkeitstheorie von einer endlichen Menge gleich wahrscheinlicher Ergebnisse. Die Wahrscheinlichkeit für das Eintreffen eines bestimmten Ereignisses ist dann einfach eine Bruchzahl zwischen 0 und 1, die beiden Grenzen eingeschlossen, welche die relative Anzahl der günstigen Ergebnisse (nach denen gefragt ist) angibt. Bei einem gewöhnlichen Würfel ist beispielsweise die Wahrscheinlichkeit, entweder eine 5 oder eine 6 zu würfeln, gleich $\frac{2}{6} = \frac{1}{3}$, denn es gibt 6 mögliche Ergebnisse und zwei davon gehören zu dem gesuchten Ereignis. Das bedeutet, wenn wir dieses Experiment sehr oft wiederholen und die Anzahl der günstigen Ergebnisse im Verhältnis zu allen Ergebnissen bestimmen, dann sollte dieses Verhältnis, möglicherweise nach einem zittrigen Anfang, sehr nahe bei dem genannten Bruch liegen. Wahrscheinlichkeiten wie diese bilden dann die Grundlage zur Berechnung der Quoten für verschiedene Glücksspiele.

In den genannten Fällen, bei denen es eine begrenzte Anzahl gleich wahrscheinlicher möglicher Ergebnisse gibt, werden Wahrscheinlichkeitsbestimmungen zu einer Frage des Abzählens: Für die Antworten muss man die Anzahl der günstigen Ergebnisse durch die Anzahl aller möglichen Ergebnisse dividieren. Wahrscheinlichkeitsprobleme mit zwei Würfeln erfordern schon etwas mehr Überlegung. Zum Beispiel:

Wie groß ist die Wahrscheinlichkeit, mit zwei Würfeln insgesamt eine 7 zu würfeln?

Hier interessieren wir uns für die Gesamtaugenzahl. Für diese gibt es insgesamt 11 Möglichkeiten, denn die Summe kann höchstens 12 (zwei Sechsen) und nicht niedriger als 2 (zwei Einsen) sein. Als günstig erachten wir nur den Fall einer Gesamtaugenzahl von 7. Man könnte nun voreilig zu dem Schluss kommen, die Antwort sei 1/11. Einige Versuche mit wirklichen Würfeln zeigen jedoch bald den Fehler: Die Summe 7 tritt häufiger auf als dieser Bruch, denn es gibt mehrere Möglichkeiten für eine Summe von 7 (obwohl es nur jeweils eine Kombination für 2 und 12 gibt). Es stimmt zwar, dass wir von einem *Ereig-*

nisraum (das Wort Raum wird in der Mathematik sehr häufig verwendet) mit elf verschiedenen Ereignissen ausgegangen sind, doch da diese *nicht* gleich wahrscheinlich sind, war unser Ergebnis falsch. Um die Definition für Wahrscheinlichkeit, die auf den französischen Mathematiker Laplace aus dem 18. Jahrhundert zurückgeht, anwenden zu können, muss unser Raum aus gleich wahrscheinlichen Ereignissen bestehen. Diese Bedingung ist erfüllt, wenn wir alle $6 \cdot 6 = 36$ möglichen Fälle betrachten, die auftreten können, wenn wir die beiden Würfel nacheinander werfen: $(4, 1)$ bedeutet beispielsweise, dass der erste Würfel eine 4 zeigt und der zweite eine 1. Anschließend zählen wir alle geordneten Augenpaare, deren Summe 7 ist. Davon finden wir 6, und somit lautet die Antwort $\frac{6}{36} = \frac{1}{6}$. Im Mittel wirft man also mit zwei Würfeln jedes sechste Mal eine Gesamtsumme von 7.

Wie schon gesagt, lernt man heute diese Dinge bereits in der Schule bzw. den ersten Studiensemestern, doch das war in den vergangenen Jahrhunderten anders. Die Einstellung gegenüber der Wahrscheinlichkeit hat sich deutlich gewandelt. Noch im 18. Jahrhundert beharrten führende Wissenschaftler auf ihren falschen Vorstellungen über Wahrscheinlichkeiten, teilweise sogar nachdem die Fehler in ihren Argumentationen aufgedeckt wurden. Der im letzten Absatz angedeutete Fehler wurde sogar in noch einfacheren Fällen gemacht, beispielsweise beim Wurf von zwei Münzen. Die Wahrscheinlichkeit für zweimal Kopf ist 1 zu 4, doch es wurde auch argumentiert, diese Wahrscheinlichkeit sei 1 zu 3, denn es gebe nur *drei* verschiedene Ergebnisse: zweimal Kopf, zweimal Zahl, einmal Kopf – einmal Zahl. Das Problem ist, dass dieses letzte Ereignis auf zwei verschiedene, gleich häufige Weisen auftreten kann (HT oder TH), und somit sind die drei genannten Ereignisse nicht gleich wahrscheinlich. Wir müssen von einem Ereignisraum mit vier gleich wahrscheinlichen Ergebnissen ausgehen (HH, HT, TH und TT), dann sind unsere Antworten richtig. Jeder Besserwisser, der starrköpfig auf

```
                        1
                      1   1
                    1   2   1
                  1  3   3   1
                1   4   6   4  1
              1   5  10  10  5  1
            1   6  15  20  15  6  1
          1  7  21  35  35  21  7  1
        1  8  28  56  70  56  28  8  1
                        .
                        .
                        .
```

Abb. 8.1   Das Pascal'sche Dreieck

Irrtümern dieser Art besteht, würde vermutlich bei vielen ehrwürdigen Glücksspielen eine Menge Geld verlieren.

Auch wenn die Entwicklung langsam verlief, lässt sich der Ursprung der modernen Wahrscheinlichkeitstheorie auf Blaise Pascal im 17. Jahrhundert zurückverfolgen.[1] Die erste ernsthafte Frage, die er anging, war ein Spielproblem von seinem Freund Chevalier de Méré, der wissen wollte, wie man die Chips bei einem Würfelspiel unter den Spielern aufteilen sollte, wenn das Spiel vorzeitig beendet wurde. Diese Probleme im Zusammenhang mit Würfelspielen führten Pascal zu dem Zahlendreieck, das heute seinen Namen trägt (siehe Abb. 8.1).

---

[1] Erste Ansätze gab es schon etwas früher: Gerolamo Cardano (1501–1576) war ein berühmter Arzt und Mathematiker aus Mailand, der später noch in unserer Geschichte auftauchen wird. Sein Haupteinkommen beruhte jedoch auf Glücksspielen, und er schrieb ein Buch mit dem Titel *Das Buch der Glücksspiele* (Liber de Ludo Aleae), das erst lange nach seinem Tod 1663 veröffentlicht wurde.

Jede Zahl im Inneren des Dreiecks ist gleich Summe der beiden Zahlen darüber. Das Dreieck lässt sich unendlich fortsetzen und enthält die vollständige Liste der Auswahlzahlen, wie wir sie in Kap. 4 genannt haben. Schon im 17. Jahrhundert war das Dreieck über 600 Jahre alt, doch Pascals Untersuchungen führten ihn zu vielen neuen Ergebnissen in Bezug auf das Dreieck und die Glücksspiele.

Pascal war ein brillanter Mathematiker und Philosoph, doch sein Leben lang litt er unter körperlichen und seelischen Problemen. Bekannt ist er auch für seine „göttliche Wette": Er argumentiert, man solle an Gott glauben, weil man nichts zu verlieren hat, falls es Gott nicht gibt, aber alles zu gewinnen, falls es ihn gibt. Natürlich ist diese Schlussfolgerung problematisch, selbst wenn der Glaube eine freie Willensentscheidung ist. Man kann sich gut vorstellen, dass Gott eine besondere Hölle für jene Leute hat, die nur als Rückversicherung an ihn glauben.

Einige Beispiele

Es folgt ein etwas schwierigeres Problem. Im alten britischen Commonwealth war der wichtigste Mannschaftssport mit Ball und Schläger nicht Baseball, sondern Cricket. Auf internationalem Niveau gibt es heiße Kämpfe zwischen den neun sogenannten Test Cricket Nationen: England, Australien, Neuseeland, Indien, Pakistan, Sri Lanka, Westindische Inseln, Südafrika und Simbabwe. In den Ländern außerhalb dieses erlauchten Kreises kann man sich die Bedeutung dieser Wettkämpfe oft kaum vorstellen. Cricket-Stars wie der Inder Sachin Tenkulkar haben ein Einkommen, das dem eines internationalen Fußballstars oder amerikanischen Baseball-Spielers kaum nachsteht.

Eine Test-Serie im Cricket kann aus fünf Spielen bestehen, von denen jedes bis zu fünf Tage dauern kann. Vor Matchbeginn werfen die Kapitäne der jeweiligen Mannschaften eine Münze, und der Gewinner darf entscheiden, wer den Ball als Erster schlagen darf. Diese Entscheidung ist sehr wichtig, denn je nach Ausgang des Münzwurfs erhält der Gewinner einen gewissen Vorteil. Es ist erstaunlich, wie oft ein Kapitän nahezu sämtliche Münzentscheidungen und dann auch die Serie verliert. Es kann für eine Mannschaft ziemlich demoralisierend sein, wenn der Kapitän ein Verlierer ist, doch wie groß ist die Wahrscheinlichkeit?

Wie hoch ist die Wahrscheinlichkeit, dass ein Kapitän alle fünf oder alle bis auf eine der Münzentscheidungen verliert?

Ganz konkret nehmen wir einen der traditionellen „Ashes"-Kämpfe zwischen England und Australien an. Das Ergebnis der fünf Münzwürfe lässt sich als binäre Folge von fünf Symbolen, jedes entweder 0 oder 1, darstellen. 0 stehe für Australien als Gewinner des Wurfs und 1 für England. Da es für jedes der 5 Ereignisse 2 Möglichkeiten gibt, erhält man ingesamt $2^5 = 32$ mögliche Symbolfolgen. Die Wahrscheinlichkeit, dass der englische Kapitän sämtliche Würfe verliert, ist somit 1 aus 32 und entspricht der Folge 00000. Allerdings gibt es schon 5 Folgen, bei denen er alle außer einem Wurf verliert, entsprechend der 5 Stellen, an denen die 1 in der Folge stehen kann. Insgesamt ist die Wahrscheinlichkeit, dass der englische Kapitän nicht mehr als einen Wurf gewinnt, gleich $\frac{6}{32}$. Mit demselben Argument ist dies auch die Wahrscheinlichkeit, dass der Kapitän aus Australien höchstens einen Wurf gewinnt, und somit ist die Wahrscheinlichkeit, dass einer der beiden Kapitäne nur einmal oder gar keinmal gewinnt, gleich $\frac{12}{32} = \frac{3}{8} = 37,5\,\%$. Das bedeutet, in mehr als einer Serie von dreien wird im Mittel einer der Kapitäne 4 oder 5 der insgesamt 5 Würfe verlieren. In solch einem Fall hat man vielleicht den Eindruck, er sei vom Pech verfolgt, doch das ist ein Trugschluss.

Wird eine faire Münze viele tausendmal geworfen, nähert sich die relative Häufigkeit von Kopf dem erwarteten Wert von $\frac{1}{2}$. Für sehr viele Würfe ist das zwar unvermeidlich, doch anfänglich können Kopf oder Zahl auch einen deutlichen Vorsprung erhalten, der sich dann überraschend lange hält. Eine Münze hat kein Gedächtnis, und wenn durch Zufall „Zahl" führt, gibt es für die Münze keine Verpflichtung zu einer ausgleichenden Gerechtigkeit: Die Wahrscheinlichkeit, die Führung von Zahl weiter auszubauen, ist ebenso groß wie die zur Tendenz eines Ausgleichs. Dieser Punkt wird oft übersehen, und oft beharren die Leute sogar auf dem Gegenteil und meinen, die Wahrscheinlichkeitstheorie rechtfertige die Behauptung, dass sich Glück und Pech von selbst ausgleichen. Das ist zwar nicht vollkommen falsch, aber meist erwarten sie den Ausgleich schneller, als es tatsächlich der Fall ist. Bei einer anhaltenden Pechsträhne fühlen sie sich vom Schicksal auf eine nicht nachvollziehbare Weise bestraft. Andererseits kann eine Glückssträhne zur Vermessenheit führen, die dann oft in Tränen endet. Doch die Zahlen können erklären, wieso der Zufall bei der Verteilung von Gleichheit und Gerechtigkeit oft ziemlich harsch ist.

Die nächste Schwierigkeitsstufe der Wahrscheinlichkeitsbestimmung erreichen wir bei Kartenspielproblemen: Wie groß ist die Wahrscheinlichkeit für ein bestimmtes Blatt beim Poker usw.? Ein neuer Aspekt dieser Probleme ist die reine Größe der auftretenden Zahlen. Die Anzahl verschiedener Blätter aus fünf Karten ist gleich der Anzahl der Möglichkeiten, fünf Karten aus einem Kartendeck von 52 Karten auszuwählen, und das sind 2 598 960. Bei diesen Zahlen handelt es sich um die Binomialkoeffizienten, und sie lassen sich alle durch Fakultäten von Zahlen ausdrücken. In der Handhabung sind diese Zahlen meist recht angenehm, denn es sind Produkte von Fakultäten, die sich oft zu einfachen Verhältnissen kürzen lassen. Damit sind viele dieser Probleme praktisch von Hand lösbar, ohne dass man einen Taschenrechner benötigt. Beispielsweise ist die Wahrscheinlichkeit für einen Flush im Poker (alle Karten von derselben Farbe) gleich $\frac{33}{16\,660}$, also etwas kleiner als 0,2 % oder 1 zu 500. Das ist zwar ein seltenes Ereignis, aber kein unmögliches: Wenn sich der Kartengeber selbst einen Flush gibt, kann man das glauben; im Gegensatz zu vier Assen: Es gibt nur 48 Blätter mit vier Assen, und damit ist die Wahrscheinlichkeit für ein solches Blatt gleich $\frac{48}{2\,598\,960} = 0{,}0000185$, also etwas weniger als 1:50 000.

Alltagsprobleme können alle möglichen Komplikationen aufwerfen, die sich mit einer Vielzahl an Techniken behandeln lassen, und einige davon sind teuflisch ausgefuchst. Das folgende Problem tritt in vielenVarianten auf, angefangen bei abstrakter Algebra bis hin zur Teilchenphysik. Angenommen, eine Gruppe von acht Teenagern möchte ins Kino gehen, und es stehen drei Filme zur Auswahl: *Batman*, *Rambo* und *Titanic*.

Wenn acht Personen aus drei verschiedenen Filmen wählen können, wie viele verschiedene Bestellungen für die Karten sind möglich?

Vom Standpunkt der zu kaufenden Karten spielt es natürlich keine Rolle, *wer* welchen Film sehen möchte, sondern nur die Anzahl der Interessenten für jeden Film. Ein erster Schritt zur Lösung beruht auf der Überlegung, was das Gruppenmitglied, das die Karten für alle besorgen soll, auf einem Zettel vermerken würde. Die Person würde vielleicht zwei senkrechte Striche zeichnen, um die Bestellungen in die drei Möglichkeiten aufzuteilen, und die Spalten als Gedächtnisstütze jeweils mit B, R und T kennzeichnen. Jede Person nennt nun ihre Wahl, und der Kartenholer macht in die entsprechende Spalte ein Kreuz. Zwei mögliche Bestellungen sind in Abb. 8.2 wiedergegeben: Die erste entspricht zwei Personen, die *Batman* sehen wollen, und jeweils drei Personen für die anderen beiden Filme, während die zweite Bestellung zeigt, dass niemand *Rambo* sehen möchte, drei Personen *Batman* und der Rest *Titanic*.

B	R	T		B	R	T
x x	x x x	x x x	x x x			x x x x x

Abb. 8.2   Codierung zweier möglicher Kartenbestellungen

Im Grunde genommen hat der Kartenholer einen Code verwendet, bei dem jede mögliche Kartenbestellung der acht Personen als eine Folge von zehn Symbolen dargestellt wurde, die aus acht Kreuzen und zwei Strichen besteht. Die Antwort zu unserer Frage ist also gleich der Anzahl der Möglichkeiten, diese zehn Symbole anzuordnen.

Eine beliebige Anordnung dieser zehn Symbole liegt fest, sobald wir entschieden haben, wohin unter den zehn Möglichkeiten wir die beiden Striche legen, denn dann belegen die Kreuze alle verbliebenen Positionen. (Man beachte, dass die Striche überall liegen können: Auch zwei Striche gefolgt von acht Kreuzen sind möglich und bedeuten, dass alle *Titanic* sehen wollen.) Es gibt zehn Möglichkeiten für die Lage des ersten Strichs, und in allen Fällen verbleiben nochmals neun Positionen für den zweiten, also gibt es $10 \cdot 9 = 90$ Möglichkeiten, erst den einen und dann den anderen Strich zu zeichnen. Diese Antwort müssen wir jedoch nochmals durch zwei teilen, denn für jede dieser 90 Möglichkeiten können wir den Ort der beiden Striche noch vertauschen, was zu demselben Ergebnis führt. Insgesamt gibt es also $90/2 = 45$ verschiedene Möglichkeiten, die beiden Striche auf die zehn Positionen in der Reihe zu verteilen. Für die acht Personen gibt es also 45 verschiedene mögliche Kartenbestellungen.

Das folgende Abzählproblem ist von ganz anderer Art. Bei einem Tennis-Turnier im K.-o.-System gibt es $n - 1$ Spiele, falls n Spieler teilnehmen, denn bei jedem Spiel scheidet ein Teilnehmer aus, und es bleibt ein ungeschlagener Champion am Ende übrig. Wir wählen zwei Spieler zufällig aus, beispielsweise indem wir ihre Namen aus einem Hut ziehen, und stellen folgende Frage:

Wie groß ist die Wahrscheinlichkeit (auf einer Skala von 0 bis 1), dass das zufällig gezogene Spielerpaar im Verlauf des Turniers gegeneinander spielen wird?

Die Antwort ist nicht besonders schwer zu finden, sobald wir uns davon überzeugt haben, dass es vorteilhaft ist, Spieler*paare* als einzelne Einheiten zu betrachten. Bevor wir dieses Problem jedoch lösen, möchte ich Sie anhand eines einfacheren Beispiels daran erinnern, wie solche Probleme gelöst werden können.

Angenommen, es gibt 100 Lotterielose. Sie haben eines gekauft, und insgesamt werden fünf für einen Gewinn gezogen. Die Wahrscheinlichkeit, dass Sie einen Preis in dieser Lotterie gewinnen, beträgt 5/100 oder 1:20. Die oben beschriebene Situation ist im Wesentlichen die gleiche. Es gibt eine bestimmte Anzahl m von Paaren (wie viele genau werden wir gleich sehen), $n-1$ davon werden während des Tuniers spielen, und wir fragen nach der Wahrscheinlichkeit, dass ein bestimmtes, zufällig ausgewähltes Paar spielen muss. Die Antwort zu dieser Frage ist daher $\frac{n-1}{m}$.

Wie viele mögliche Paarungen m gibt es? Jeder der n Spieler kann mit den $n-1$ verbliebenen Spielern ein Paar bilden. Das ergibt $n(n-1)$, was allerdings *das Doppelte* der Anzahl der Paare ist, da jedes Spielerpaar A und B auf diese Weise doppelt gezählt wird, einmal als A gegen B und einmal als B gegen A. Wie bei dem vorherigen Problem müssen wir diese Zahl noch durch 2 dividieren, sodass die Gesamtanzahl der möglichen Paarungen $m = \frac{n}{2}(n-1)$ ist. Die Antwort zu unserer Frage erhalten wir nun, indem wir diese Zahl m durch $n-1$ dividieren. Der gemeinsame Faktor $n-1$ im Zähler und Nenner lässt sich kürzen, und wir verbleiben mit dem sehr einfachen Ausdruck $\frac{2}{n}$ als Antwort.

In der Tat ist diese Antwort überraschend einfach, und sie lässt sich auch leicht für kleine Spielerzahlen überprüfen: $n = 2$ ist die kleinstmögliche Anzahl von Spielern für einen Wettkampf; es gibt nur ein einziges Paar, und das muss natürlich spielen. Bei vier Spielern erhalten wir $\frac{2}{4} = \frac{1}{2}$, d. h., die Hälfte der Paare wird im Verlauf des Wettkampfs auch aufeinandertreffen. In einem solchen Turnier, das dem Stand bei einem Halbfinale entspricht, gibt es *drei* Begegnungen, und es gibt *sechs* mögliche Paarungen der vier Spieler A, B, C und D: A vs. B, A vs. C, A vs. D, B vs. C, B vs. D und C vs. D.

Diese Antwort ist richtig, obwohl die Analogie zu der Lotterie nicht ganz vollständig ist. Bei einer Lotterie kann jedes Los mit gleicher Wahrscheinlichkeit zu einem Gewinn führen. Bei einem Tennisturnier gilt das nicht für jeden Spieler, und das hat natürlich einen Einfluss auf die tatsächlich aufeinandertreffenden Paarungen. Stärkere Spieler haben gewöhnlich mehr Spiele und daher sind Paarungen mit stärkeren Spielern wahrscheinlicher als Begegnungen zwischen schwachen Spielern. Außerdem gibt es bei vielen Wettkämpfen noch eine Vorauswahl, sodass die höher gesetzten Spieler zunächst nicht direkt gegeneinander spielen, sondern erst im späteren Verlauf des Turniers. Das ändert allerdings *nichts* an der obigen Überlegung, denn das fragliche Paar wurde zufällig aus dem Hut gezogen. Das ist ähnlich wie bei einem Pferderennen mit beispielsweise zwanzig Startern. Einige Pferde gewinnen mit größerer Wahrscheinlichkeit als andere, doch wenn Sie Ihr Pferd zufällig auswählen, ziehen Sie den Gewinner im Durchschnitt in einem von zwanzig Fällen. Die unterschiedlichen Stärken der Pferde auf dem Platz ändern daran nichts, denn Sie haben alle Überlegungen hinsichtlich der Form außer Acht gelassen.

Im mathematischen Umgang mit Zufällen muss man wirklich besonders vorsichtig sein. Es gibt kaum ein anderes Gebiet, in dem das Ergebnis einer Berechnung derart falsch sein kann, ohne dass man es merkt. Die Wahrscheinlichkeitstheorie wurde immer schon von sehr überzeugend klingenden Argumenten bevölkert, die manche Menschen mit absoluter Überzeugung auf einer falschen Schlussfolgerung beharren lassen. Oft handelt es sich um heimtückische Fehler, und nicht nur von leichtsinnigen Spielern, sondern auch von vernünftigen Richtern bei Gerichtsprozessen. Besonders häufig werden grobe Fehler in einfachen Situationen gemacht, bei denen es um bedingte Wahrscheinlichkeiten geht – also Wahrscheinlichkeiten für ein Ereignis unter der Voraussetzung, dass ein anderes Ereignis bereits eingetreten ist. Bei einem Prozess in England ging es kürzlich um mehrere Fälle von plötzlichem Kindstod (ähnliche Beispiele gibt es aber auch in anderen Ländern). Eine Frau wurde verdächtigt, ihre eigenen Kinder umgebracht zu haben, weil zwei ihrer Kinder auf diese Weise gestorben waren. Ein „Experte" meinte, die Wahrscheinlichkeit für ein solches Ereignis sei eins zu einer Million. Solche fehlerbehafteten Berechnungen gehen meist davon aus, dass jeder Todesfall unabhängig von jedem anderen ist, wie bei zwei unabhängigen Münzwürfen. Das ist natürlich nicht der Fall. Vielleicht tritt der plötzliche Kindstod tatsächlich im Durchschnitt nur bei einem von 10 000 Babies auf, doch *wenn eine Familie einen plötzlichen Kindstod zu beklagen hatte*, dann ist die Wahrscheinlichkeit für ein zweites Ereignis dieser Art sehr viel höher. Tatsächlich können wir davon ausgehen, dass in jedem Jahr eine Familie in England einen solchen Doppelschlag erleidet.

Keine medizinische oder forensische Aussage würde vor Gericht akzeptiert, wenn sie nicht von einer hochqualifizierten Person käme. Ganz entsprechend sollte auch keine präzise Wahrscheinlichkeitsaussage als Beweismittel zugelassen werden, sofern sie nicht von einem akkreditierten Mitglied eines anerkannten Statistikinstituts überprüft wurde. Immer noch werden Leben ruiniert, weil man dieser Forderung nicht gerecht wird.

Etwas weniger ernst wird derselbe Punkt (Verwirrung im Zusammenhang mit bedingten Wahrscheinlichkeiten) von einem Witz aufgegriffen, bei dem ein Mann dabei erwischt wird, wie er eine Bombe in ein Flugzeug schmuggeln möchte. Zu seiner Verteidigung gab er vor, es nur um der Sicherheit der Passagiere willen getan zu haben, denn „die Wahrscheinlichkeit, dass gleich zwei Bomben an Bord desselben Flugzeugs sind, sei eins zu einer Milliarde!"

Einige Sammlerstücke von Wahrscheinlickeitsproblemen

Fragen zur Wahrscheinlichkeit haben ihren eigenen Charme, denn es gibt eine Vielzahl unterschiedlicher Alltagsprobleme. Die Lösungswege sind zwar oft elementar, erfordern aber eine besonders scharfe und neuartige Sichtweise in Bezug auf die Verhältnisse und Beziehungen zwischen Ereignissen. Die Vielfalt an Tricks, mit denen man arbeitet, machen dieses Gebiet zu einer Form von Kunst, bei der sich die Liebhaber an neuen Ideen erfreuen. Es folgt eine kleine Auswahl.

Unschlagbare Mannschaften

Wir betrachten ein Tennis- oder Fußballturnier im K.-o.-System. Die Organisatoren haben dafür gesorgt, dass es 2^n Teilnehmer gibt, sodass zu Beginn jeder neuen Runde immer eine gerade Anzahl von Spielern oder Mannschaften antritt. Beim Fußball beispielsweise wird die Mannschaft Meister, die alle n Runden ungeschlagen überlebt. Wir verfolgen nun den Verlauf des Turniers für ein Paar, wir nennen sie Celtic und Rangers, von ansonsten unschlagbaren Mannschaften. Das bedeutet, keine dieser Mannschaften kann je geschlagen werden, es sei denn von der jeweils anderen.

Da die Mannschaftspaarungen vor jeder Runde neu ausgelost werden, gibt es keine Garantie auf ein Endspiel Rangers–Celtic.

Die beiden Mannschaften treffen mit Sicherheit aufeinander, da sie von niemand anderem aufgehalten werden können, es muss aber nicht im Endspiel sein, sondern es könnte auch in der ersten oder einer anderen früheren Runde sein. Trotzdem sind Endspiele zwischen den Rangers und den Celtic erstaunlich häufig. Es zeigt sich, dass die Wahrscheinlichkeit für ein Aufeinandertreffen der beiden „unschlagbaren" Mannschaften im Endspiel größer ist als 50:50.

Weshalb sollte das so sein? Betrachtet wir zunächst die einfachsten Fälle. Es sei $p = p_n$ die Wahrscheinlichkeit für ein Rangers–Celtic-Endspiel, sofern es ingesamt n Runden im gesamten Turnier gibt. Offenbar ist für $n = 1$ auch $p_1 = 1$, denn es gibt nur die beiden Mannschaften. Nun sei $n = 2$, wir beginnen also mit vier Mannschaften, die wir $\{A, B, C, R\}$ nennen, wobei C und R für Celtic bzw. Rangers stehen. Für die erste Runde gibt es drei mögliche Ziehungen:

$$\{A \text{ vs. } B, C \text{ vs. } R\}, \{A \text{ vs. } C, B \text{ vs. } R\}, \{A \text{ vs. } R, B \text{ vs. } C\}.$$

Diese drei Möglichkeiten sind gleich wahrscheinlich, sodass die Wahrscheinlichkeit, dass Celtic und Rangers in der ersten Runde *nicht* aufeinandertreffen, sondern erst im Endspiel, gleich $\frac{2}{3}$ ist. Man kann das auch anders leicht sehen, wenn man sich auf einen der beiden Unschlagbaren konzentriert, beispielsweise R. Die Rangers ziehen mit gleicher Wahrscheinlichkeit jede der anderen drei Mannschaften als Gegner in der ersten Runde, also gibt es eine $\frac{2}{3}$ Wahrscheinlichkeit, dabei nicht auf Celtic zu treffen. Insgesamt ist also $p_2 = \frac{2}{3}$.

Nun nehmen wir an, es gibt $2^3 = 8$ Mannschaften in dem Turnier. Es kommt zu einem Celtic–Rangers-Endspiel genau dann, wenn die beiden Mannschaften nicht schon in den ersten beiden Runden aufeinandertreffen. Die Wahrscheinlichkeit, sich in der ersten Runde zu verpassen, ist $\frac{6}{7}$ (für R gibt es 7 andere Mannschaften, von denen 6 nicht C sind). Angenommen, sie sind in der ersten Runde nicht aufeinandergestoßen, dann ist die Wahrscheinlichkeit, sich auch in der zweiten Runde zu verpassen, gleich $\frac{2}{3}$, denn zu diesem Zeitpunkt sind vier Mannschaften übrig geblieben, und dieses Problem haben wir bereits gelöst. Also ist der Wert für p_3:

$$p_3 = \frac{6}{7} p_2 = \frac{6}{7} \cdot \frac{2}{3} = \frac{4}{7}.$$

Indem wir dieses Argument weiter ausbauen* finden wir für die Wahrscheinlichkeit eines Endspiels zwischen den Rangers und den Celtic bei einem Turnier mit n Runden

$$p_n = \frac{2^{n-1}}{2^n - 1}.$$

Die ersten Werte für p_n sind:

$$1, \frac{2}{3}, \frac{4}{7}, \frac{8}{15}, \frac{16}{31}, \frac{32}{63}, \ldots.$$

Wir sehen also, dass selbst bei einem Turnier aus fünf Runden die Wahrscheinlichkeit für ein Endspiel zwischen den Unschlagbaren nahezu $\frac{1}{2}$ ist. Tatsächlich ist der Grenzwert gleich $\frac{1}{2}$, und für jeden endlichen Wert von n ist die Wahrscheinlichkeit p_n immer etwas größer. Wir können uns also auf viele Endspiele Rangers–Celtic in den kommenden Jahren freuen.

Ohne die Lösungsverfahren in den einzelnen Fällen genau anzugeben, wollen wir noch einige weitere Beispiele von interessanten Fragen beschreiben.

Das Auszählungsproblem

Bei einer Wahl erhalten zwei Kandidaten insgesamt p und q Stimmen, wobei p größer sein soll als q. Wie groß ist die Wahrscheinlichkeit, dass der Gewinner während der gesamten Auszählung immer vorne lag?

Die Antwort ist erfreulich einfach: $\frac{p-q}{p+q}$. Seien beispielsweise $p = 60$ und $q = 40$ Stimmen, dann ist diese Wahrscheinlichkeit $\frac{20}{100} = 0{,}2$. Mit anderen Worten, selbst wenn einer der Kandidaten mit einem ansehnlichen Vorsprung gewonnen hat, gibt es doch eine 80 %ige Wahrscheinlichkeit, dass er zumindest an irgendeinem Punkt der Auszählung nicht vor seinem Rivalen lag.

Ich erwähne dieses Problem, weil es aus zwei weiteren Gründen interessant ist. Zum einen wurde es hier zwar vergleichsweise natürlich und einfach im Zusammenhang mit einem Problem der Stimmenauszählung formuliert, doch es tritt auch in vielen anderen Bereichen auf, unter anderem auch in der Teilchenphysik. Zweitens ist es aufgrund des besonderen Lösungswegs erwähnenswert. Die notwendige Abzählung erfolgt nämlich anhand des Graphen, an dem man die Führung des Gewinners während der Auszählung verfolgen kann. Zählt man die Anzahl der günstigen Wege in diesem Graphen, spielt eine besondere geometrische Symmetrie eine wichtige Rolle, die man als Reflektionssymmetrie bezeichnet. Mit dieser Symmetrie kann man zeigen, dass die Menge an Wegen, die man abzählen muss, gleich der Anzahl einer anderen Menge von Wegen ist, die zwar zunächst nichts mit dem ursprünglichen Problem zu tun hat, aber wesentlich einfacher zu zählen ist und uns zur Lösung führt. Dieser geniale Trick ist sehr wertvoll und lässt sich bei Problemen dieser Art kaum umgehen. Darüber hinaus treten derartige Probleme in Form von sogenannten dualen Paaren auf. Die Antwort ist dieselbe, die man auch für ein verwandtes Problem erhält, bei dem man die Stimmenauszählung in umgekehrter Richtung betrachtet. In diesem Fall sagt uns die Dualität, dass das angegebene Verhältnis gleichzeitig auch die Wahrscheinlichkeit ist, dass der Vorsprung des Siegers am Ende niemals zuvor während der Auszählung erreicht wurde, sondern erst mit der letzten Stimme. Der Grund ist, dass die Umkehrung einer Auszählung, bei welcher der Gewinner immer in Führung ist, gerade diese letzte Eigenschaft besitzt.

Das Geburtstagsproblem

Wie viele Personen müssen sich in einem Raum befinden, um eine Wahrscheinlichkeit von 50:50 zu erhalten, dass zwei oder mehr von ihnen am selben Tag Geburtstag haben?

Anders als das vorherige Problem ist die Lösung hier nicht schwierig, aber sie erfordert etwas Rechenaufwand, sodass man die Antwort nicht leicht erraten kann.* Es zeigt sich, dass 23 Personen ausreichen, um für einen übereinstimmenden Geburtstag eine Wahrscheinlichkeit von mehr als der Hälfte zu erhalten. In Wirklichkeit sind es sogar noch etwas weniger Personen, da die Geburtstage nicht vollkommen gleichmäßig über das Jahr verteilt sind, was die Wahrscheinlichkeit für einen Doppelgeburtstag noch erhöht. Die vergleichsweise niedrige Zahl, bei der solche übereinstimmenden Geburtstage bereits auftreten, ist auch der Grund, weshalb es in den meisten Schulklassen im Verlaufe eines Jahres Doppelgeburtstage gibt. Dies ist eine von den eher erfreulichen kleinen Überraschungen im Leben.

Russisches Roulette

Viele Spiele sind etwas unfair, weil die Spieler sich abwechseln, und der Beginnende oftmals einen kleinen Vorteil hat. Bei dem Spiel *Tic Tac Toe* (oder auch *Drei gewinnt*) sollte man zum Beispiel nie verlieren, wenn man anfangen darf. Man konnte sogar beweisen, dass bei dem Spiel *Vier gewinnt* der beginnende Spieler immer gewinnen kann. Das bedeutet, ein Computer lässt sich so programmieren, dass er das Spiel immer gewinnt, wenn er anfängt. Das ist sicherlich überraschend, denn das Spiel ist kompliziert und auch die meisten erfahrenen Spieler erreichen nie dieses

Niveau. Selbst beim Schach ist Weiß im Vorteil, und Großmeister versuchen, diese Möglichkeit des ersten Zugs auszunutzen. In den obersten Spielklassen hat ein Schachspieler, der einen guten Gegner schlägt, obwohl er Schwarz spielt, einen besonders triumphalen Sieg errungen. Die besten Spieler nutzen diesen winzigen Vorteil, mit Weiß beginnen zu können, um ihren Gegner bis weit ins Spiel hinein in der Defensive zu halten. Tatsächlich konnte bisher noch nicht bewiesen werden, dass Weiß beim Schach nicht einen sicheren Sieg hat – es wäre durchaus denkbar, dass der weiße König bei einem optimalen Spiel immer der Sieger ist. Diese Möglichkeit gilt allerdings als eher unwahrscheinlich, und allgemein wird angenommen, dass Schwarz immer in der Lage sein sollte, ein Remis zu erzwingen. Gewöhnlich zeigt eine sehr sorgfältige Spielanalyse, dass der Verlierer im Verlauf des Spiels zumindest einen schlechten Zug gemacht hat.

Russisches Roulette ist ebenfalls ein Beispiel für ein unausgeglichenes Spiel. Bei einer ungefährlichen Variante des Spiels würfeln die Teilnehmer reihum mit einem gewöhnlichen Würfel, und wer zuerst eine Sechs würfelt, gewinnt. Wie groß ist die Wahrscheinlichkeit, dass der erste Spieler A den anderen Spieler B schlägt? Es seien a und b die relativen Häufigkeiten, mit denen A bzw. B die erste Sechs würfelt, sodass $a + b = 1$. A kann auf zwei Arten gewinnen. Einmal in sechs Fällen gewinnt er gleich beim ersten Wurf. Sollte das jedoch nicht passieren, dann haben wir dieselbe Situation mit vertauschten Rollen: B hat nun den Vorteil, den A gerade verloren hat. Das passiert in fünf von sechs Fällen und führt auf die Beziehung $b = \frac{5}{6}a$. Zusammen mit der obigen Forderung $b = 1 - a$ erhalten wir also $1 - a = \frac{5}{6}a$ oder $\frac{11}{6} = a$ bzw. $a = \frac{6}{11}$. Ausgedrückt in Prozenten gewinnt A in rund 54,5 % der Fälle.

Manche Spielregeln versuchen den Vorteil, der mit dem Anfang verbunden ist, auszugleichen. Bei einem Tiebreak im Tennis bedeutet „beginnen", dass man den Aufschlag hat. Ein Spieler beginnt mit dem Aufschlag zum ersten Punkt, doch sofort anschließend wechseln die Spieler den Aufschlag und haben dann immer zwei Aufschläge in Folge. Nach jedem Aufschlagpaar hat abwechselnd der eine und dann der andere Spieler den Vorteil, einen zusätzlichen Aufschlag gehabt zu haben. Ein vergleichbarer Ausgleich existiert beispielsweise beim Elfmeterschießen im Fußball nicht. Hier wechseln sich die Mannschaften einfach ab, sodass der größere Druck auf der Mannschaft zu liegen scheint, die als zweites schießt. Da schon Weltmeisterschaften durch Elfmeterschießen entschieden wurden, steht viel auf dem Spiel, und vielleicht ist es an der Zeit, die Regeln im Sinne einer größeren Gerechtigkeit zu überdenken. Bei unserem Russischen Roulette werden die Gewinnchancen bei einem Wechsel in dieser Art zwar ausgeglichener, allerdings nicht vollkommen. Wenn A mit nur einem Wurf beginnt, gefolgt von zwei Würfen von B und wiederum zwei von A usw., dann ist die Wahrscheinlichkeit, dass A die erste Sechs wirft, gleich $31/61 = 50,8\,\%$.*

Weshalb kommen Busse immer im Konvoi?

Dieses Problem hat sehr vielschichtige Aspekte. Damit die Rahmenbedingungen präzise formuliert sind, nehmen wir an, dass ein Bus eine bestimmte Route genau alle zehn Minuten beginnt. Wie lange müssen Sie im Mittel an einer Haltestelle warten, bis ein Bus ankommt?

Die Busse verlassen das Depot alle zehn Minuten, und wenn ihre Geschwindigkeiten immer identisch wären, würde genau alle zehn Minuten ein Bus an einer Haltestelle auf der Strecke ankommen. Ein Fahrgast, der zu einem beliebigen Zeitpunkt zur Haltestelle läuft, würde also irgendwann im Verlaufe eines dieser zehnminütigen Intervalle ankommen. Wenn der Fahrgast den Fahrplan nicht berücksichtigt und jeder Zeitpunkt gleich wahrscheinlich ist, kommt er auch zu jedem Zeitpunkt innerhalb dieses zehnminütigen Intervalls zwischen zwei Bussen mit derselben Wahrscheinlichkeit an und wird im Durchschnitt fünf Minuten warten müssen, bis ein Bus kommt.

Jeder erfahrene Benutzer des öffentlichen Verkehrs weiß jedoch, dass man an manchen Tagen zwar Glück haben kann, doch im Durchschnitt muss man länger als fünf Minuten an der Haltestelle warten, selbst wenn im Mittel sechs Busse in jeder Stunde fahren. Die Fahrtzeiten der Busse an den Haltestellen sind aufgrund von Schwankungen im Verkehrsaufkommen und verschiedenen Fahrgastzahlen unterschiedlich, und daher sind Verzögerungen unvermeidbar, doch wenn jede Stunde sechs Busse kommen, sollte man meinen, dass die *durchschnittliche* Wartezeit dieselbe bleibt wie in der Idealwelt, in der die Busse exakt wie ein Uhrwerk alle zehn Minuten eine Haltestelle anfahren.

Leider treibt *jede* Ungleichförmigkeit die durchschnittliche Wartezeit nach oben. Betrachten wir einige Möglichkeiten, um ein Gefühl dafür zu bekommen, weshalb das so sein sollte.

Ist die Fahrtstrecke für einen Bus *sehr* lang, dann werden die zufälligen Schwankungen, denen die Busse auf ihrem Weg ausgesetzt sind, den anfänglichen geregelten Zeitunterschied zwischen den Bussen verwischen. Es gibt zwar immer noch im Mittel sechs Busse in jeder Stunde, doch weit weg vom Startpunkt (stellen Sie sich eine Route vor, die Jahre dauert) scheint es nahezu keine Beziehung zwischen einem Bus und dem nächsten zu geben. Die Busse würden zufällig auftauchen und lediglich im Mittel einen Abstand von zehn Minuten haben. Wenn in dieser Situation ein Fahrgast eine Haltestelle erreicht, spielen die in der Vergangenheit vorbeigefahrenen Busse keine Rolle. Der Fahrgast erreicht die Haltestelle und schaut auf seine Uhr. Egal wie spät es ist, die *mittlere* Zeit bis zum nächsten Bus beträgt *zehn* Minuten. In dieser Welt des Zufalls ist also die mittlere Wartezeit von den idealen fünf Minuten auf zehn Minuten angewachsen. Hierbei handelt es sich um ein Beispiel für einen sogenannten *Poisson-Prozess*, benannt nach dem französischen Mathematiker Siméon Poisson (1781–1840), der solche vollkommen ungeordneten Phänomene als Erster untersucht hat.[2] Soweit es den Fahrgast betrifft, erscheinen Busse vollkommen zufällig im Mittel alle zehn Minuten, sobald er die Haltestelle erreicht hat.

Das wäre zumindest der Fall, wenn sich die Busse in ihrer Fahrt nicht gegenseitig beeinflussten. In Wirklichkeit ist das Leben jedoch nicht so einfach, und das macht die Sache leider komplizierter, denn die Busse kommen sich gegenseitig in die Quere. Die Londoner Busse sind bekannt dafür, dass sie einander einholen und dann hintereinander fahren. Das liegt nicht am Fahrer, sondern jede Verspätung führt zu einem vermehrten Fahrgastaufkommen, da diese mehr oder weniger zufällig die Haltestellen erreichen. So gibt es manchmal ohne erkennbaren Grund mehr Fahrgäste. Dadurch wird der erste Bus, der mit Personen voll beladen ist, langsamer. Die folgenden Busse können aufholen, manchmal sogar überholen, doch im Allgemeinen ist es für sie schwierig, sich wieder voneinander zu trennen, nachdem sie einmal zusammen sind. In solchen Fällen beobachten wir dieses ärgerliche Phänomen, dass Busse anscheinend im Convoy fahren. Schlimmstenfalls sehen wir bis zu sechs große rote Londoner Busse, die fast aneinanderkleben. Nun haben wir effektiv nicht mehr sechs Busse pro Stunde, sondern nur noch einen riesigen Bus. Sollte das häufiger am Tag passieren, sehen die Fahrgäste nur alle sechzig Minuten einen Bus, und ihre mittlere Wartezeit, nachdem sie die Bushaltestelle erreicht haben, liegt irgendwo bei einer halben Stunde statt der idealen fünf Minuten.

---

[2] Der berühmte Datensatz, der in diesem Zusammenhang oft erwähnt wird, bezieht sich auf die Anzahl der Todesfälle durch einen Pferdetritt in der preußischen Armee: Nach der Theorie von Poisson und unter der Annahme, dass diese Todesfälle vollkommen zufällig und unabhängig voneinander auftreten, sollten sich in 34 der 280 Monate, für die Daten vorhanden waren, zwei Todesfälle ereignet haben. In Wirklichkeit passierte dies in 32 Monaten, und ganz allgemein entsprechen die Daten dieser „Zufallsannahme" erstaunlich gut – man weiß halt nie, wann ein Pferd ausschlägt.

Um besser verstehen zu können, weshalb jedes Abweichen von der Gleichförmigkeit die Sache verschlimmert, müssen wir uns nur den Fall anschauen, bei dem pro Zeiteinheit, die wir als eine Stunde annehmen, genau ein Bus fährt. Angenommen, ein Bus erreicht Ihre Haltestelle immer exakt zur vollen Stunde, jede Stunde und bei jedem Wetter, und Sie als Fahrgast spazieren zu der Haltestelle, ohne auf die Tageszeit zu achten. Ihre Wartezeit ist in diesem Fall mit gleicher Wahrscheinlichkeit jede Zeitdauer zwischen null und sechzig Minuten und beträgt somit im Durchschnitt eine halbe Stunde, die Hälfte zwischen den beiden Extremfällen.

Doch angenommen, ein Bus kommt zur falschen Zeit, entweder zu früh oder zu spät. Dadurch werden *zwei* aufeinanderfolgende Perioden beeinflusst. Wenn der Fahrgast irgendwann während dieses zweistündigen Intervalls an die Haltestelle kommt, ist die mittlere Wartezeit länger als dreißig Minuten, denn nun sind *zwei* Zeitintervalle betroffen, ein kürzeres und ein längeres. Die mittlere Wartezeit ist gleich der halben Länge des Intervalls, zu dem man die Haltestelle erreicht, doch das ist mit größerer Wahrscheinlichkeit das längere Intervall, einfach weil es länger ist, und dadurch erhält man eine Verschiebung zu längeren Wartezeiten.*
Das Leben wäre wesentlich weniger frustrierend, wenn Busse, Züge und Flugzeuge pünktlich fahren könnten.

Das St. Petersburger Paradox

Ein von Daniel Bernoulli im Jahre 1725 aufgestelltes Problem sorgte während des 18. Jahrhunderts für so viel Verwirrung, dass man es zu den Paradoxa zählte. Peter und Paul spielen ein Spiel, bei dem eine faire Münze mehrfach geworfen wird, bis einmal Kopf auftritt. Sollte bereits der erste Wurf Kopf sein, gewinnt Peter zwei Kronen, sollte der erste Wurf Zahl und der zweite Kopf sein, gewinnt Peter 4 Kronen, wenn erst beim dritten Wurf zum erstenmal Kopf kommt, gewinnt Peter 8 Kronen usw. Die Frage lautet, für welchen Betrag, den Peter vorab an Paul bezahlt, ist Paul bereit, dieses Spiel zu spielen? Elementare Wahrscheinlichkeitsüberlegungen sagen uns, dass Peter die Hälfte der Zeit zwei Kronen gewinnen wird, in einem Viertel der Zeit 4 Kronen (denn die Wahrscheinlichkeit für Zahl–Kopf ist $\frac{1}{2} \cdot \frac{1}{2}$), 8 Kronen in jedem achten Fall usw. Sein zu erwartender Gewinn ist also die Summe all dieser Beiträge, die jeweils 1 Krone ausmachen. Doch eine unendliche Summe von Einsen ist unendlich! Die Schlussfolgerung lautet: Kein Betrag ist groß genug, dass der zu erwartende Verlust für Paul ausgeglichen werden kann.

Das erscheint zunächst unsinnig. Zum Test machte Comte de Buffon (1707–1788) ein praktisches Experiment und spielte 2084 Spiele. Dabei fand er, dass Peter im Mittel etwas weniger als 5 Kronen gewann. Wie können Theorie und Praxis derart auseinander liegen?

Der berechtigte Einwand mancher Kommentatoren lautete, dieses Spiel könne strenggenommen gar nicht gespielt werden. Paul könne Peter dieses Spiel nur anbieten, wenn ihm eine unbegrenzte Menge Geld zu Verfügung stünde, sodass er tatsächlich jede beliebige Auszahlung auch garantieren könnte. Dies sei unmöglich und in gewisser Hinsicht sei das Paradoxon damit gelöst.

Tatsächlich gibt es eine andere Version dieses Paradoxons, bei der behauptet wird, es sei immer möglich, in einem Casino zu gewinnen, sofern der Spieler eine feste, positive Gewinnchance hat, gleichgültig wie klein sie auch sei. Der Spieler setzt seinen Einsatz, und wenn er verliert, spielt er erneut, allerdings erhöht er diesmal seinen Einsatz so, dass er im Falle eines Gewinns den vorherigen Verlust ausgleichen kann. Im Prinzip kann er das beliebig oft wiederholen, er muss nur seinen Einsatz immer entsprechend erhöhen, sodass er, sollte er schließlich einmal gewinnen, insgesamt mit einem Gewinn das Casino verlässt. Auf diese Weise gewinnt er schließlich in jedem Fall.

Auch das ist richtig, sofern ihm eine unendliche Geldmenge zur Verfügung steht. (Aus welchem Grund sollte er in diesem Fall allerdings noch spielen wollen?) Falls der Spieler eine zwar große, aber endliche Menge Einsatzkapital hat, kann er diese Strategie wählen, und wenn er mit einem kleinen Einsatz beginnt (klein im Vergleich zu dem ihm zur Verfügung stehenden Kapital), wird er mit sehr großer Wahrscheinlichkeit am Ende im Vorteil sein. Der Haken an der Sache ist jedoch, dass der Betrag, den er gewinnen wird, sehr klein ist im Vergleich zu dem Vermögen, das er möglicherweise aufs Spiel setzt, und es gibt immer noch ein sehr kleines Restrisiko, dass er alles verlieren wird. Diese Art des Spiels ist das Gegenteil von einer Lotterie. Bei einer Lotterie opfert der Spieler einen kleinen Einsatz, den er mit sehr großer Wahrscheinlichkeit verlieren wird, aber er hat die Hoffnung auf eine winzige Chance zu einem großen Gewinn. Der reiche Spieler, der auf die Strategie „verdoppeln oder gar nichts" setzt, nimmt ein kleines Risiko auf einen riesigen Verlust in Kauf, kann aber auf der anderen Seite mit großer Sicherheit auf einen winzigen Gewinn hoffen.

Doch weshalb war die Diskrepanz zwischen Theorie und Buffons Realität so immens? Die Tatsache, dass Buffon den riesigen Gewinn von Peter in der Praxis nicht erlebt hat, lässt sich ebenfalls einfach erklären, und es lassen sich auch Beispiele anführen, die nicht unendlich viele Spiele mit grenzenlosem Einsatz erfordern. Diese Form einer unausgeglichenen Auszahlung lässt sich fast immer beobachten, wenn bei einem Spiel ein sehr großer Gewinn zwar möglich, aber außerordentlich unwahrscheinlich ist. Eine staatliche Lotterie ist ein gutes Beispiel. Angenommen, ein Los kostet 1 Euro, und der Losbesitzer hat die Chance auf einen Gewinn von einer Million Euro, allerdings nur in einem von einer Million Fälle, andernfalls bekommt er nichts. (Das ist nicht allzu weit von der Realität bei staatlichen Lotterien entfernt.) Da von den Spielern eine Million Euro in den Topf gezahlt und der gesamte Einsatz an den glücklichen Gewinner ausgezahlt wird, handelt es sich um ein faires Spiel, und die Lose werden zum korrekten Preis verkauft. Doch wenn Buffon sich seine wöchentlichen Lose kauft, kann es sein, dass er für zehntausend Jahre zahlt, und immer noch mit großer Wahrscheinlichkeit nicht einen Cent gewonnen hat.* Rein empirisch erscheint eine solche Lotterie wertlos, denn in diesem Fall hat Buffon über 500 000 Euro für seine Lose bezahlt und war doch jedesmal unter den Verlierern.

Buffons Nadelproblem

Buffon war eher Naturforscher als Mathematiker, allerdings ist er bekannt wegen seines seltsamen Nadelproblems, dem ersten Problem in geometrischer Wahrscheinlichkeitstheorie. Er stellte folgende Frage: Wenn man eine Nadel auf einen Holzdielenboden wirft, mit welcher Wahrscheinlichkeit landet die Nadel auf einer Spalte? Wir werden die Antwort hier nicht ausarbeiten, aber sie lautet $\frac{2l}{\pi d}$, wobei l die Länge der Nadel ist und d die Breite der Holzdielen. (Die Länge der Holzdielen sei unendlich, und es sei $l \leq d$.) Für $l = d$ lautet die Antwort einfach $\frac{2}{\pi}$. Das Auftauchen von π in dieser Formel beruht auf der Tatsache, dass ein Auftreffen der Nadel auf einer Spalte von zwei unabhängigen Zufallsereignissen abhängt: vom Abstand des Mittelpunkts der Nadel von der nächsten Spalte und vom *Winkel*, unter dem die Nadel zur Richtung der Dielen liegt. Dieser letzte Punkt bringt bei diesem Problem den Kreis und damit die Zahl π ins Spiel. Mit diesem Ergebnis kann man π dadurch abschätzen, dass man das Experiment sehr oft wiederholt und das empirische Verhältnis von Erfolg zu Fehlschlag als Schätzwert für $\frac{2}{\pi}$ nimmt, aus dem man dann einen Näherungswert für π selbst findet.

In der Praxis liefert dieses Verfahren jedoch keine sehr genaue Antwort, es sei denn, man wiederholt die Würfe viele tausendmal. Es gibt allerdings Varianten des Problems, bei denen man schneller zum Ziel kommt. Bei dem Nadelproblem von Buffon und Laplace lassen wir Nadeln auf ein quadratisches Raster fallen und fragen nach der Wahrscheinlichkeit, dass eine Nadel auf

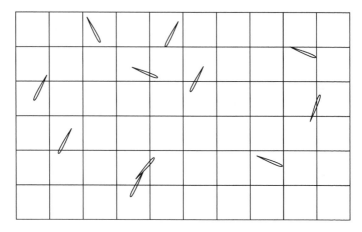

Abb. 8.3   Das Nadelproblem von Buffon und Laplace

einer Linie zu liegen kommt (siehe Abb. 8.3). Bei diesem Experiment nähert sich die relative Häufigkeit dem Wert π schneller als beim ursprünglichen Nadelproblem von Buffon.

Ein ähnliches, allerdings leichter zu handhabendes Problem fragt nach der Wahrscheinlichkeit, dass eine Münze, die über ein Schachbrett rollt, auf einer Ecke liegen bleibt. Die Antwort hängt wieder von der relativen Größe der Münze ab, diese soll aber kleiner sein als die Quadrate des Schachbretts. Der Schlüssel zur Lösung des Problems liegt darin, dass die Münze eine Ecke genau dann überdeckt, wenn der Abstand des Mittelpunkts der Münze von einer Ecke nicht größer ist als der Münzradius.

Da der Mittelpunkt der Münze mit gleicher Wahrscheinlichkeit irgendwo innerhalb eines Quadrats zum Liegen kommt, ist der Anteil der günstigen Ereignisse gleich dem Verhältnis von der günstigen Fläche innerhalb des Quadrats dividiert durch die Gesamtfläche des Quadrats (siehe Abb. 8.4). Die günstige Fläche ist an jeder Ecke jeweils ein Viertelkreis mit dem Münzra-

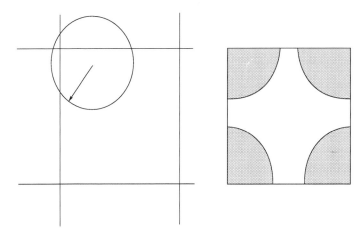

Abb. 8.4 Das Problem der Münze auf dem Schachbrett

dius, und daher lautet die sowohl einfache als auch anschauliche Lösung:

Wahrscheinlichkeit, dass eine Münze auf einer Ecke liegt

$$= \frac{\text{Fläche der Münze}}{\text{Fläche des Quadrats}}$$

Bertrands Paradox

Die Wahrscheinlichkeitstheorie wurde einmal charakterisiert als „die Zerlegung des gesunden Menschenverstands in Verhältnisse". Ich habe allerdings oft beobachtet, dass Menschen ihre eigene Meinung als „gesunden Menschenverstand" hinstellen, wenn ihnen etwas einleuchtend erscheint, obwohl andere Menschen das anders sehen. Durch die Behauptung, der eigene Standpunkt repräsentiere den gesunden Menschenverstand, verurteilt man jede

möglicherweise anders denkende Person als Dummkopf, noch
bevor diese überhaupt ihren Mund geöffnet hat. Geschichtlich
hat es eine ganze Weile gedauert, bis in Bezug auf Fragen der
Wahrscheinlichkeit eine gesunde Intuition herangereift war. Einfache Fehler sind immer noch schnell gemacht, und manche Leute beharren, wenn es um Wahrscheinlichkeiten geht, auf falschen
Erwartungen, doch mittlerweile ist der Begriff der Wahrscheinlichkeit wesentlich besser verstanden, sowohl von den Experten
als auch von der allgemeinen Bevölkerung, als noch vor wenigen
Jahrhunderten.

Beispielsweise sorgte das St. Petersburger Paradoxon für mehr
Wirbel, als ihm eigentlich zugestanden hätte. In Bezug auf den
Zufall gab es jedoch immer wieder Verwirrung, die das ganze
Gebiet in einen gewissen Verruf brachten.

Ein Problem, das förmlich nach einer Klärung schrie, ging
auf Joseph Bertrand (1822–1900) zurück. Es gibt unterschiedliche Versionen, und in einer wird nach der Wahrscheinlichkeit
gefragt, dass eine zufällig herausgegriffene Kreissehne nicht größer ist als der Kreisradius (den wir der Einfachheit als Einheit
wählen). Das Problem war, dass die Antwort je nach der Art,
wie man die Kreissehne auswählt, eine andere ist. Beispielsweise
könnte man einen willkürlichen Winkel θ zwischen 0° und 180°
wählen und dann die Sehne durch zwei Punkte auf dem Umfang
definieren, die vom Mittelpunkt aus betrachtet den Winkel θ
einnehmen. Die Länge der Sehne ist kleiner als der Radius, wenn
der Winkel zwischen den beiden Armen kleiner ist als 60°, sonst
nicht. Da der Winkel mit gleicher Wahrscheinlichkeit zwischen
0° und 180° liegen soll, lautet die scheinbare Antwort auf Bert-
rands Frage $\frac{60}{180} = \frac{1}{3}$.

Andererseits können wir eine „Zufallssehne" auch dadurch
konstruieren, dass wir einen beliebigen Punkt auf einem Kreisradius wählen und dann die Strecke senkrecht zum Radius an dieser
Stelle bis zu den Kreispunkten als die Sehne definieren. Mit ein
wenig Geometrie finden wir, dass wir auf diese Weise eine kurze

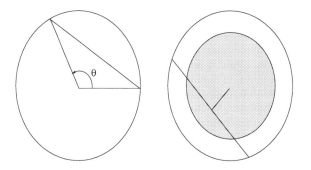

Abb. 8.5 Zwei Lösungen für das Bertrand'sche Problem

Sehne mit einer Länge kleiner als der Kreisradius erhalten, wenn der Punkt außerhalb des schattierten Kreises mit Radius $\sqrt{3}/2$ liegt (siehe Abb. 8.5). Da der Punkt auf dem Radius, der die Sehne definiert, beliebig gewählt werden kann, ist der Anteil der kurzen Sehnen in diesem Fall gleich $1 - \sqrt{3}/2 = 0{,}134$. Diese Zahl ist nicht gleich $\frac{1}{3}$, sie ist sogar wesentlich kleiner. Welcher der beiden Zugänge, falls überhaupt einer, ist nun richtig?

Zunächst hat es den Anschein, als ob die Schwierigkeit bei diesem Problem etwas mit der Natur des Unendlichen zu tun hat, doch das ist nicht ganz richtig. Es stimmt zwar, dass wir die Menge aller Sehnen eines Kreises nicht so behandeln können, wie eine endliche Menge von Lotterielosen, die willkürlich gezogen werden. Die einfachen Techniken des Abzählens, wie bei einem endlichen Problem, lassen sich hier nicht unmittelbar anwenden. Doch der Grund, weshalb wir zwei verschiedene Antworten erhalten, liegt darin, dass wir auch zwei verschiedene Probleme lösen. Der Unterschied zwischen den beiden Problemen lässt sich auch bei einer endlichen Variante des Problems erkennen, und er hat mehr mit Geometrie als mit dem Abzählen von Unendlichkeiten zu tun.

Wenn wir den Kreisumfang in eine sehr große Anzahl gleicher Teilbögen unterteilen, die wir von 1 bis n durchnummerieren, und nun zwei Zahlen in diesem Bereich zufällig auswählen, können wir eine Sehne definieren, welche die Mittelpunkte dieser beiden Kreisbögen verbindet. Für sehr große Werte von n wäre diese Sehne in ungefähr $\frac{1}{3}$ aller Fälle kürzer als der Radius, denn dieses Auswahlverfahren entspricht näherungsweise der zufälligen Wahl eines Winkels, unter dem die Sehne vom Mittelpunkt aus gesehen wird. Wenn wir jedoch den anderen Weg gehen, können wir beispielsweise den Radius in kurze gleichförmige Abschnitte unterteilen und dann willkürlich einen dieser Abschnitte auswählen, der unsere Sehne definiert. Diese Sehne hat in ungefähr 13,4 % der Fälle eine Länge, die kürzer ist als der Radius. Ich überlasse es dem Leser, zu entscheiden, welche dieser beiden Alternativen (falls überhaupt eine) am ehesten dem physikalischen Experiment entspricht, bei dem lange dünne Nadeln zufällig auf einen Einheitskreis fallengelassen und die Längen der entsprechenden Sehnen gemessen werden.

9
Die komplexe Geschichte des Imaginären

Die Verwendung der Algebra ist kennzeichnend für die moderne Mathematik. Sieht man irgendwo ein x und y, weiß man, dass es hier um richtige Mathematik geht und nicht mehr nur um Arithmetik, also das reine Rechnen mit Zahlen. In der Schule werden mathematische Probleme, selbst solche in der Geometrie, meist auf Gleichungen reduziert, und ihre Lösung erfordert den Umgang mit algebraischen Symbolen nach den Regeln der Algebra, also den gewöhnlichen Rechenregeln, angewandt allerdings auf Symbole statt auf bestimmte Zahlen. Der häufige Gebrauch von Koordinatensystemen zur Behandlung räumlicher Probleme unterstreicht die Tendenz, alles so schnell wie möglich auf Gleichungen und später auf Zahlen zurückzuführen. Sogar der Satz des Pythagoras – die Summe der Quadrate über den kürzeren Seiten eines rechtwinkligen Dreiecks ist gleich dem Quadrat über der Hypotenuse – wird gewöhnlich in einer Gleichung zusammengefasst: $a^2 + b^2 = c^2$. Diese Art des Denkens war den Griechen in der Antike vollkommen fremd.[1]

Der Triumph der Algebra war überwältigend, ist aber auch nachvollziehbar. Damit die Mathematik in irgendeinem Sinn an-

---

[1] Es war Regiomontanus (1436–1476), der als erster Algebra und Geometrie in dieser Weise zusammenführte, um die Verfahren der arabischen Algebraiker anwenden zu können. Allerdings drückte er seine Methoden rein rhetorisch aus, ohne die Vorteile des algebraischen Formalismus auszunutzen. Seine Arbeit verschwand im Dunkeln, bis ungefähr ein Jahrhundert nach seinem Tod. Von ungefähr 1575 an hatte sie einen großen Einfluss, nachdem die lateinische Version seiner *Arithmetica* veröffentlicht wurde.

wendbar ist, müssen wir etwas damit anfangen können. In der Praxis bedeutet das fast immer die Entwicklung neuartiger Rechenverfahren, und dieser Imperativ zwingt seine Benutzer fast von selbst zu algebraischen Manipulationen der einen oder anderen Form und schließlich zu einem zahlenmäßigen Ergebnis. Uns erscheint das heute natürlich und unvermeidlich. Daher ist es vielleicht schwer zu verstehen, weshalb der Aufstieg der Algebra zunächst nur langsam und zögerlich in Gang kam.

Ein Grund ist sicherlich, dass die Menschen Angst vor der Mathematik haben, und damit meine ich nicht nur diejenigen, die sie als schwierig empfinden. Diese Furcht haben begnadete Mathematiker in ähnlicher Weise wie der eher durchschnittlich begabte Alltagsmensch. *Jeder* denkt auf seine Art über dieses Thema, hat, wenn man so will, die eigene Intuition, und die Möglichkeiten sind nur begrenzt. Sobald die Mathematik eine seltsame Wendung macht, ist oft die erste Reaktion, diese Straße zu meiden und auf sichere Pfade zurückzukehren, die eher unseren Denkgewohnheiten entsprechen. Es gibt unzählige Beispiele von erstklassigen Mathematikern, die einer guten mathematischen Richtung den Rücken kehrten, einfach weil ihnen der Anblick nicht gefiel.

Die Mühen vergangener Jahrhunderte haben uns gelehrt, offen gegenüber Neuem zu sein, und das hat sicherlich das moderne Bild geprägt. Doch es ist nie wirklich offensichtlich, welche Forschungsbereiche sich als fruchtbar erweisen werden, und hier kommt die persönliche Einstellung ins Spiel. Zum Beispiel kostete das in Kap. 1 erwähnte Projekt – die Klassifikation sämtlicher sogenannter einfacher sporadischer Gruppen – einen riesigen und nachhaltigen Aufwand, an dem weltweit viele Mathematiker über mehrere Jahre beteiligt waren. War das Problem diesen Einsatz an Energie Wert, oder hätten diese Leute ihr zweifelsfrei enormes Talent nicht lieber auf Gebiete lenken sollen, mit denen sich mehr anfangen lässt? Erst die Zukunft wird diese Frage entscheiden, doch nach meiner Meinung sollten wir auf das Urteil dieser Elite vertrauen und sie den sie faszinierenden Fragen nachgehen lassen.

Oft halten einflussreiche Personen Vorträge, in denen sie sich zur Zukunft ihres Gebiets äußern, und diese richtungsweisenden Einsichten können die Forschung in produktiver und einheitlicher Weise in Schwung bringen. Das herausragendste Beispiel in der Mathematik ist David Hilbert, der auf dem Mathematikerkongress in Paris im Jahre 1900 eine Liste von 23 Problemen aufstellte, denen sich die Mathematiker seiner Meinung nach widmen sollten. Ein früheres Beispiel ähnlicher Art war das *Erlanger Programm* von Felix Klein, das den Weg zur Erforschung von Invarianten in der Geometrie vorzeigte.

Jüngere Versuche, die Richtung der Mathematik zu beeinflussen, haben sich meist als weniger dauerhaft erwiesen, unter anderem auch, weil selbst herausragende Persönlichkeiten ihre Meinung heute überraschend schnell ändern. Außerdem können zunächst sehr hoffnungsvoll erscheinende Richtungen in tiefe Frustration führen. Ein Beispiel sind die Muster, die sich aus oft sehr einfachen Regeln entwickeln und erstaunlich komplexe Strukturen aufweisen. Computer und moderne Bildgebungsverfahren haben dazu beigetragen, dass sich Forscher auf diesen Gebieten engagierten. Sehen heißt glauben, und fantastische Bilder ziehen unsere Aufmerksamkeit auf sich, wie kaum etwas anderes. Eine angemessene mathematische Beschreibung dieser beobachteten Phänomene kann sich jedoch als außerordentlich schwierig erweisen. Niemand möchte Jahre damit verlieren, Regenbogen nachzujagen, doch gleichzeitig möchte kaum jemand einem wirklich interessanten Thema den Rücken kehren, wenn es den Anschein hat, dass der entscheidene Punkt in Reichweite liegt, aber bisher noch übersehen wurde.

Die Algebra und ihre Geschichte

Was hat das alles mit der Entwicklung der Algebra zu tun? Zunächst möchte ich ein wenig über die Natur und die Geschichte dieses Gebiets berichten.

Die Algebra entstand aus bestimmten Problemen, bei denen man eine Zahl, oder auch mehrere Zahlen, von zunächst unbekanntem Wert suchte.[2] Die meisten von uns begegnen Problemen dieser Art irgendwann in der Schule. Gilbert und Sullivan beschreiben ihr Ideal eines modernen Majors mit den prahlerischen Worten: „Er kannte sich mit mathematischen Angelegenheiten sehr gut aus und verstand auch Gleichungen, sowohl einfache als auch quadratische." Unter einer einfachen Gleichung verstand man damals oft eine *lineare Gleichung*, d. h. eine Gleichung, deren Graph eine gerade Linie darstellt. Ein Beispiel einer solchen Gleichung ist die Umrechungsformel von Grad Celsius in Fahrenheit: $F = 1{,}8C + 32$. Probleme mit solchen linearen Beziehungen, bei denen die eine Größe mit der anderen über einen Skalafaktor (in diesem Fall 1,8) und eine Verschiebung (hier 32) in Zusammenhang steht, sind in der Tat ziemlich einfach. Wollen wir beispielsweise die Temperatur bestimmen, bei der die beiden Skalen übereinstimmen, setzen wir einfach $C = F$. Aus unserer Umrechnungsformel wird dann $C = 1{,}8C + 32$ bzw. $0{,}8C = -32$, also $C = -40$: Eine Temperatur von $-40°$ ist der einzige Wert, bei dem die beiden Skalen übereinstimmen.

Trotzdem können sogar lineare Beziehungen bei Personen zu Verwirrung führen, die es eigentlich besser wissen sollten. Beispielsweise sollte man sich des Unterschieds bewusst sein, ob man

---

[2] Eine erstaunliche Einsicht des persischen Dichters und Mathematikers Omar Khayyam (ungefähr 1100 n. Chr.) soll nicht unerwähnt bleiben: „Wer auch immer denkt, die Algebra sei ein Trick zur Bestimmung von Unbekannten, denkt vergeblich. Man sollte dem Unterschied im Erscheinungsbild von Algebra und Geometrie keine Bedeutung beimessen: Algebren sind geometrische Tatsachen, die bewiesen sind."

sagt: eine *Differenz* von 100 °C ist gleich einer *Differenz* von 180° Fahrenheit (was richtig ist); oder ob man sagt: 100 °C ist dieselbe Temperatur wie 180° Fahrenheit (was falsch ist – der entsprechende Wert ausgedrückt in Fahrenheit ist 212°, wie die Umrechnungsformel sofort zeigt). Genau dieser Punkt wurde in einer sehr bekannten Zeitung in einem Artikel zur globalen Erwärmung übersehen. Es hieß dort, dass wir in den kommenden Jahren mit einem Anstieg der mittleren Temperatur um 0,4 °C rechnen müssen, und für Leser, die lieber in Fahrenheit rechnen, wurde dieser Anstieg mit 32,7 °F angegeben! Der angegebene Unterschied in Grad Celsius ist zu klein, als dass man ihn gefühlsmäßig wahrnehmen würde, doch ein allgemeiner Anstieg um 32,7 °F würde das Polareis schmelzen lassen und die meisten Lebensformen auf unserem Planeten zerstören! Um solche Schnitzer zu vermeiden, wären Zeitungen gut beraten, ein paar Leute einzustellen, die etwas von Mathematik verstehen, denn ein solcher fundamentaler Fehler in einem wissenschaftlichen Artikel ist doch recht peinlich.

Um die Sache richtig zu stellen: Ein Anstieg von 0,4 °C ist dasselbe wie ein Anstieg von $0,4 \cdot 1,8 = 0,72$ °F. Der Autor des Artikels hatte die 0,4 als einen *Wert* auf der Celsius-Skala interpretiert und nicht als einen Zuwachs. Diesen Wert hat er nach der obigen Formel in die Fahrenheit-Skala umgerechnet und kam so auf die Zahl 32,7.

Gelegentlich findet man sogar noch einfachere Fehler: Kürzlich las ich von einem neu entdeckten Planeten, der vom Hubble-Teleskop fotografiert worden war und dessen Abstand von der Erde mit 3 100 Billionen Lichtjahren angegeben wurde. Es scheint, der Herausgeber war der Meinung, für die Astronomie sei kein Abstand zu groß, doch man sollte nicht einfach riesige Zahlen hinschreiben, ohne kurz zu reflektieren, ob diese Zahlen überhaupt sinnvoll sind. Das gesamte Universum hat nicht diese Größe – es gibt nichts, dessen Abstand vom Sonnensystem in sinnvoller Weise mit 3 100 Billionen Lichtjahren angegeben werden könnte.

Die Erklärung ist wiederum sehr einfach. Das fragliche Sternensystem hat einen Abstand von rund 500 Lichtjahren (was innerhalb unserer Milchstraße unserer näheren Umgebung entspricht), und diese Zahl wurde in Meilen umgerechnet, ohne jedoch die Einheiten zu ändern.

Vielleicht sollte ich nicht so kritisch sein, denn es gibt viele Probleme, bei denen nur einfache lineare Beziehungen zwischen zwei Größen auftreten, und die doch ziemlich knifflig sind. Mein persönlicher Favorit ist das *Fähren-Problem* von Sam Lloyd. Es stammt aus einer Sammlung mathematischer Rätsel des amerikanischen Schriftstellers Sam Lloyd, der im 19. Jahrhunderts lebte.

Zwei Fähren starten gleichzeitig von entgegengesetzten Ufern eines Flusses mit konstanten, aber verschiedenen Geschwindigkeiten. Sie begegnen sich das erste Mal 720 Meter von einem Ufer entfernt. Beide haben eine zehnminütige Haltezeit, währenddessen die Passagiere aussteigen und neue an Bord kommen können, bevor sie die Rückreise antreten. Bei ihrer Rückfahrt treffen sie sich wieder, diesmal 400 Meter vom anderen Ufer entfernt. Die Frage lautet, wie breit ist der Fluss?

Man möchte vielleicht hoffnungsvoll beginnen: „Sei w die Breite des Flusses". Wir möchten w gerne finden, doch irgendwie handelt es sich um eine seltsame Information. Die zusätzliche Problematik bezüglich der Wartezeiten scheint nicht gerade zu helfen. Erscheint ein Problem zunächst zu kompliziert, hilft es oft, zunächst eine einfachere Frage zu lösen, bei der die zusätzlichen Probleme ausgeblendet werden. Haben wir dies gelöst, ist das schon ein großer Fortschritt, und wir können hoffen, später das gesamte Problem angehen zu können. Also vergessen wir für einen Augenblick die Wartezeit bzw. nehmen wir an, sie sei null, sodass jedes Boot sofort wieder umkehrt, nachdem es das gegenüberliegende Ufer erreicht hat. Dabei behält es seine Geschwindigkeit die ganze Zeit bei.

Wenn sich die Boote das erste Mal treffen, hat eines von ihnen 720 Meter zurückgelegt. Wenn sie sich das nächste Mal treffen, hat dasselbe Boot die volle Breite des Flusses plus 400 Meter zurückgelegt, also eine Strecke von $w + 400$. Wie hängen diese beiden Strecken zusammen?

Bei diesem Problem ist es sinnvoll, die Strecken zu betrachten, die beide Boote *zusammen* zurückgelegt haben. Wenn sich beide Boote das erste Mal treffen, ist diese Gesamtstrecke w, denn beide haben zusammen die Breite des Flusses einmal durchquert. Wenn sie sich das zweite Mal treffen, hat jedes den Fluss einmal überquert, das ergibt einen Beitrag von $2w$, und außerdem haben sie zusammen den Fluss nochmals ganz überquert. Insgesamt ist die zurückgelegte Strecke der beiden Boote dann also $3w$. Da sich beide Boote mit konstanter Geschwindigkeit bewegen, gilt diese Beobachtung auch für beide Boote getrennt: *Wenn sie sich das zweite Mal treffen, hat jedes Boot eine Strecke zurückgelegt, die dreimal so lang ist wie die Strecke, die es beim ersten Treffen zurückgelegt hatte.* Damit haben wir die Antwort zu der Frage, die wir am Ende des letzten Absatzes gestellt hatten: $w + 400 = 3 \cdot 720 = 2160$, und somit ist $w = 2160 - 400 = 1760$ Meter.

Doch was ist mit der zehnminütigen Pause, die wir geflissentlich vergessen haben? Ein Blick auf die Lösung zeigt, dass der kurze Aufenthalt der Fähren lediglich eine Ablenkung war, denn die wesentliche, in kursiv geschriebene Aussage, bleibt auch gültig, wenn beide Boote eine gleichlange Pause einlegen. Wenn die Fähren sich das zweite Mal treffen, haben sie im Vergleich zum ersten Treffen die dreifache Strecke zurückgelegt. Diese Schlussfolgerung bleibt richtig, unabhängig von der Länge der Pause, sofern diese für beide Fähren gleich lang ist.

Die Gleichung für die unbekannte Größe w war tatsächlich ziemlich einfach, doch das Argument, das zu dieser Gleichung führte, war recht knifflig.

Schon vor rund 4000 Jahren in Mesopotamien hatten die Babylonier offenbar ihren Spaß an den teilweise eleganten Verfahren zur Lösung von Problemen, ähnlich den Rätseln von Sam Lloyd, obwohl manche davon vermutlich von geringem praktischen Wert waren. Die Art solcher Rätsel hat sich bis heute kaum verändert: Der Aufgabensteller versetzt den Leser zunächst in eine vertraute Situation, typischerweise ein Tauschgeschäft auf dem Markt oder die Vermessung eines Feldes, und dann formuliert er eine Frage, die oftmals extrem künstlich erscheint. Natürlich ist weder die Frage noch die Antwort das Wichtige, sondern es geht um das Auffinden des Lösungwegs. Die Mathematik vergisst oftmals sehr rasch die Anwendungen. Die Verpackung eines mathematischen Prinzips in eine leicht verständliche Aufgabenstellung zum Zweck der Vermittlung ist eine Kunst für sich.

Der Gipfel der Künste einfacher Algebra ist die quadratische Gleichung, eine Gleichung, bei der die unbekannte Größe x in der quadratischen Form x^2 auftritt. Die Mesopotamier hatten an solchen Problemen ihre Freude, allerdings erachteten sie nur positive Lösungen als sinnvoll.[3] In viele Fällen sind die Abmessungen eines Rechtecks gesucht, von dem die Fläche und der Umfang gegeben sind. Sei beispielsweise die Fläche gleich 36 Quadrateinheiten und der Umfang gleich 30 Einheiten. Heute würden wir das Problem so angehen, dass wir die Seiten des Rechtecks durch die noch nicht bekannten Längen x und y bezeichnen und die gegebene Information durch zwei Gleichungen ausdrücken. Dann substituiert man eine der Gleichungen in die andere und erhält eine quadratische Gleichung, beispielsweise in x. Im vorliegenden Fall wäre die Lösung ein Rechteck mit den Seitenlängen 12 und 3.[4] Die mesopotamischen Schreiber kann-

---

[3] Zum ersten Mal taucht eine einzelne negative Zahl in einer Gleichung in dem Werk *Triparty en la science des nombres* von Nicolas Chuquet um 1500 auf: 4^1 egaulx a $\overline{m.2.}^{\,0}$ – d. h. $4x = -2$.

[4] Die Gleichungen sind $x + y = 15$ und $xy = 36$. Wir ersetzen in der zweiten Gleichung y durch $15 - x$ und erhalten $x^2 - 15x + 36 = (x - 3)(x - 12) = 0$,

ten noch keine algebraische Schreibweise, und daher bezogen sich ihre Lösungen immer auf das konkrete Problem. Der Lösungsweg bestand in einer Liste von Instruktionen, ähnlich wie bei den Aufgaben „Rate die Zahl" aus Kap. 3. „Mache dies, und es funktioniert" wurde dem Schüler vermittelt. Sie konnten allerdings nicht klar erklären, worin „dies" bestand. Ein einzelnes Beispiel reichte zur Beschreibung des allgemeinen Verfahrens nicht aus, und somit stellten – und lösten – sie eine lange Liste gleichartiger Probleme, bis der Leser begriff, was er zu tun hatte.

Man kann sich gut vorstellen, wie ein Schüler frustriert nach einer Erklärung für die Lösungsschritte fragt, denn die Beschreibung scheint die jeweiligen Zahlen aus dem Nichts zu holen. In der Praxis benötigten die Schüler einen Lehrer, der ihnen den Weg wies. Die grundlegende Idee war jedoch richtig – die Babylonier lösten ihre quadratischen Gleichungen mit einem Verfahren, das wir heute *quadratische Ergänzung* nennen. Der Name geht auf eine geometrische Interpretation zurück, die wir in den *Elementen* von Euklid finden. Sie ist die Grundlage für die heutigen quadratischen Gleichungen, bei denen es sich um das komplizierteste Stück Algebra handelt, das man als Schüler auswendig können sollte.

Ein Problem, dessen Lösung sich auf eine lineare Gleichung zurückführen lässt, kann von jeder intelligenten Person ohne besondere mathematische Bildung gelöst werden, rein durch intuitives logisches Schlussfolgern. Die Person bräuchte vielleicht eine gute Kombinationsgabe, und sie könnte möglicherweise auch nicht erklären, wie sie zu der Antwort gekommen ist, aber das Problem wäre grundsätzlich lösbar. Demgegenüber gibt es keine andere Möglichkeit, eine allgemeine quadratische Gleichung zu lösen, außer dass man irgendwie von der Technik der quadratischen Ergänzung Gebrauch macht, und man kann nicht

---

also $x = 3$ und $y = 12$, bzw., was demselben Rechteck entspricht, $x = 12$ und $y = 3$.

davon ausgehen, dass jemand von sich aus auf dieses Verfahren kommt. Es handelt sich um das erste Stück richtig schwieriger Algebra. Die bekannte Lösungsformel beruht auf diesem Verfahren, und auch wenn man als Benutzer die Antworten ohne Kenntnis der zugrundeliegenden algebraischen Technik erhalten kann, steht sie doch im Hintergrund. Aufgrund dieser Bescheidenheit bekommt die Mathematik (ebenso wie die Mathematiker) nicht immer ihren verdienten Lohn. Ein Großteil der Mathematik steckt in der alltäglichen Software und arbeitet hinter den Kulissen für das allgemeine Wohl.

Die Lösung der kubischen Gleichung

In der ersten Hälfte des 16. Jahrhunderts wurden von verschiedenen französischen, deutschen und italienischen Mathematikern erste vorsichtige Schritte in Richtung einer modernen Arithmetik und Algebra unternommen. Beispielsweise erkennt man bei dem deutschen Michael Stifel (1487–1567) zu Beginn des 16. Jahrhunderts bereits eine vertiefte Einsicht in die Arithmetik der negativen ganzen Zahlen, obwohl er sie immer noch als „numeri absurdi" bezeichnet. Er gibt zwar zu, dass diese Zahlen bei formalen Manipulationen sehr nützlich sein können, aber er gesteht ihnen kein eigenes Existenzrecht zu. Trotz dieser ermutigenden Anzeichen war die quadratische Gleichung, die schon seit nahezu 4000 Jahren verstanden war, immer noch das schwierigste Problem, das man handhaben konnte. Insbesondere galten die kubischen und quartischen Gleichungen, bei denen die Unbekannte in der dritten bzw. vierten Potenz auftritt, als unzugänglich. Tatsächlich hatte im frühen 12. Jahrhundert Omar Khayyam die Ansicht vertreten, dass kubische Gleichungen algebraisch unlösbar seien und sich ihre Lösungen nur geometrisch als Schnittpunkte bestimmter Kurven darstellen lassen.

Diese pessimistische Einstellung änderte sich in dem Augenblick, als die Lösungen sowohl der kubischen als auch der quartischen Gleichungen in dem berühmten Buch *Ars magna* von Gerolamo Cardano veröffentlicht wurden. Dieser plötzliche und unerwartete Erkenntnissprung hatte einen derart großen psychologischen Einfluss, dass das Jahr 1545 oft als der Beginn der Neuzeit bezeichnet wird: die Entdeckung der Neuen Welt der Mathematik.

Cardano hatte diese Verfahren gar nicht selbst entdeckt, wie er auch freizügig zugibt. Die Substitutionsvorschriften, mit denen sich jede Gleichung vierten Grades auf eine kubische Gleichung zurückführen lässt, stammten von Ludovico Ferrari (1522–1565), einem ergebenen Studenten Cardanos.[5] Die ersten Verfahren, die sich zumindest auf einige Arten von kubischen Gleichungen anwenden ließen, gehen auf Scipione del Ferro (ca. 1465–1526) zurück, einem Mathematikprofessor an der Universität von Bologna, der ältesten europäischen Universität. Wir wissen über ihn nur wenig, außer dass er das Geheimnis seiner Methode Antonio Maria Fior, einem ihm nahestehenden Studenten, vermachte.[6]

Die beiden eigentlichen Gegenspieler in diesem Prioritätenstreit sind jedoch Cardano selbst und Niccolò Tartaglia (1500–1557). Nach langem Briefwechsel hatte Tartaglia widerstrebend sein Verfahren zur Lösung einer beliebigen kubischen Gleichung Cardano mitgeteilt. Dies war in einem spöttischen Vers erfolgt, wobei er gleichzeitig von seinem Briefpartner einen heiligen

---

[5] Cardano machte für sich zumindest einen väterlichen Einfluss geltend, indem er schrieb, dieses Verfahren „stammt von Luigi Ferrari, der es auf meinen Wunsch hin entwickelte".

[6] Die Arbeiten von del Ferro wurden erst im Jahre 1923 in der Bibliothek der Universität von Bologna von Ettore Bortolotti wiederentdeckt. Als das Jahr seiner Entdeckung wird heute 1515 angegeben, rund zehn Jahre später als ältere Datierungen.

Schwur verlangte, diese geheime Methode nie zu veröffentlichen. In jenen Tagen war es üblich, seinen guten Ruf durch den Nachweis überlegener Kenntnisse unter Beweis zu stellen, ohne jedoch seine Geheimnisse Preis zu geben.[7] Ein führender Wissenschaftler oder Arzt hatte immer noch die Aura eines Hohenpriesters. Tartaglia weigerte sich starrköpfig, seine Kenntnisse über die kubischen Gleichungen zu veröffentlichen, offenbar weil er glaubte, so im Vorteil zu sein. Trotzdem lässt sich seine Zurückhaltung in dieser Hinsicht nur schwer nachvollziehen, und schließlich verlor Cardano die Geduld und veröffentlichte, was er hatte. Die Beziehung zwischen Tartaglia und Cardano, die immer schon auf wackligen Füßen gestanden hatte, konnte sich von diesem Verrat nie erholen.

Man sollte allerdings hinzufügen, dass auch Tartaglia keine ganz reine Weste hatte, denn für manche seiner früheren Arbeiten auf anderen Gebieten forderte er eine Anerkennung, die ihm nicht zustand. Tatsächlich ist es möglich, dass er die Idee zur Lösung der kubischen Gleichungen aus anderen Quellen hatte. Zumindest ist denkbar, dass ihm Gerüchte über die algebraische Lösbarkeit der kubischen Gleichungen zu Ohren gekommen sind.

Vor nicht allzu langer Zeit haben Mathematikhistoriker das Verhalten von Cardano noch scharf kritisiert. Vielleicht hat ein Schwur nicht mehr dieselbe Bedeutung wie früher, jedenfalls sind die heutigen Einschätzungen dieser Charaktere weniger vernichtend, und die Einstellungen ihnen gegenüber wurden differenzierter. Schaut man sich ihre Arbeiten an, so erscheint der Charakter Cardanos angenehmer als der von Tartaglia, was heute etwas mehr zählt als früher. Mit Sicherheit hat Cardano der Welt

---

[7] Fior forderte im Jahre 1535 Tartaglia öffentlich zu einem mathematischen Wettstreit heraus, wobei es um kubische Gleichungen ging, wurde jedoch von dem überlegenen Mathematiker gedemütigt. Manch einer setzt die Schere an und kommt selbst geschoren nach Hause.

der Mathematik einen Gefallen getan, indem er diese Verfahren veröffentlichte. Scipione del Ferro, über den wir am wenigsten wissen, findet heute für seine Pionierarbeiten die meiste Anerkennung.

Alle Personen in diesem Drama waren schwierige Charaktere mit großen persönlichen Problemen. Tartaglias wirklicher Name war Fontana. Der Name, unter dem man ihn kennt, bedeutet soviel wie „Stotterer". Dieses Leiden hatte er, seit er als Kind bei der Eroberung von Brescia durch die Franzosen im Jahre 1512 einen Säbelhieb abbekommen hatte. Ferrari war ein feuriger Hitzkopf, der bei einem Kampf einige Finger verloren hatte und vermutlich von seiner Schwester umgebracht wurde, weil sie das wenige Geld erben wollte, das er verdient hatte. Cardano selbst war ein uneheliches Kind, das nur aufgrund einer fehlgeschlagenen Abtreibung zur Welt gekommen war. Es gelang ihm schließlich ein begehrter Arzt zu werden, der unter anderem den Erzbischof von St. Andrews in Schottland erfolgreich behandelt hatte. (Leider lebte sein Patient nur, um später gehängt zu werden.) Er schrieb Hunderte von Büchern über alle möglichen Themen, und einige davon verschafften ihm auch viele Feinde, wie beispielsweise ein Buch über die damals üblichen und verbreiteten unlauteren medizinischen Praktiken. Er lebte in einem Haus voller Tiere, die er liebte, zusammen mit seinen schwierigen Kindern.

Der Leser wird nun vermutlich glauben, Cardano habe eine Formel veröffentlicht, ähnlich wie die Lösungsformel für die quadratische Gleichung, allerdings etwas komplizierter, mit der sich kubische Gleichungen lösen lassen. Diese Beschreibung entspricht jedoch kaum den Tatsachen. Zunächst muss man berücksichtigen, dass es die moderne algebraische Notation noch nicht gab, und somit musste das Verfahren größtenteils in Worten beschrieben werden.[8] Selbst die heute verbreitete Sitte, die

---

[8] Das Wort *Algebra* leitet sich von dem Buchtitel *Al-jabr wa'l muqabalah* ab, das von al-Khawarizmi stammt. Sein Name findet sich in unserem Wort *Algorithmus*

Unbekannte durch ein einzelnes Symbol, x oder a oder was auch immer, auszudrücken, gab es damals noch nicht. Tatsächlich gab es noch nicht einmal ein angemessenes Wort für dieses Objekt. Die Unbekannte wurde immer nur einfach als *cosa* bezeichnet, das italienische Wort für „Ding". Aus diesem Grund bezeichnete man in England auch die Algebra zu Beginn als *Cossick Art*. Alles wurde in Worten beschrieben, sodass Tartaglias Gedicht über die kubische Gleichung, das er Cardano geschrieben hatte, nicht unbedingt als exzentrisch angesehen wurde.

Es war jedoch nicht nur die Sprache, die die Angelegenheit so umständlich machte. Durch den freien Umgang mit negativen Zahlen können wir jede kubische Gleichung in eine Standardform bringen, und bei Bedarf können wir diesen allgemeinen Ausdruck auch in gewöhnlicher Sprache beschreiben. Im 16. Jahrhundert ging man jedoch immer davon aus, dass die Koeffizienten der Unbekannten (die „das Ding" multiplizieren) positiv sein müssen. Dementsprechend musste man sehr viele Fälle unterscheiden, je nachdem, welcher der Terme auf der linken und welcher auf der rechten Seite der Gleichung stand. Jeder Fall musste im alten Stil durch ein eigenes Beispiel erläutert werden. Dieses Beispiel wiederum stand für die ganze zugehörige Klasse an Fällen. Beispielsweise schrieb Cardano: „Es sei der Kubus [das Volumen eines Würfels] plus sechs mal die Seite[nlänge] gleich 20". In moderner Schreibweise fragt er uns nach der Lösung der Gleichung $x^3 + 6x = 20$. Cardanos Rezept zur Lösung war gleichzeitig die Vorlage für jede Gleichung dieser Form, bei der „Kubus plus Ding gleich einer Zahl" ist. Andererseits galt die Gleichung $x^3 = 6x + 20$ als von anderer Natur, und die Vorgabe des Lösungswegs stand an anderer Stelle.

Cardano lehnte die negativen Zahlen nicht grundsätzlich ab, sah aber in ihnen doch etwas Fiktives. Es galt als selbstverständ-

---

wieder, womit eine mechanische Liste von Instruktionen gemeint ist. Trotzdem gab es in den klassischen arabischen Werken keine algebraische Schreibweise.

lich, dass nur positive Lösungen von Interesse waren, und falls tatsächlich im Verlauf der Rechnungen einmal negative Zahlen auftauchten, bezeichnete man sie als „numeri ficti". Auch in der heutigen Mathematik kommt es häufig vor, dass man sich auf Lösungen von einem ganz bestimmten Typ beschränkt. In einem solchen Fall spricht man manchmal von einem *diophantischen* Problem, benannt nach Diophantus, der im dritten Jahrhundert sehr geschickte Lösungswege zum Auffinden rationaler Lösungen eines Problems aus den Lösungen anderer Probleme angegeben hat. Außerdem sind bei vielen mathematischen Anwendungen tatsächlich nur die positiven Lösungen von Bedeutung, d. h., der Raum der möglichen Lösungen wird durch den Kontext eingeschränkt, obwohl man aus mathematischen Gründen in einem größeren Raum rechnet, nur um nachher die möglicherweise auftretenden *fremdartigen* Lösungen unberücksichtigt zu lassen.

Das war jedoch noch nicht alles, denn für die Mathematiker des 16. Jahrhunderts schienen bei den vielen Formen von kubischen Gleichungen, die sie unterschieden, auch sehr unterschiedliche Arten von Lösungen aufzutreten, von denen einige sehr verwirrend waren. Zur Verdeutlichung dieses Problems lohnt es sich, nochmals die verschiedenen Lösungstypen bei quadratischen Gleichungen zu betrachten.

Die Gleichung $x^2 - 3x + 2 = 0$ besitzt zwei Lösungen, nämlich die ganzen Zahlen 1 und 2, wie sich leicht überprüfen lässt. Allgemein besitzt eine quadratische Gleichung höchstens zwei Lösungen, wie man an der berühmten Lösungsformel erkennen kann.* Veranschaulichen kann man sich das an dem Graphen von $y = x^2 - 3x + 2$ (siehe Abb. 9.1(a)). Die Lösungen der obigen Gleichung entsprechen den Punkten, an denen die Kurve die x-Achse schneidet, denn sie gehören zu den Werten, bei denen $y = 0$ ist, also die Gleichung gelöst wird. Einige Gleichungen, wie zum Beispiel $x^2 - 2x + 1 = 0$, haben nur eine Lösung, in diesem Fall die Zahl 1 (siehe Abb. 9.1(b)). In dem zugehörigen Graph berührt die Kurve die x-Achse gerade in einem

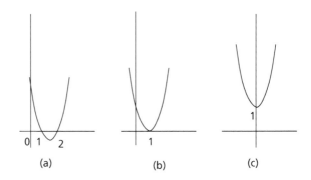

Abb. 9.1 Die Graphen zu drei quadratischen Kurven

Punkt. Andere quadratische Gleichungen, wie $x^2 + 1 = 0$, haben keine reellen Lösungen, und es scheint auch keine zu geben, denn der entsprechende Graph verläuft oberhalb der x-Achse (siehe Abb. 9.1(c)).

Worin äußert sich dieses unterschiedliche Verhalten in der Lösungsformel für quadratische Gleichungen? Im ersten Fall ergibt die Formel die beiden Lösungen in der Form $x = (3 \pm \sqrt{1})/2$: Für das Pluszeichen erhalten wir die Lösung 2 und für das Minuszeichen die Lösung 1. Im zweiten Fall liefert uns diese Gleichung $x = (2 \pm \sqrt{0})/2$, und es ist egal, ob wir das Plus- oder das Minuszeichen nehmen, die Antwort ist die gleiche. Die einzige Lösung ist die Zahl 1. Wenn wir jedoch darauf bestehen, diese Formel auch auf den dritten Fall anzuwenden, bei dem es offenbar gar keine Lösung gibt, erhalten wir als Antwort $x = \pm\sqrt{-1}$. Da es keine Quadratwurzel aus -1 gibt, ist das Ergebnis etwas verwirrend. Wir können es jedoch einfach ignorieren, denn die Formel scheint insofern gut zu funktionieren, als sie uns alle reellen Lösungen der quadratischen Gleichung liefert, einschließlich der negativen. Es hat den Anschein, als ob die Ergebnisse der Lösungsformel bedeutungslos sind, wenn wir sie außerhalb ihres Gültigkeitsbereichs anwenden. Da es in diesem Fall keine Lösungen gibt, wird das kaum überraschen. Trotzdem ist es eigenartig, dass die Mathematik uns eine Antwort zu suggerieren versucht, obwohl wir wissen, dass es eine solche Antwort nicht gibt. An dieser Stelle haben wir jedoch noch keinen Grund, der Sache genauer nachzugehen. Die Lösungsformel dient dem Zweck, sämtliche Lösungen einer gegebenen quadratischen Gleichung zu finden, und diese Aufgabe erledigt sie vorzüglich.

Wie Cardano und seine Zeitgenossen jedoch herausgefunden hatten, erscheinen die Quadratwurzeln von negativen Zahlen bei der kubischen Gleichung in einer viel eindrücklicheren Weise, die sich nur schwer beiseite schieben lässt. Bei der quadratischen Gleichung führt das herkömmliche Verfahren nur dann auf die Zahl i, das ist das Symbol für $\sqrt{-1}$, wenn es keine andere reelle Lösung – positiv, negativ oder null – gibt. Cardano entdeckte jedoch, dass sein Verfahren manchmal auf eine Lösungsformel führte, in der ein i auftauchte, *selbst wenn er wusste, dass die Lösung eine gewöhnliche positive ganze Zahl ist*. Betrachten wir als Beispiel eine Gleichung, die wir in der Form $x^3 = 15x + 4$ schreiben. Diese Gleichung hat nur eine positive Lösung, und zwar die Zahl 4. Cardano erkannte, dass eine Gleichung dieser Art, bei der alle Ausdrücke auf der einen Seite eine höhere Potenz haben als diejenigen auf der anderen, immer nur eine positive Lösung hat. Der Ausdruck, den sein Verfahren für die Unbekannte in diesem Fall lieferte, enthielt jedoch immer die Quadratwurzel aus negativen Zahlen. Noch allgemeiner erkannte er auch den *irreduziblen Fall*, bei dem die gegebene Gleichung drei reelle Lösungen hat, als problematisch, denn sein Verfahren lieferte lediglich einen komplizierten Ausdruck, bei dem Quadratwurzeln aus negativen Zahlen auftraten. Für die meisten Anwendungen war diese Form nutzlos.[*9]

---

[9] Rafael Bombelli (ca. 1526–1573) übernahm die Ausdrücke von Cardano, und mithilfe von etwas, das er komplex konjugierte Zahlen nannte, konnte er zei-

Es ist schon erstaunlich, wie eine derart bedeutende mathematische Entdeckung in so vielen Fällen auf eine falsche Fährte führte. Die Entdeckung war wichtig, doch nicht aus den Gründen, die man zunächst erwarten würde, denn für praktische Berechnungen wurde das Verfahren sicherlich nicht angewandt. Tatsächlich hatte al-Kashi von Samarkand schon ein Jahrhundert zuvor Methoden entwickelt, mit denen man kubische Gleichungen in angemessener Weise lösen konnte.[10] Kubische Gleichungen treten tatsächlich in der Praxis auf, und sie lassen sich mit numerischen Verfahren wie dem Horner-Schema lösen. Ausgehend von einer geeigneten Anfangsvermutung für die Lösung erhält man schrittweise immer bessere Näherungen, indem man das jeweils letzte Ergebnis als Ausgangspunkt für den nächsten Schritt verwendet. Beispielsweise beschreibt die Barker-Gleichung eine Beziehung zwischen Zeit und Winkel bei einem Mondflug, und dabei handelt es sich um eine kubische Gleichung in t, dem Tangens des halben Winkels, der die Flugrichtung angibt. Diese Gleichung ist sehr problematisch, denn es treten winzige Differenzen von sehr großen Zahlen auf. Aus diesem Grund musste man im Rahmen des amerikanischen Apollo-Programms auch besondere mathematische Verfahren entwickeln, damit die einfachen Computer von 1969 das Ergebnis nicht aufgrund einer Akkumulation von Rundungsfehlern falsch bestimmten.

---

gen, dass die formalen Ausdrücke von Cardano tatsächlich mit den bekannten Wurzeln der Gleichungen übereinstimmten. Damit er seine Manipulationen durchführen konnte, musste er diese Wurzeln allerdings schon kennen: Jeder Versuch, die Wurzeln algebraisch bestimmen zu wollen, führte in diesem Fall immer wieder auf dieselbe Gleichung, mit der man auch schon begonnen hatte.
[10] Das iterative Verfahren von al-Kashi, das heute als *Horner-Schema* bekannt ist, gelangte nach Samarkand vermutlich von China, wo die Technik *fan fa* genannt wurde und auf den Mathematiker Chu Shih-chieh aus dem 13. Jahrhundert zurückging.

Noch schlimmer ist, wie wir gesehen haben, dass selbst bei einer ganzzahligen Lösung die Formel von Cardano diese in versteckter Form darstellt. Falls die Gleichung mindestens eine rationale Lösung hat, gibt es einfache Verfahren, mit denen man sämtliche Lösungen der Gleichung erhält.* Die heutigen Mathematikstudenten lernen meist diese Verfahren und nicht den Lösungsweg von Cardano.

Es war jedoch der theoretische Fortschritt, der die Fantasie der damaligen Mathematiker beflügelte. Doch selbst hier führte die vorgegebene neue Richtung in eine Sackgasse. Ferrari hatte zeigen können, wie man durch geschickte Substitutionen eine quartische Gleichung auf eine kubische Gleichung zurückführen kann. Damit lag es nahe zu vermuten, dass man mit einer Erweiterung dieses Verfahrens auch eine *quintische* Gleichung lösen kann, also wenn die Gleichung die Unbekannte auch mit der fünften Potenz enthält. Man vermutete, mit einem ähnlichen Trick ein solches Problem auf eine Gleichung vierten Grades zurückführen zu können, das man dann weiter reduzieren und schließlich lösen kann. In einem nächsten Schritt würde man erwarten, dass sich jede polynomiale Gleichung auf eine Gleichung zurückführen lässt, deren Grad um eins kleiner ist, also sollte man im Prinzip jede Gleichung vom n-ten Grad durch algebraische Ausdrücke mit Wurzeln bis zur n-ten Ordnung lösen können. Diese naheliegende Hoffnung hielt sich noch für einige Jahrhunderte, erwies sich letztlich aber als falsch. Im Allgemeinen lassen sich Gleichungen von einem höheren Grad als vier nicht mehr auf diese Weise lösen. Diese Tatsache konnte erst im frühen 19. Jahrhundert bewiesen werden.[11] Das vielleicht wich-

---

[11] Das norwegische Genie Neils Abel (1802–1829) bewies diese Tatsache mit 19 Jahren. Übertrumpft wurde sein Verfahren schließlich von jemandem, der sogar noch jünger starb: Evariste Galois (1811–1832). Die Galois-Theorie wurde zu einem der Eckpfeiler der modernen Algebra. Der erste ernsthafte Versuch, die Unlösbarkeit der quintischen Gleichung zu beweisen, wurde 1799 von Paolo Ruffini (1785–1822) veröffentlicht.

tigste Erbe aus der Lösung der kubischen Gleichungen war das unerwartete Auftauchen der *imaginären Zahl* i in der Welt der Mathematik.

10

Vom Imaginären zum Komplexen

Die zweite Hälfte des 16. Jahrhunderts ist durch einen raschen und deutlichen Aufschwung der Mathematik gekennzeichnet. Ungefähr zu dieser Zeit kam die Entwicklung der modernen Disziplin Mathematik in vollen Gang. Die Wissenschaftler suchten und sicherten den Fortschritt an vielen Fronten, und dieser Prozess hält bis auf den heutigen Tag an. Neben dem allgemeinen Gebrauch der Dezimalzahlen stammen aus dieser Zeit auch die ersten Ansätze zur Verwendung von Logarithmen durch Scot John Napier (1550–1617). Hierbei handelt es sich um ein praktisches Hilfsmittel, das noch bis vor 25 Jahren in den Wissenschaften in Gebrauch war. Logarithmen nutzen die Potenzgesetze, um komplizierte Multiplikationen und Divisionen in einfachere Additionen und Subtraktionen umzuwandeln, und der Rechenschieber setzt dies physikalisch um. Heute erscheinen sie wunderlich und überholt, doch im 17. Jahrhundert halfen Logarithmentafeln den Astronomen, die Umlaufbahn des Mondes zu berechnen, und im Jahr 1969 ermöglichten sie es sogar einem Menschen, auf dem Mond herumzulaufen.

Napier verfolgte seine Idee mit Eifer, nachdem er von den Berechnungen des dänischen Astonomen Tycho Brahe (1546–1601) gehört hatte. Die Dänische Schule (äußere Umstände hatten sie nach Prag verschlagen) verwendete das Verfahren der *Prosthaphäresis*, bei dem mithilfe trigonometrischer Gleichungen die Multiplikation in eine Summation umgewandelt wird. Das Verfahren geht auf die arabischen Astronomen des 11. Jahrhunderts zurück, hatte anscheinend aber rund fünfhundert Jahre gebraucht, bis es in Europa bekannt wurde.[1]

Mit den komplizierteren Rechenverfahren entstand auch die Algebra. Hier haben wir dem Franzosen François Viète (1540–1603) viel zu verdanken, der die Algebra von den geometrischen Verfahren entkoppelte, indem er algebraische Unbekannte einführte, die nach den Regeln der Arithmetik in vergleichsweise moderner Form manipuliert werden können. Viètes Algebra verwendete allerdings noch nicht die moderne Schreibweise: Beispielsweise schrieb er statt A^3 „A Kubus".

Die Algebra hielt raschen Einzug in die Sprache der Mathematik, denn ohne den ständigen Bezug auf Zeichnungen und die physikalische Interpretation der Größen als Flächen oder Volumina wurden allgemeine Zusammenhänge deutlicher. Hinzu kam, dass der Übergang von der Prosa zur symbolischen Mathematik weitaus größere Vorteile mit sich brachte als nur eine kürzere Schreibweise. Algebraische Symbole haben etwas sehr Allgemeines, und man kann sie in einer Weise manipulieren, die mit reinen Worten nie möglich wäre. Tatsächlich liegt hier der Durchbruch, der die Mathematik in einer Weise zum Erblühen brachte, wie es vor der Algebra nicht denkbar gewesen wäre. Sämtliche höhere Mathematik beruht auf algebraischen Umformungen und wäre ohne diese kaum möglich.

Die Verwendung von Koordinaten in der Geometrie geht auf die Zeit um 1630 zurück und beruht hauptsächlich auf den Arbeiten von Fermat und René Descartes (1596–1650), auch wenn in erster Linie der Name Descartes damit in Verbindung gebracht

---

[1] Die Logarithmen von Napier bezogen sich nicht auf die Basis 10, die schließlich zum Standard wurde, sondern sie entsprachen in ihrer Art eher dem natürlichen Logarithmus zur Basis e. Die Einführung von Logarithmen zur Basis 10 entstand zusammen mit Henry Briggs aus Oxford, der im Jahre 1617 die erste gewöhnliche Logarithmentafel, wie sie später genannt wurde, erstellte. Ein weiteres einfaches Verfahren zur Umwandlung von Multiplikation in Addition beruht auf der zweiten binomischen Formel*.

wird. Nun ließen sich geometrische Probleme in algebraische Berechnungen übersetzen, und so werden sie heute in der Schule oder den ersten Studienjahren oftmals behandelt.

Die geometrische Interpretation der Mathematik ist eine ehrwürdige westliche Tradition, die auf Pythagoras, Euklid und die alten Griechen zurückgeht, und sie durchdringt teilweise immer noch unser heutiges Denken. Die europäische Mathematik sucht oft die Veranschaulichung und sie war sowohl in ihren Fragestellungen als auch in ihrem Stil geometrisch geprägt. Es wurde häufig betont, dass die Mathematik in Asien und insbesondere in Indien nie so begrenzt war und teilweise schon sehr früh algebraische Züge angenommen hatte. Es erscheint wie eine Ironie des Schicksals, dass die außergewöhnlich hohe Kunst der klassischen griechischen Mathematik für die spätere Entwicklung der europäischen Arithmetik und Algebra eher hinderlich war. Dieser kulturelle Unterschied existiert immer noch: Westliche Mathematiker ziehen es vor, ihre Mathematik zu *sehen*, und die scheinbare Überlegenheit der Algebra gegenüber der Geometrie wird nicht immer gern gesehen. Andererseits stand der vielleicht größte indische Mathematiker des 20. Jahrhunderts, Srinivasa Ramanujan (1887–1920), sehr in der indischen Tradition der manipulativen Rechentechnik von Brahmagupta (7. Jahrhundert) und Bhāskara (12. Jahrhundert). Immer noch bewundern die Mathematiker sein Genie und können sich kaum vorstellen, wie er seine Mathematik umsetzte. Was auch immer seine Gedankengänge gewesen sein mögen, sie waren nicht geometrisch.

Schon vor 1500 war Chuquet auf imaginäre Lösungen von Gleichungen gestoßen, hatte sie jedoch als Fiktionen abgetan, für die kein Platz war: „Tel nombre est ineperible". Cardano war sehr von ihnen irritiert und sah nicht, wie man weitermachen sollte. Für ihn waren die imaginären Lösungen „heikel und nutzlos". Einen gewissen Erfolg im Umgang mit ihnen hatte Bombelli, doch er bezeichnete seine eigenen Versuche als „wilde Gedanken".

Das nächste erwähnenswerte Ereignis fand 1629 in Amsterdam statt, wo das Buch *Invention nouvelle en l'algèbre* von Albert Girard veröffentlich wurde. Seit der Antike wusste man, dass einfache lineare Gleichungen genau eine Lösung haben und dass quadratische Gleichungen im Allgemeinen von zwei Zahlen gelöst werden. Girard scheint als Erster erkannt zu haben, dass die Anzahl der Lösungen einer Gleichung gleich dem Grad der Gleichung ist, sodass eine kubische Gleichung drei Lösungen hat, eine quartische vier usw. Diese einfache Aussage gilt jedoch nur, wenn man auch negative und imaginäre Lösungen akzeptiert. Mithilfe imaginärer Lösungen ließen sich allgemeine Formeln für die Lösungen von Gleichungen angeben, und die Art, wie diese Lösungen mit den Koeffizienten der Gleichungen zusammenhingen, ließ sich für alle Fälle zusammenfassend formulieren. Girard verwendete die imaginären Zahlen als einen Rahmen, mit dem sich allgemeine Regeln aufstellen ließen, die ansonsten hinter einer Fülle von scheinbar unterschiedlichen Fällen verborgen geblieben waren.

Girard wies die Mathematik jedoch in eine Richtung, in die zu gehen sie noch nicht bereit war. Das Thema der imaginären Zahlen verlief sehr bald wieder im Sande und geriet praktisch in Vergessenheit.

Die zweite Hälfte des 17. Jahrhunderts wurde von Isaak Newton (1643–1727) geprägt, der in revolutionärer Weise die Mathematik in die Physik einführte. Bei einigen seiner Entdeckungen war er nicht alleine, denn in Deutschland erfand auch Gottfried Wilhelm Leibniz (1646–1715) die Verfahren der Differential- und Integralrechnung, und er verwendete sie auf sehr effektive Weise. Doch immer noch stand man der *imaginären Einheit i*, der Quadratwurzel aus minus eins, argwöhnisch gegenüber. Um 1690 spielte Leibniz mit dieser Idee und konnte auf diese Weise einige überraschende formale Berechnungen durchführen, einschließlich einer Faktorisierung von positiven Zahlen in imaginäre Faktoren. Es gab etwas Naserümpfen, und selbst Leibniz distanzierte sich von seinen eigenen mathematischen Spielereien, indem er die imaginären Zahlen mit dem Heiligen Geist verglich und behauptete, sie lebten in einer Schattenwelt zwischen Sein und Nicht-Sein.[2]

Die Welt des Imaginären wird betreten

Der größte Mathematiker des 18. Jahrhunderts war der in der Schweiz geborene Leonhard Euler (1707–1783). Während seines langen und außerordentlich produktiven Lebens trug er vollkommen auf sich gestellt in nahezu allen wichtigen Bereichen zum Fortschritt der Mathematik bei. Seine sympathische und großzügige Art machte ihn auch bei den folgenden Generationen auf eine Weise beliebt, die sich in dieser Form nie mehr wiederholte. Heutzutage ist es einer einzelnen Person nicht mehr möglich, den gesamten Bereich der Mathematik in einer Weise zu beherrschen, wie es Euler noch konnte. Seine allgemeine Beliebtheit bei den Mathematikern war vielen anderen großen Gestalten nicht vergönnt.

Euler verdanken wir die Symbole π, e und i für die Quadratwurzel aus minus eins. Die imaginären Zahlen waren in einem weiteren Zusammenhang bei Berechnungen aufgetaucht, nämlich bei den Logarithmen von negativen Zahlen. Euler stellte formale Gleichungen mit imaginären Zahlen auf, die sich für ein tieferes Verständnis der Zusammenhänge auf diesem Gebiet als

---

[2] Natürlich kann man den Mystizismus in der Mathematik als eine vollkommene Zeitverschwendung oder sogar noch Schlimmeres verdammen. Einige herausragende Mathematiker behaupten jedoch, aufgrund von Träumereien über das Übernatürliche auf ihre Entdeckungen gestoßen zu sein: Zwei bekannte Beispiele sind die Lösung der Einstein'schen Gleichungen in der Allgemeinen Relativitätstheorie von Kurt Gödel sowie die erstaunlichen Arbeiten von Alan Turing über künstliche Intelligenz.

außerordentlich nützlich erwiesen. Gegen Ende des 18. Jahrhunderts wurden imaginäre Zahlen in großem Umfang verwendet.

Trotz alledem blieb eine gewisse Zurückhaltung. Schon das Wort *imaginär* vermittelt eine gewisse Unsicherheit und deutet darauf hin, dass wir tief im Herzen nicht an die Existenz dieser Zahlen glauben. Andererseits macht die Angewohnheit, jede durch eine Dezimalentwicklung darstellbare Zahl als *reell* zu bezeichnen, den psychologischen Unterschied nur noch deutlicher. Tatsächlich ist das Adjektiv *imaginär* zwar faszinierend, aber auch sehr unglücklich gewählt. Manche Studenten lassen sich in ihrer Fantasie von dem Wort derart leiten, dass sie sich nie wirklich mit dieser Idee anfreunden.

Sobald wir ein Zahlensystem konstruieren möchten, das sämtliche gewöhnlichen reellen Zahlen und die imaginäre Zahl i umfasst, und wir für alle diese Zahlen eine Addition und eine Multiplikation fordern, führt uns das unweigerlich auf das Konzept der *komplexen Zahl*: Eine komplexe Zahl ist eine Zahl der Form $z = a + bi$, wobei a und b gewöhnliche reelle Zahlen sind, die als *Real-* bzw. *Imaginärteil* von z bezeichnet werden. (Man beachte, dass der Imaginärteil einer komplexen Zahl selbst eine reelle Zahl ist, nämlich die Zahl b.) Im Jahr 1797 unternahm Caspar Wessel (1768–1818) den natürlichen Schritt und stellte die Zahl z als einen Punkt in der Ebene mit den rechteckigen Koordinaten (a, b) dar. Addition und Multiplikation komplexer Zahlen wurden dadurch zu sehr natürlichen Operationen der gewöhnlichen Geometrie (wie wir im nächsten Abschnitt noch näher erläutern werden). Diese Visualisierung der bis dato geheimnisvollen imaginären und komplexen Zahlen führte schließlich dazu, dass die noch verbliebenen Vorbehalte gegenüber ihrem Gebrauch aufgegeben wurden. Jeder Punkt der Ebene lässt sich als komplexe Zahl verstehen und umgekehrt. Um den Anfang des 19. Jahrhunderts wurden die komplexen Zahlen schließlich zu akzeptierten Mitgliedern im Lexikon der mathematischen Ideen.[3]

Ein sehr beruhigendes Ergebnis der Forschung von Gauß und anderen war die Einsicht, dass die Menge der komplexen Zahlen in einem gewissen Sinne vollständig ist, wie es für kein früheres Zahlensystem der Fall war. Die Geschichte der Zahlen begann mit den natürlichen Zahlen, doch diese waren noch nicht einmal für die gewöhnlichen Rechenoperationen geeignet, denn die beiden Operationen der Subtraktion und der Division führen uns aus diesem System heraus und zur Bildung der rationalen Zahlen. Dieses System eignet sich zwar für die gewöhnliche Arithmetik, doch wie bereits Pythagoras bewiesen hatte, reichen diese Zahlen immer noch nicht, um beispielsweise Quadratwurzeln darstellen zu können. Noch gravierender ist jedoch, dass Grenzwerte, die das Lebenselixier der Differential- und Integralrechnung bilden, uns sogar aus dem Bereich der algebraischen Zahlen heraus und in das System der reellen Zahlen führen – die Menge aller Zahlen, die sich durch eine Dezimalentwicklung darstellen lassen.[4] Das gilt nicht für die rationalen Zahlen: Der Grenzwert einer

---

[3] Die genauen historischen Abläufe sind allerdings weitaus komplizierter: Im Jahr 1806 veröffentlichte J. R. Argand eine Abhandlung zur grafischen Darstellung von komplexen Zahlen, und wenn die Ebene als Heimat der komplexen Zahlen angesehen wird, bezeichnet man sie oft als Argand-Ebene. Trotzdem wurden sowohl die Arbeiten von Wessel als auch die von Argand größtenteils ignoriert, bis die führenden Mathematiker Augustin-Louis Cauchy (1789–1857) und Carl Friedrich Gauß (1777–1855) sie einige Jahre später bekannt machten. Girard hatte bereits die Idee der eindimensionalen Zahlenlinie eingeführt, und der englische Mathematiker John Wallis hatte bereits im 17. Jahrhundert vorgeschlagen, die rein imaginären Zahlen durch eine Linie senkrecht auf der Achse der reellen Zahlen darzustellen.

[4] Diese Art, die reellen Zahlen zu betrachten, erscheint zwar natürlich, hat aber auch ihre Nachteile. Eine konsistente Formulierung des reellen Zahlensystems erfolgte erst in der zweiten Hälfte des 19. Jahrhunderts durch J. W. Dedekind (1831–1916). Der sogenannte *Dedekind'sche Schnitt* (der später von Bertrand Russell vereinfacht wurde) löste den scheinbaren Widerspruch auf, wonach die reelle Zahlengerade zwar aus Zahlen besteht, die als diskrete Entitäten aufzufassen sind, aber trotzdem ein Kontinuum bildet.

Folge von rationalen Zahlen kann irrational sein. Beispielsweise können wir eine Folge von rationalen Zahlen bilden, die sich immer mehr $\sqrt{2}$ annähert: 1,4, 1,41, 1,414, 1,4142, ... Der Grenzwert der Folge ist somit selbst keine rationale Zahl.

Auch das System der reellen Zahlen ist noch nicht ganz abgeschlossen, denn schon die Bildung von Quadratwurzeln führt uns aus diesem System heraus. Wir müssen die reellen Zahlen zur Menge der komplexen Zahlen erweitern, damit die Mathematik ihrem natürlichen Weg folgen kann. Sobald wir jedoch einmal $\mathbb{C}$, die Menge der komplexen Zahlen, erreicht haben, wiederholt sich das alte Muster der Unzulänglichkeiten nicht mehr. Wie bei den reellen Zahlen lassen sich alle arithmetischen Operationen auch auf der Menge der komplexen Zahlen $\mathbb{C}$ ausführen, und wir verbleiben immer in $\mathbb{C}$. Auch der Grenzwert einer konvergenten Folge komplexer Zahlen ist wieder eine komplexe Zahl. Und schließlich ist auch die Quadratwurzel einer komplexen Zahl wieder eine komplexe Zahl. Und jede polynomiale Gleichung vom Grad n besitzt n (möglicherweise komplexe) Lösungen. Es gibt also keinen Grund, sich auf die Suche nach weiteren neuen Zahlen zu begeben, die als Lösungen unserer Probleme in Frage kämen. Wir haben alle notwendigen Zahlen zusammen – die Mathematik hat schließlich ihren natürlichen Rahmen gefunden.

Es liegt ein großer Reiz in der Vorstellung, dass eine komplexe Zahl nichts anderes ist als ein Paar reeller Zahlen, dass wir also jede komplexe Zahl $z = a + ib$ durch ein geordnetes Paar (a, b) darstellen können. Auf diese Weise müssen wir das seltsame Symbol i gar nicht erst erwähnen, falls es uns in irgendeiner Hinsicht stören sollte. Die gewöhnlichen reellen Zahlen sind ein Teil dieser größeren Menge, denn die reelle Zahl a wird nun durch das Paar $(a, 0)$ dargestellt. Die imaginäre Einheit i ist natürlich immer noch da: Ihre Koordinaten sind $(0, 1)$.

Außerdem sehen wir, dass ein solcher Schritt nicht neu ist: Der Übergang von den ganzen Zahlen zu den rationalen Zahlen erfolgt durch einen ähnlichen Prozess, bei dem wir aus alten Zahlen neue bilden, indem wir Paare betrachten: Der Bruch $\frac{2}{3}$ ist nur eine besondere Schreibweise für das geordnete Zahlenpaar $(2, 3)$.[5]

Die Arithmetik der komplexen Zahlen lässt sich zwar in der komplexen Ebene sehr elegant darstellen, aber sie hält ein paar Überraschungen für uns bereit. Die Addition ist vergleichsweise einfach. Wenn wir zwei komplexe Zahlen $z = (a, b)$ und $w = (c, d)$ addieren, bilden wir die jeweiligen Summen der beiden Einträge und erhalten $z + w = (a + c, b + d)$. Und wenn Sie gerne das Symbol i verwenden – hier folgt ein Beispiel: $(2+3i) + (4 + 5i) = 6 + 8i$.

Das entspricht dem, was man als *Vektoraddition* in der Ebene kennt, wobei gerichtete Linienabschnitte (Pfeile) addiert werden, indem man das Ende des einen Pfeils an die Spitze des anderen legt. Im obigen Beispiel beginnen wir beim *Ursprung* mit den Koordinaten $(0, 0)$ und legen unseren ersten Pfeil von dort zum Punkt $(2, 3)$. Wollen wir nun die durch das Paar $(4, 5)$ dargestellte Zahl addieren, beginnen wir bei $(2, 3)$ und zeichnen von dort aus einen Pfeil, dessen Spitze wir erhalten, indem wir uns 4 Einheiten in horizontale Richtung bewegen (das ist die Richtung der *reellen Achse*) und 5 Einheiten nach oben in die Richtung der Vertikalen (der *imaginären Achse*). Wir gelangen so zu dem Punkt mit den Koordinaten $(6, 8)$. Ganz entsprechend können wir auch die Subtraktion von komplexen Zahlen definieren, indem wir die Real- und Imaginärteile jeweils getrennt subtrahieren, zum Beispiel $(5 + 7i) - (1 + 2i) = 4 + 5i$. Anschaulich können wir uns das so vorstellen, dass wir bei dem Vektor $(5, 7)$ beginnen, davon den Vektor $(1, 2)$ subtrahieren und bei dem Punkt $(4, 5)$

---

[5] Die Schreibweise in Form von Brüchen stammt von den Griechen. Zunächst schrieben sie den Nenner oben, später dann in der modernen Form, allerdings noch ohne den Querstrich. Die Vorliebe für Stammbrüche hielt in Europa allerdings bis weit ins zweite Jahrtausend an.

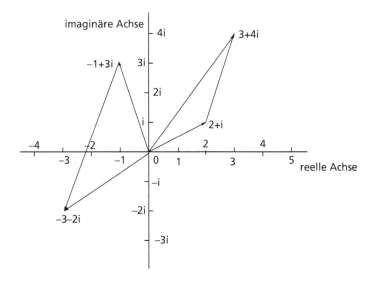

(2+i)+(1+3i)=3+4i   (−1+3i)+(−2−5i)=−3−2i

Abb. 10.1   Addition in der komplexen Ebene

enden. Abbildung 10.1 zeigt einige Beispiele für die Addition in der komplexen Zahlenebene.

Die Multiplikation ist jedoch von ganz anderer Art. Formal lässt sie sich leicht ausführen: Wir multiplizieren zwei komplexe Zahlen, indem wir die Klammern ausmultiplizieren und dann $i^2 = -1$ berücksichtigen.* Auf diese Weise können wir sogar eine Vorschrift angeben, wie wir zwei Zahlenpaare multiplizieren: $(a, b)(c, d) = (ac - bd, ad + bc)$.[6] Diese Regel ist zwar knapp, aber zunächst ist man nicht wirklich begeistert: Sie sieht recht

---

[6] William Rowan Hamilton stellte zum ersten Mal in einem Artikel an die Irische Akademie im Jahre 1833 die Multiplikation von komplexen Zahlen explizit in dieser Form dar.*

unhandlich aus und man erkennt irgendwie keine Bedeutung. Bevor wir jedoch aufgeben, sollten wir uns vor Augen halten, dass die gleiche Kritik auch auf die Arithmetik der Brüche zutrifft. Betrachten wir zwei gewöhnliche Brüche $\frac{a}{b}$ und $\frac{c}{d}$, die wir jedoch zum besseren Vergleich als geordnete Paare (a, b) und (c, d) schreiben. Nun schauen wir uns die Regeln für die Summe und die Multiplikation dieser Zahlen an.

In diesem Fall erscheint die Multiplikationsregel vergleichsweise natürlich und einfach, wohingegen die Regel für die Addition ziemlich kompliziert ist. Für die Multiplikation gilt: $(a, b)(c, d) = (ac, bd)$. Für die Summe müssen wir jedoch zunächst den gemeinsamen Nenner bd bilden und erhalten schließlich: $(a, b) + (c, d) = (ad + bc, bd)$. Diese Regel lässt sich erst verdauen, nachdem man mit der Addition von Brüchen eine gewisse Erfahrung gesammelt hat, denn erst dann erkennt man, dass diese Regel genau das wiedergibt, was wir gewöhnlich bei der Addition von Brüchen machen. Wenn man jedoch weiß, wie man Brüche addiert, muss man sich diese Regel auch nicht merken.

Das Gleiche gilt für die Multiplikationsregel von komplexen Zahlen – solange man weiß, wie man Klammern ausmultipliziert, muss man sich die obige Kombinationsregel nicht merken. Trotzdem fehlt uns immer noch eine natürliche, leicht nachvollziehbare und eingängige Interpretation für die komplexe Multiplikation.

Polarkoordinaten

Eine gewisse Einsicht erhalten wir durch einen Perspektivenwechsel. Die Multiplikation wird verständlicher, wenn wir bei unserem Koordinatensystem in der komplexen Ebene von den gewöhnlichen rechtwinkligen oder kartesischen Koordinaten, wie sie auch genannt werden, zu sogenannten *Polarkoordinaten* übergehen.[7]

In diesem System wird ein Punkt z ebenfalls durch ein geordnetes Zahlenpaar dargestellt, das wir diesmal als (r, θ) schreiben. Die Zahl r ist der *Abstand* unseres Punktes z vom Ursprung O (der in diesem Zusammenhang als *Pol* bezeichnet wird). Daher ist r niemals negativ, und alle Punkte mit demselben Wert für r bilden einen Kreis vom Radius r um den Pol. Die zweite Koordinate θ spezifiziert z auf diesem Kreis durch den *Winkel* θ zwischen der Linie Oz und der reellen Achse (gemessen entgegen dem Uhrzeigersinn), wie in Abb. 10.2. Die Zahl r bezeichnet man auch als den *Betrag* von z, und θ nennen wir einfach den *Winkel* von z.[8]

Ein Schönheitsfehler dieses Systems ist die besondere Natur des Pols selbst, denn seine Polarkoordinaten sind nicht eindeutig: Unabhängig von der Wahl des Winkels θ, der Punkt $(0, \theta)$ entspricht immer dem Ursprung O.

Gegeben seien nun zwei komplexe Zahlen z und w mit den Polarkoordinaten (r_1, θ_1) und (r_2, θ_2). Was sind die Polarkoordinaten ihres Produkts zw?

Die Verknüpfungsregel lässt sich leicht in gewöhnlicher Sprache ausdrücken: Der Betrag von zw ist das Produkt der Beträge von z und w, und der Winkel von zw ist die *Summe* der Winkel von z und w. Ausgedrückt in Symbolen hat zw die Polarkoordinaten $(r_1 r_2, \theta_1 + \theta_2)$.*

Die Multiplikation von reellen Zahlen ist ein Spezialfall dieser allgemeineren Sichtweise: Beispielsweise hat eine positive reelle Zahl r die Polarkoordinaten $(r, 0)$, und wenn wir diese mit einer weiteren positiven reellen Zahl $(s, 0)$ multiplizieren, erhal-

---

[7] Issac Newton (1642–1727) beschrieb acht verschiedene Koordinatensysteme zur Darstellung von Punkten in einer Ebene. Das siebte dieser Systeme waren die Polarkoordinaten.

[8] In der Fachterminologie spricht man allerdings von dem *Argument* von z.

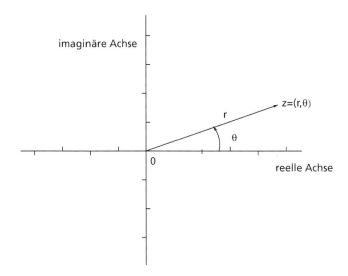

Abb. 10.2 Polarkoordinaten eines Punktes in der komplexen Ebene

ten wir das erwartete Ergebnis $(rs, 0)$, das der reellen Zahl rs entspricht.

Diese neue Interpretation offenbart uns jedoch weitaus mehr über die Bedeutung der Multiplikation komplexer Zahlen. Die imaginäre Einheit hat die Polarkoordinaten $(1, 90°)$.[9] Wenn wir nun irgendeine komplexe Zahl $z = (r, \theta)$ betrachten und diese mit $i = (1, 90°)$ multiplizieren, erhalten wir $zi = (r, \theta + 90°)$. Mit anderen Worten, die *Multiplikation mit i entspricht einer Dre-*

---

[9] Allgemein werden Winkel in diesem Fall nicht in Grad gemessen, sondern in der natürlichen mathematischen Einheit des *Radianten*, bei dem ein Vollkreis dem Wert 2π entspricht. Der Winkel zu einem Radianten entspricht dem Winkel, unter dem man vom Ursprung aus eine bestimmte Länge entlang des Umfangs eines Einheitskreises sieht. Der Winkel zum Radianten 1 beträgt etwas mehr als $57°$.

hung um einen rechten Winkel um den Mittelpunkt der komplexen Ebene.

Pythagoras hatte natürlich von alledem keine Ahnung, doch er hätte sicherlich die Bedeutung dieser Einsicht zu schätzen gewusst: Dem rechten Winkel, dem fundamentalsten aller geometrischen Konzepte, entspricht eine Zahl.

Tatsächlich lassen sich die Addition oder Multiplikation mit einer festen komplexen Zahl z in Polarkoordinaten für alle Punkte in einem bestimmten Gebiet der komplexen Ebene geometrisch darstellen. Man stelle sich irgendein Gebiet in der Ebene vor. Möchte man z zu jedem Punkt innerhalb dieses Gebiets *addieren*, verschiebt man einfach jeden Punkt um Abstand und Richtung des Pfeils, wie man den Vektor auch oft bezeichnet, zu der Zahl z. Man verschiebt somit das gesamte Gebiet zu einem anderen Gebiet in der Ebene, wobei die Form und Größe dieses Gebiets unverändert bleiben. Das Gleiche gilt auch für seine Lage, d. h., dass dieses Gebiet nicht gedreht oder gespiegelt wird. Die Multiplikation der Punkte in unserem Gebiet mit $z = (r, \theta)$ in Polarkoordinaten hat jedoch zwei Effekte, von denen einer auf r und der andere auf θ zurückgeht. Der Betrag von jedem Punkt in dem Gebiet wird um den Faktor r gestreckt, sodass auch die Abmessungen des Gebiets um einen Faktor r größer werden (und damit die Fläche des Gebiets mit einem Faktor r^2 multipliziert wird). Für $r < 1$ beschreibt man diese „Streckung" besser als eine Kontraktion, denn das neue Gebiet ist kleiner als das ursprüngliche. Allerdings hat das Gebiet seine Form behalten – beispielsweise wird ein Dreieck wieder auf ein ähnliches Dreieck mit denselben Winkeln abgebildet. Wie wir schon oben erklärt haben, besteht die Wirkung von θ darin, das ganze Gebiet um einen Winkel θ entgegen dem Uhrzeigersinn um den Ursprung zu drehen. Das Endergebnis nach der Multiplikation aller Punkte in einem Gebiet mit einer Zahl z besteht also darin, dass das Gebiet gestreckt und gleichzeitig um den Ursprung gedreht wurde. Das neue Gebiet hat immer noch dieselbe Form wie zuvor, aber es hat eine andere Größe und eine andere Lage, die durch den Rotationswinkel θ bestimmt ist.

Gauß'sche Zahlen

Die komplexen Zahlen $z = a + bi$, wobei a und b selbst gewöhnliche ganze Zahlen sind, bilden ein Gitter in der komplexen Ebene. Man bezeichnet sie als *Gauß'sche Zahlen*. Eine Gauß'sche Zahl nennt man *Primelement*, wenn sie sich nicht in ein Produkt von anderen Gauß'schen Zahlen (mit Ausnahme der Einheiten ± 1, $\pm i$) faktorisieren lässt. Glücklicherweise gibt es ein dem Fundamentalsatz der Arithmetik vergleichbares Ergebnis, wonach die Primfaktorzerlegung einer gewöhnlichen ganzen Zahl eindeutig ist. Jede Gauß'sche Zahl lässt sich eindeutig als ein Produkt von Potenzen von i (das sind i, $i^2 = -1$, $i^3 = -i$ und $i^4 = 1$) und den *positiven* Gauß'schen Primelementen schreiben. Dabei handelt es sich um solche Gauß'schen Primelemente, deren Realteil zumindest so groß ist wie ihr Imaginärteil.

Viele gewöhnliche Primzahlen sind keine Primelemente mehr, wenn man sie als Gauß'sche Zahlen auffasst. Beispielsweise müssen wir sowohl 2 als auch 5 von unserer Liste streichen, denn $2 = (1 + i)(1 - i)$ und $5 = (2 + i)(2 - i)$. Tatsächlich kann eine beliebige positive ganze Zahl n, die als Summe von zwei Quadratzahlen darstellbar ist, kein Gauß'sches Primelement sein, denn es gilt:

$$n = a^2 + b^2 = (a + bi)(a - bi).$$

Mit Gauß'schen Primelementen lässt sich zeigen, dass eine gewöhnliche ungerade Primzahl genau dann eine Summe von zwei Quadratzahlen ist, wenn sie von der Form $4n + 1$ ist. Dies ist ein entscheidender Schritt zur Charakterisierung von Zahlen, die sich als Summe von zwei Quadratzahlen darstellen lassen. Eine Zahl hat diese Eigenschaft genau dann, wenn ihre Faktorzerlegung in Primzahlen keine Primzahl der Form $4n - 1$ mit einer ungeraden Potenz enthält. Mithilfe der Gauß'schen Primelemente können wir sämtliche Möglichkeiten auffinden, in denen sich eine Zahl als Summe von zwei Quadratzahlen schreiben lässt, und damit können wir die Anzahl dieser Möglichkeiten angeben.

Über die komplexen Zahlen lässt sich schnell zeigen, dass ein Produkt aus zwei Zahlen, von denen jede sich als Summe von zwei Quadratzahlen schreiben lässt, selbst wieder von dieser Art ist. Sei beispielsweise $x = a^2 + b^2$ und $y = c^2 + d^2$. Wir betrachten die zugehörigen Gauß'schen Zahlen $z = a + ib$ und $w = c + id$. Das *komplex Konjugierte* einer komplexen Zahl z ist die Zahl $\bar{z} = a - bi$, die man durch eine Spiegelung von z an der reellen Achse erhält. Außerdem gilt, wie wir oben gesehen haben, $z\bar{z} = a^2 + b^2$. Eine sehr bemerkenswerte und doch leicht zu überprüfende Eigenschaft von komplex konjugierten Zahlen besteht darin, dass das Produkt von konjugierten Zahlen gleich dem Konjugierten des Produkts ist. Ausgedrückt in Symbolen: $xy = \bar{z}\bar{w} = \overline{zw}$. Insbesondere bedeutet dies, dass das Produkt von zwei Summen von Quadratzahlen selbst wieder eine Summe von Quadratzahlen ist, denn mit $zw = (ac - bd) + i(ad + bc)$ erhalten wir die explizite Formel:

$$(a^2 + b^2)(c^2 + d^2) = (ac - bd)^2 + (ad + bc)^2 \, .$$

Sei beispielsweise $29 = 2^2 + 5^2$ und $52 = 4^2 + 6^2$, dann können wir nach der obigen Formel $1\,508 = 29 \cdot 52$ als Summe von zwei Quadratzahlen schreiben. In diesem Fall ist $a = 2$, $b = 5$, $c = 4$ und $d = 6$, und somit ergibt die rechte Seite unserer Formel $(8 - 30)^2 + (12 + 20)^2$, insgesamt also $1\,508 = 22^2 + 32^2$.

Natürlich lässt sich die obige Gleichheit auch ohne Manipulation komplex konjugierter Zahlen beweisen, doch die Gauß'schen Zahlen weisen einen natürlichen Weg zu diesem Ergebnis und deuten außerdem auf mögliche Verallgemeinerungen hin.

Ein klassisches Ergebnis, für das es mehrere bemerkenswerte Beweise gibt, lautet: Jede positive ganze Zahl n lässt sich als Summe von *vier* Quadratzahlen schreiben.

Ein kurzer Blick auf weitere Folgerungen

Die Polardarstellung komplexer Zahlen eignet sich besonders zur Bildung von Potenzen und Wurzeln, denn man erhält eine beliebige positive Potenz n von $z = (r, \theta)$, indem man einfach nur die entsprechende Potenz des Betrags bestimmt und θ insgesamt n-mal zu sich selbst addiert: $z^n = (r^n, n\theta)$. Dies gilt auch für gebrochene und negative Potenzen und wird als Satz von De Moivre (1667–1754) bezeichnet.*

Bisher haben wir noch keine Division von komplexen Zahlen betrachtet. Ebenso wie bei den reellen Zahlen, bedeutet die Division durch eine komplexe Zahl z in Polarkoordinaten dasselbe wie die Multiplikation mit dem Kehrwert $w = \frac{1}{z}$, doch was für eine Zahl ist dieses w? Für eine Zahl $z = (r, \theta)$ ist die Zahl w die Zahl mit der Eigenschaft $zw = (1, 0)$, also die Zahl 1. Das bedeutet, wir müssen $w = (\frac{1}{r}, -\theta)$ setzen, denn dann gilt wie gefordert: $zw = (r, \theta)(\frac{1}{r}, -\theta) = (r\frac{1}{r}, \theta - \theta) = (1, 0)$. Die Bildung von Kehrwerten und das Teilen durch komplexe Zahlen lassen sich in rechtwinkligen Koordinaten auch mithilfe der komplex konjugierten Zahlen schreiben.*

Zusammenfassend können wir festhalten, dass sich die Addition und die Subtraktion komplexer Zahlen sehr leicht in rechtwinkligen Koordinaten interpretieren lassen, wohingegen sich für eine Interpretation der Multiplikation, der Division und der Bildung von Potenzen und Wurzeln die Polarkoordinaten der komplexen Ebene besser eignen.

Schon bei sehr einfachen Dingen gibt es viele interessante Anwendungen der komplexen Zahlen. Die Beziehungen zwischen der rechtwinkligen und der polaren Darstellung komplexer Zahlen bringt auf überraschende und effiziente Weise die Trigonometrie ins Spiel. Zu den typischen studentischen Übungsaufgaben zählen beispielsweise die Herleitungen wichtiger trigonometrischer Identitäten. Diese folgen ganz natürlich, wenn man beliebige komplexe Zahlen vom Betrag eins (d. h., $r = 1$) betrachtet, die Potenzen dieser Zahlen sowohl in rechtwinkligen als auch in Polarkoordinaten berechnet und dann die beiden Antworten miteinander vergleicht. Auf diese Weise erhält man eine trigonometrische Gleichung.

Die Dinge gehen jedoch sehr rasch in die Tiefe. Eine der bekanntesten mathematischen Formeln erschien im Jahre 1748 in dem Lehrbuch *Introductio in analysin infinitorum* (deutsch *Einleitung in die Analysis des Unendlichen*). Dort leitet Euler die erstaunliche Gleichung $e^{i\pi} = -1$ her, die eine Beziehung zwischen den vier geheimnisvollsten Zahlen der Welt darstellt. Tatsächlich wurde diese Gleichung schließlich ein wichtiger Bestandteil für den Beweis, dass sich ein Kreis nicht mit den euklidischen Mitteln in ein Quadrat umwandeln lässt (1882). Mit der Gleichung kann man zeigen, dass π eine transzendente Zahl ist, also keine Lösung von irgendeiner polynomialen Gleichung mit rationalen Koeffizienten. Daraus folgt dann, dass es unmöglich ist, nur mithilfe eines Lineals und eines Zirkels ein Quadrat mit der Fläche eines vorgegebenen Kreises zu konstruieren.

Doch es steckt noch weitaus mehr dahinter: Die komplexen Zahlen offenbaren eine Beziehung zwischen der Exponentialfunktion und den zunächst scheinbar vollkommen anders gearteten Winkelfunktionen. Ohne die Möglichkeiten, die sich aus der Verwendung der Quadratwurzel von minus eins ergeben, lässt sich dieser Zusammenhang bestenfalls erahnen, aber kaum verstehen. Bildet man den geraden bzw. ungeraden Teil einer Exponentialfunktion, gelangt man zu den sogenannten hyperbolischen Funktionen.* Zu jeder trigonometrischen Identität gibt es eine entsprechende Gleichung – eventuell bis auf ein Vorzeichen – für diese hyperbolischen Funktionen. Das lässt sich zwar für jeden einzelnen Fall überprüfen, doch es bleibt die Frage, weshalb das allgemein so sein sollte.[10] Weshalb sollten zwei Klassen von Funktionen, die vollkommen unterschiedlich definiert werden und auch von ihrer Art her vollkommen verschieden sind, derart eng zusammenhängen?

Die hyperbolischen Funktionen lassen sich geometrisch ähnlich wie die Winkelfunktionen einführen, allerdings wird der Kreis, über den man die Winkelfunktionen definiert, durch eine andere Kurve ersetzt, die man als Hyperbel bezeichnet – daher auch der Name. Diese geometrische Brücke erklärt allerdings noch nicht die nahezu identischen Relationen. Das Geheimnis lüftet sich über eine Formel, die ebenfalls auf Euler zurückgeht: $e^{i\theta} = \cos\theta + i\sin\theta$. Sie zeigt die enge Beziehung zwischen der Exponentialfunktion und den Winkelfunktionen, allerdings nur über die imaginäre Einheit i.[11] Mit dieser Formel wird offensichtlich, weshalb es die oben erwähnten Relationen geben muss. Man berechnet irgendwelche Größen einmal für die linke und einmal für die rechte Seite der Euler'schen Gleichung und setzt schließlich die Imaginär- und Realteile gleich. Ohne diese Formel blieben die Zusammenhänge irgendwie geheimnisvoll.

Im 19. Jahrhundert entwickelte sich durch die Arbeiten von Augustin Cauchy (1789–1857) die Theorie der Funktionen einer komplexen Variablen als eigenständiges Gebiet der Mathematik. Cauchy selbst war in mehrfacher Hinsicht ein seltsamer Charakter. Die wohlwollendste Beschreibung, die Bertrand Russell von ihm geben konnte, betont, dass er sein Leben nach sehr eigen-

---

[10] Die genaue Form dieser Korrespondenz wird durch die sogenannte Osborne'sche Regel zum Ausdruck gebracht.*

[11] Diese Beziehung war auch anderen bekannt, unter anderem Jean Bernoulli (1667–1748).

artigen Prinzipien ausrichtete. Er war aber auch ein großer und erfolgreicher Mathematiker, und er begründete die Theorie der Funktionen komplexer Variablen, die heute zu den fundamentalen Säulen der Mathematik zählt.

Die Arithmetik der komplexen Zahlen birgt viele Überraschungen. Einige von ihnen haben wir schon angesprochen, doch indem man die Differential- und Integralrechnung über die reellen Zahlen hinaus auch für komplexe Variable formulierte, gelangte man in eine vollkommen neue mathematische Welt. Eines der ersten großen, überraschenden und insbesondere weitreichenden Ergebnisse dieser Theorie ist der sogenannte Residuensatz von Cauchy. Einige Probleme im Zusammenhang mit Flächen von Kurven erscheinen zunächst unlösbar, wenn man sie durch gewöhnliche reelle Variable definiert, doch sie lassen sich plötzlich erfolgreich angehen, wenn die Variablen ihre eingleisige Schiene der reellen Zahlengeraden verlassen und sich frei in der gesamten komplexen Ebene bewegen können. In vielen Fällen zeigen sich die Zusammenhänge erst in diesem breiteren Rahmen in aller Deutlichkeit.

Die Theorie der komplexen Variablen hat derart umfangreiche Anwendungen, dass wir ihnen hier kaum gerecht werden können. Zum Beispiel kann man Materie auf atomaren Skalen mithilfe der Beugung von Röntgenstrahlung untersuchen, wobei man sich diese Vorgänge als Streuung von elektromagnetischen Wellen an bestimmten Objekten vorstellt. Um aus den Daten auf die Form der Materie schließen zu können, benötigt man die sogenannte Fourier-Transformation, für die es wiederum wesentlich ist, dass die auftretenden Variablen komplexe Zahlen sind. Ganze Forschungsgebiete beruhen auf diesem Verfahren – komplexe Zahlen sind nicht einfach nur eine mathematische Abstraktion, sondern sie sind „real", und man kann mit ihnen arbeiten.

Die Schönheit der komplexen Zahlenebene beruht unter anderem darauf, dass wir sämtliche mathematische Operationen innerhalb desselben Zahlenrahmens durchführen können. Daher gibt es auch keine zwingenden mathematischen Notwendigkeiten für eine Erweiterung, trotzdem können wir uns die Frage stellen, ob man über den Bereich der komplexen Zahlenebene hinaus in einen noch größeren Zahlenbereich vordringen kann. Schließlich lässt sich das System der komplexen Zahlen als Paare von reellen Zahlen darstellen, als zweidimensionale Vektoren, wenn man so will. Daher liegt die Frage nahe, ob man zum Beispiel auch ein Zahlensystem durch ein Tripel von drei reellen Zahlen aufbauen kann, bei dem beispielsweise die ersten beiden Koordinaten den komplexen Zahlen entsprechen, ähnlich wie die komplexen Zahlen die reellen Zahlen in ihrer ersten Koordinate enthalten. Die Antwort ist verblüffend: In drei Dimensionen ist es nicht möglich, allerdings in vier.

Rund zehn Jahre lang hatte sich William Rowan Hamilton (1805–1865) mit dem Problem befasst, ein Zahlensystem auf Triplen der Form $a + bi + cj$ aufzubauen, wobei $a + bi$ eine komplexe Zahl sein soll, c eine reelle Zahl und j irgendeine neue Zahleneinheit. Während eines Spaziergangs mit seiner Frau hatte er einen plötzlichen Geistesblitz. Die gesuchte Erweiterung war möglich, wenn man Ausdrücke der Form $a + bi + cj + dk$ betrachtet. Allerdings kann die Multiplikation dieser Zahlen nicht mehr kommutativ sein. Tatsächlich lauten die Spielregeln nun: $i^2 = j^2 = k^2 = -1$, $ij = k$, aber $ji = -k$, und ähnliche Regeln für die anderen Produkte. Er war von seiner Idee derart überwältigt, dass er die definierenden Gleichungen wie ein Graffiti in die Brougham Bridge über den Royal Canal in Dublin ritzte. Am 16. Oktober 1843 wurden die *Quaternionen* geboren.

Hamilton blieb zeitlebens von seiner Entdeckung begeistert. Sehr schnell fand er auch in der Wurzel der Summe der Quadrate $a^2 + b^2 + c^2 + d^2$ das richtige Maß für die Größe bzw. die *Norm* seiner quaternionischen Zahlen, und die Norm des Produkts von zwei Quaternionen ist gleich dem Produkt ihrer Normen. Diese Aussage entspricht einer Beobachtung von Euler, wonach das Produkt von zwei ganzen Zahlen, die jeweils die

1500 Arithmetische Symbole und negative Zahlen kommen in Gebrauch.	1545 Cardano, Tartaglia, Ferrari; Lösung der kubischen Gleichung und erste Hinweise auf imaginäre Zahlen.	1585 Durch Viète und Steven verbreitet sich die Arithmetik der Dezimalzahlen und die moderne algebraische Schreibweise.
1629 Mithilfe imaginärer Zahlen kategorisiert Girard die Anzahl der Wurzeln von Polynomgleichungen.	1687 In Newtons Principia wird durch die Bewegung der Planeten erklärt. Newton und Leibniz entwickeln die Infinitesimalrechnung: erste vorsichtige Versuche im Umgang mit komplexen Zahlen.	1748 Die formalen Manipulationen von komplexen Zahlen von Euler und J. Bernoulli führen zu wichtigen Ergebnissen.
1806 Durch die grafische Darstellung komplexer Zahlen gewinnen diese schließlich die volle Anerkennung.	1850 Das Gebiet der komplexen Analysis entwickelt sich durch Gauß und Cauchy; Hamilton'sche Quaternionen.	1880 Die Natur der reellen und komplexen Zahlen wird geklärt; Cantor führt Zahlen ein, die mit dem Unendlichen zusammenhängen.

Abb. 10.3 Zeittafel zur Verwendung von Zahlen in der europäischen Mathematik

Summe von vier Quadratzahlen sind, selbst wieder gleich einer solchen Summe ist. (Dies ist der erste Schritt für den Beweis, dass sich *jede* Zahl als Summe von vier Quadratzahlen darstellen lässt, denn dadurch reduziert sich die Fragestellung auf die Lösung des Problems für die Primzahlen.) Die entsprechende Aussage für zwei Quadrate haben wir in dem Abschnitt über Gauß'sche Zahlen abgeleitet und dabei von dem Quadrat der Norm einer komplexen Zahl z in der Form $z\bar{z}$ Gebrauch gemacht. Bis zur Entdeckung der quaternionischen Norm erschien die Identität von Euler wie ein Zaubertrick.[12] Hamilton konnte dieser Identität nun eine sinnvolle Interpretation geben und einen natürlichen Weg zu einem Beweis aufzeigen, der ihn sicherlich zusätzlich von dem Wert seiner großen neuen Idee überzeugte (für einen Überblick siehe Abb. 10.3).

---

[12] Die Zahl n lässt sich genau dann als Summe von *drei* Quadratzahlen schreiben, wenn sie nicht von der Form $4^e(8k+7)$ ist; zum Beispiel ist 7 keine Summe von drei Quadratzahlen.*

Mittlerweile ist deutlich geworden, dass die Quaternionen nicht dieselbe Bedeutung haben wie die komplexen Zahlen, obwohl es sich um eine Verallgemeinerung handelt. Trotzdem war ihre Entdeckung für die Mathematik des 19. Jahrhunderts ein Ansporn, denn sie zeigte, dass man widerspruchsfreie Algebren formulieren kann, welche die meisten, wenn auch nicht alle der gewöhnlichen algebraischen Regeln erfüllen. Diese Regeln galten damit nicht mehr als so unantastbar, wie man immer vermutet hatte. Plötzlich entdeckte die Mathematik eine neue Freiheit in der Erkundung neuer algebraischer Systeme, und so entstand die Theorie der Matrizen, bei denen es sich um eine ganz andere Art von numerischen Objekten handelt. Einhundertfünfzig Jahre später gehört die lineare Algebra, deren Hauptobjekte die Matrizen sind, zu den anwendungsreichsten Gebieten der gesamten Mathematik.

Im Jahr 1867 bewies Hankel, dass die Algebra der komplexen Zahlen die allgemeinste Algebra ist, die *sämtliche* Gesetze der gewöhnlichen Arithmetik erfüllt. Tatsächlich erhält man starke Einschränkungen, wenn man Zahlentupel von mehr als zwei reellen Zahlen als eine Erweiterung der komplexen Zahlen definieren möchte. Abgesehen von dem Hamilton'schen System der Quaternionen gibt es kein weiteres solches System, bei dem eine allgemeine Division möglich ist, mit Ausnahme der sogenannten *Oktonionen* von Cayley, für die allerdings bei der Multiplikation das Assoziativgesetz nicht mehr gilt, sodass eine unterschiedliche Klammerung von Produkten auch zu verschiedenen Ergebnissen führt. Zusammenfassend können wir also feststellen, dass man zwar über das System der komplexen Zahlen hinausgehen kann, doch diese Algebren besitzen weniger Struktur und scheinen auch im Allgemeinen von geringerer Bedeutung.[13] Die

---

[13] Solche Versuche der Verallgemeinerung sind keinesfalls nutzlos: Beispielsweise wurden auf diese Weise die sogenannten Clifford-Algebren gefunden, die in der Elementarteilchenphysik eine wichtige Rolle spielen.

Ebene der komplexen Zahlen wird immer eine der zentralen mathematischen Entdeckungen bleiben. Trotzdem können wir uns fragen…

Können wir beliebig viele neue Zahlensysteme erfinden?

Zahlenartige Systeme haben in den vergangenen Jahrhunderten sicherlich zugenommen. Zunächst gab es nur die natürlichen Zahlen 1, 2, 3, …, dann kamen irgendwann die Brüche, die Null, die negativen ganzen und gebrochenen Zahlen hinzu und bildeten das, was wir heute die Menge der rationalen Zahlen nennen. Doch schon seit den Zeiten des Pythagoras reichten die Brüche nicht aus, um alle auf Zahlen bezogene Erscheinungen beschreiben zu können, denn $\sqrt{2}$ ist, wie schon erwähnt, keine rationale Zahl. Das führte zu den *reellen* Zahlen, die wir uns als die Menge aller möglichen Dezimalentwicklungen vorstellen können. Doch die Mathematik selbst führte uns, zunächst etwas zögerlich, über die reellen Zahlen hinaus in den Bereich der sogenannten imaginären und komplexen Zahlen. Darüber hinaus beschäftigt sich die moderne Mathematik auch mit verschiedenen Formen von unendlichen Zahlen sowie mit Quaternionen, Oktonionen und Matrizen, die man als weitere Verallgemeinerungen von Zahlen auffassen kann.

Diese Ausuferung unterschiedlicher Zahlenarten könnte den falschen Eindruck entstehen lassen, dass die Mathematiker ihre Zeit damit verschwenden, irgendwelche skurrilen neuen Zahlensysteme zu erfinden. Das ist sicherlich nicht richtig. In allen Fällen umfasst das neue, erweiterte Zahlensystem die ursprünglichen Zahlensysteme in einer Weise, dass viele, wenn nicht fast alle der üblichen Gesetze der Algebra ihre Gültigkeit behalten. Diese Ansprüche setzen den Möglichkeiten neuer Zahlensysteme enge Grenzen. Andererseits erwies sich die Ebene der komplexen Zahlen als eine derart natürliche Bühne für den Umgang mit

Zahlen, dass es für viele Anwendungen keinen Grund gibt, darüber hinauszugehen.

Zum Vergleich betrachten wir ein vollkommen anderes Gebiet: Es ist immer möglich, irgendeine neue Sprache zu erfinden, sei es eine gesprochene oder eine Programmiersprache für einen Computer, doch niemand wird an dieser neuen Sprache interessiert sein, sofern sie es uns nicht ermöglicht, irgendwelche Dinge besser, schneller oder verständlicher zu beschreiben oder auf eine neue und erhellende Weise zu sehen. Alle oben erwähnten Zahlensysteme erfüllen diese Kriterien, und deshalb wurden sie zu einem Teil der modernen Mathematik. Neue Zahlensysteme von allgemeinem Interesse tauchen tatsächlich von Zeit zu Zeit auf, aber nicht besonders häufig.

11

Die Zahlengerade
unter dem Mikroskop

In Kap. 7 haben wir gesehen, dass die reelle Zahlengerade ein dicht gepacktes Gemisch aus rationalen und irrationalen Zahlen bildet. Angenommen, wir könnten die rationalen Punkte blau und die irrationalen Punkte rot färben, was würden wir sehen? Zwischen je zwei blauen Punkten gäbe es rote Punkte und zwischen je zwei roten Punkten gäbe es blaue Punkte, also könnte man erwarten, dass der Gesamteindruck einem gleichförmigen Lila entspricht. Andererseits bilden die blauen Punkte nur eine abzählbare Menge, die im Vergleich zu den verbliebenen blauen Punkten vom Maß null ist, also sollte die rote Farbe die blaue bei weitem übertreffen und die letztere praktisch unsichtbar machen. Keine der beiden Interpretationen hält einer genaueren Prüfung stand, denn wir können dieses Grenzverhalten, über das wir spekulieren, durch kein physikalisches Experiment annähern. Wir müssen die Zahlengerade mit mathematischen Konzepten untersuchen.

Unabhängig von der genauen Struktur der reellen Zahlengeraden besteht sie sicherlich aus unendlich vielen Kopien des Einheitsintervalls $I = [0, 1]$. (I beschreibt den Teil der Zahlengeraden von 0 bis 1, die beiden Grenzen eingeschlossen.) Wenn wir daher beschreiben können, wie die Zahlen innerhalb dieses Intervalls verteilt sind, erhalten wir auch ein vollständiges Bild von der Struktur der gesamten Geraden, die aus einer gleichförmigen Aneinanderreihung der Grundintervalle I besteht.

Am leichtesten zugänglich sind die rationalen Zahlen im Intervall I, und unter diesen bilden die Zahlen mit kleinen Nennern (und daher auch mit kleinen Zählern) nochmals etwas Besonderes. Wir können uns daher fragen, wie diese Zahlen in dem Intervall verteilt sind. Wir wählen also eine kleine natürliche Zahl n und betrachten sämtliche Brüche in I, die sich mithilfe von Zahlen schreiben lassen, die nicht größer als n sind. Beispielsweise können wir $n = 7$ wählen und die entsprechende Folge der Brüche in aufsteigender Reihenfolge auflisten:

$$\frac{0}{1}, \frac{1}{7}, \frac{1}{6}, \frac{1}{5}, \frac{1}{4}, \frac{2}{7}, \frac{1}{3}, \frac{2}{5}, \frac{3}{7}, \frac{1}{2}, \frac{4}{7}, \frac{3}{5}, \frac{2}{3}, \frac{5}{7}, \frac{3}{4}, \frac{4}{5}, \frac{5}{6}, \frac{6}{7}, \frac{1}{1}.$$

Diese Folge bezeichnet man als die siebte *Farey-Folge* von Brüchen. Die Farey-Folgen stecken voller überraschender algebraischer und sogar geometrischer Eigenschaften. Beispielsweise erhält man jeden Term der Folge, indem man die Zähler und Nenner der Terme zu beiden Seiten addiert. Für das Beispiel $\frac{1}{6}$ berechnen wir so $\frac{1+1}{7+5} = \frac{2}{12}$, was sich zu $\frac{1}{6}$ kürzen lässt. Ganz ähnlich erhalten wir aus den Nachbarn von $\frac{3}{4}$ wieder $\frac{5+4}{7+5} = \frac{9}{12}$, was sich ebenfalls zu dem Ausgangswert kürzt. Eine weitere bemerkenswerte Regel ist auch die folgende: Die Differenz aus dem kreuzweisen Produkt (also das Produkt aus dem ersten Nenner mit dem zweiten Zähler minus dem Produkt aus dem ersten Zähler mit dem zweiten Nenner) von zwei aufeinanderfolgenden Brüchen ist immer 1. Nehmen wir als Beispiel $\frac{2}{5}$ und $\frac{3}{7}$: Die Kreuzprodukte sind jeweils $2 \cdot 7 = 14$ und $3 \cdot 5 = 15$, und sie unterscheiden sich um 1.[1]

Weniger offensichtlich ist jedoch, wie wir diese Folge direkt aufschreiben können: Für ein gegebenes n können wir zunächst

---

[1] Die Folge ist nach Farey benannt, der einen Artikel über dieses Thema geschrieben hat. Dort erwähnt er auch die erste dieser Eigenschaften, jedoch ohne einen Beweis. Es scheint allerdings, dass beide Ergebnisse schon von Haros im Jahr 1802, rund 14 Jahre vor Fareys Artikel, behauptet und bewiesen wurden.

sämtliche Brüche der n-ten Farey-Folge hinschreiben. (Wegen der unregelmäßig auftretenden Kürzungen von Brüchen sieht man jedoch nicht so einfach, wie viele Terme man insgesamt erhält.*) Durch einen abschließenden Vergleich können wir sie anschließend der Größe nach ordnen. Es gibt jedoch ein direktes Verfahren: Gibt man sich irgendeinen Bruch in dieser Folge vor, kann man den unmittelbar darauffolgenden Bruch berechnen, allerdings ist dieses Verfahren nicht ganz einfach (siehe Hardy und Wright *An Introduction to the Theory of Numbers*).

Von einer irrationalen Zahl a in I können wir untersuchen, wie nahe sie an einer Farey-Folge liegt. Natürlich ist a niemals Teil einer Farey-Folge F_n, aber manche irrationale Zahlen a liegen näher an Mitgliedern von F_n als andere.

Darauf wollen wir etwas genauer eingehen. Natürlich können wir jede irrationale Zahl a beliebig genau durch rationale Zahlen annähern, denn genau das machen wir, wenn wir die Dezimalentwicklung von a hinschreiben und erst nach zunehmend mehr Termen abbrechen. So erhalten wir eine Folge von rationalen Zahlen, die der gegebenen Zahl a, die durch die Entwicklung als Ganzes gegeben ist, immer näherkommen. Schreibt man diese rationalen Zahlen jedoch als gewöhnliche Brüche, können sie sehr große Nenner haben, und wenn wir sehr nahe an die Zahl a kommen wollen, müssen wir Brüche aus Farey-Folgen zu sehr großen Werten von n nehmen.

Da F_n alle Zahlen der Form $\frac{m}{n}$ enthält, wobei m die Werte von 0 bis n annehmen kann, ist keine Zahl in I weiter als $\frac{1}{n}$ von einem Element von F_n entfernt. Wie wir im Folgenden kurz skizzieren werden, gilt sogar noch mehr: *Für jede irrationale* Zahl a im Einheitsintervall gibt es unendlich viele Werte von n, sodass sich ein Element aus F_n von a um weniger als $\frac{1}{n^2}$ unterscheidet. Das bedeutet, es gibt eine Folge von wachsenden Zahlen n, sodass ein Element von F_n außerordentlich nahe bei a liegt.

Diese Aussage gilt für jede beliebige irrationale Zahl. Einige irrationale Zahlen lassen sich sogar noch wesentlich besser durch Brüche annähern. Für welche irrationalen Zahlen könnte dies gelten? Die einfachen algebraischen Zahlen wie $\sqrt{2}$ scheinen von ihrer Natur her den rationalen Zahlen viel näher, wohingegen wir von den nicht algebraischen, also den transzendenten Zahlen erwarten würden, dass sie sehr weit von den rationalen entfernt leben und keine eng benachbarten rationalen Nachbarn haben. Überraschender Weise ist genau das Gegenteil richtig. Einerseits kann man beweisen, dass jede irrationale Zahl, die sich gut durch rationale Zahlen annähern lässt (dies lässt sich präzise definieren), transzendent sein muss. Tatsächlich steckt dahinter ein Standardverfahren, mit dem sich von einer Zahl beweisen lässt, dass sie transzendent ist. Unter dem Gesichtspunkt einer raschen Approximation durch rationale Zahlen sind gerade die einfachsten irrationalen Zahlen am widerspenstigsten. Zahlen wie $\sqrt{2}$ und der damit verwandte *Goldene Schnitt* $\frac{1}{2}(1 + \sqrt{5})$ lassen sich von allen Zahlen am schlechtesten annähern. Der Grund dafür ist eine eigene Geschichte, und diese beginnt wieder einmal bei den Stammbrüchen.

Rückkehr nach Ägypten

Falls wir in Anlehnung an den ägyptischen Sinn für Ästhetik Brüche mit einem Zähler von eins bevorzugen, liegt die Frage nahe, ob man andere gewöhnliche Brüche in solche Stammbrüche umwandeln kann. Beispielsweise könnten wir mit einem Bruch wie $\frac{2}{7}$ beginnen und Zähler und Nenner durch 2 dividieren, wodurch wir $\frac{1}{3+\frac{1}{2}}$ erhalten. Wir gelangen so zu einem einzelnen Bruch, der selbst wieder aus Brüchen zusammengesetzt ist, bei denen sämtliche Zähler 1 sind. Betrachten wir ein weiteres Beispiel:

$$\frac{25}{91} = \frac{1}{3 + \frac{16}{25}} = \frac{1}{3 + \frac{1}{1 + \frac{9}{16}}} = \frac{1}{3 + \frac{1}{1 + \frac{1}{1 + \frac{7}{9}}}} = \frac{1}{3 + \frac{1}{1 + \frac{1}{1 + \frac{1}{1 + \frac{7}{7}}}}}$$

$$= \ldots = \frac{1}{3 + \frac{1}{1 + \frac{1}{1 + \frac{1}{3 + \frac{1}{2}}}}} \,.$$

Offenbar kann man dies immer erreichen, aber andererseits sollte man meinen, dass selbst der enthusiastischste ägyptische Bruch-fanatiker solchen Ausdrücken keinen großen praktischen Wert abgewinnen könnte. Rechnet man jedoch einige Beispiele, findet man einige sehr nette Eigenschaften. Wir begannen mit einem *teilerfremdem Bruch*, den man nicht mehr weiter kürzen kann, und sämtliche Brüche, die bei Zwischenschritten dieser Berechnung aufgetreten sind, haben dieselbe Eigenschaft. Das gilt allgemein. Was passiert, wenn wir einen nicht teilerfremden Bruch *ägyptisieren*?

$$\frac{84}{105} = \frac{1}{1 + \frac{21}{84}} = \frac{1}{1 + \frac{1}{4}} \,,$$

$$\frac{2058}{3675} = \frac{1}{1 + \frac{1617}{2058}} = \frac{1}{1 + \frac{1}{1 + \frac{441}{1617}}} = \frac{1}{1 + \frac{1}{1 + \frac{1}{3 + \frac{294}{441}}}}$$

$$= \frac{1}{1 + \frac{1}{1 + \frac{1}{3 + \frac{1}{1 + \frac{147}{294}}}}} = \frac{1}{1 + \frac{1}{1 + \frac{1}{3 + \frac{1}{1 + \frac{1}{2}}}}} \,.$$

Der größte gemeinsame Faktor im Zähler und Nenner war im ersten Fall 21 und im zweiten 147, und genau diese Zahlen treten als Zähler im vorletzten Schritt der Berechnung auf. Es scheint, als ob man den größten gemeinsamen Faktor von zwei Zahlen dadurch finden kann, dass man den zugehörigen Bruch ägyptisiert. Weshalb sollte das so sein?

Hinter dieser Sache steckt der sogenannte euklidische Algorithmus. Die Idee ist zwar sehr einfach, aber trotzdem gehört sie zu den wichtigsten Ideen der Algebra. Angenommen, wir subtrahieren b von a und behalten einen Rest r: $a - b = r$. *Dann ist jeder gemeinsame Faktor von a und b auch ein Faktor von r.*[2] Tatsächlich ist jeder Faktor von zwei dieser Zahlen auch ein Faktor der dritten. Insbesondere ist der größte gemeinsame Teiler (ggT) von a und b auch der größte gemeinsame Teiler von b und r. Da aber b und r kleiner sind als a, ist die Suche nach dem ggT für dieses Paar leichter, und wir können diesen Prozess fortsetzen: Sei $b - r = s$, dann können wir mit dem Paar r und s fortfahren. Die auftretenden Zahlen sind immer positiv und nehmen immer weiter ab, also muss dieser Prozess irgendwann enden. Das geschieht, wenn zwei der Zahlen, zum Beispiel u und v, gleich sind (sodass $u - v = 0$ und wir nicht mehr weitermachen können). Der ggT von u mit sich selbst ist aber u, also ist u gleichzeitig auch der ggT des ursprünglichen Zahlenpaars a und b. Dies ist der euklidische Algorithmus zum Auffinden des größten gemeinsamen Teilers von zwei gegebenen Zahlen. Auf diese Weise können wir den Faktor bestimmen, ohne die Zahlen a und b in ihre Faktoren zerlegen zu müssen. Das ist deshalb wichtig, weil es weitaus aufwändiger ist, Zahlen zu faktorisieren als sie zu subtrahieren.

Wenden wir diesen Algorithmus auf das Zahlenpaar (3675, 2058) an, erhalten wir die folgende Serie von Zahlenpaaren:

$$(3675, 2058) \rightarrow (2058, 1617) \rightarrow \underline{(1617, 441)}$$
$$\rightarrow \underline{(1176, 441)} \rightarrow \underline{(735, 441)} \rightarrow (441, 295) \rightarrow (294, 147)$$
$$\rightarrow (147, 147),$$

und somit ist 147 der ggT von 3675 und 2058.

---

[2] Sei c ein solcher gemeinsamer Faktor, sodass $a = cd$ und $b = ce$. Dann gilt $r = a - b = cd - ce = c(d - e)$, und somit ist r ebenfalls ein Vielfaches von c.

All dies spiegelt sich in der ägyptischen Berechnung des entsprechenden Bruchs wider. Die unterstrichenen Zahlenpaare haben eine besondere Bedeutung: Bei ihnen tritt die kleinere Zahl – 441 – in drei aufeinanderfolgenden Paaren auf. Das entspricht der 3 in der Folge der Brüche an diesem Punkt und liegt daran, dass der Restterm 441 sehr klein im Vergleich zu 1617 ist, sodass man ihn häufiger als einmal subtrahieren kann, im vorliegenden Beispiel insgesamt dreimal. Genauso verläuft der euklidische Algorithmus in der Praxis. Betrachten wir als Beispiel nochmals die Zahlen 224 und 98, von denen wir den ggT finden wollen. Der euklidische Algorithmus und die zugehörige Ägyptisierung des Bruchs sehen folgendermaßen aus:

$$224 = 2 \cdot 98 + 28$$
$$98 = 3 \cdot 28 + 14$$
$$28 = 2 \cdot 14$$

$$\frac{98}{224} = \frac{1}{2 + \frac{28}{98}} = \frac{1}{2 + \frac{1}{3 + \frac{14}{28}}} = \frac{1}{2 + \frac{1}{3 + \frac{1}{2}}}$$

Der ggT ist in diesem Fall 14.

Diese Darstellung einer Zahl in Form verschachtelter Brüche bezeichnet man in der Fachsprache als *Kettenbruch*. Für ein Zahlenpaar gibt es zu jeder Zeile im euklidischen Algorithmus eine entsprechende Zeile in der Kettenbruchzerlegung. Beginnen wir insbesondere mit einem teilerfremden Bruch, bei dem der ggT der beiden Zahlen 1 ist, gilt das auch für alle Brüche, die in den Zwischenschritten bei der Berechnung des zugehörigen Kettenbruchs auftreten. Wir kommen auf diesen Punkt nach einem kurzen Zwischenabschnitt zurück.

Münzen, Summen und Differenzen

Probleme im Zusammenhang mit dem Umschütten von Wein oder mit dem Jonglieren von Gegenständen scheinen eher in den Bereich der Scherzfragen zu gehören als zur seriösen Mathematik. Nach einer nicht gesicherten Überlieferung gibt es jedoch eine Beziehung zur Mathematik, die ins 19. Jahrhundert zurückreicht. Es wird behauptet, der berühmte französische Mathematiker Siméon Poisson sei zunächst in beruflicher Hinsicht ein Versager gewesen, bis er während einer Zugreise auf ein Problem der folgenden Art stieß. Während sich die anderen Personen in seinem Abteil verhaspelten, hatte er mit der Lösung kein Problem. So wurde ihm bewusst, dass er offenbar ein Talent hatte, das zu fördern es sich lohnte. Hier ist das Problem von Poisson:

Zwei Freunde haben einen mit Wein gefüllten 8-Liter-Krug und möchten den Wein gleichmäßig unter sich verteilen. Sie haben zwei leere Gefäße, die einmal drei und einmal fünf Liter fassen. Die Frage lautet: Wie können sie ihren Wein gerecht aufteilen?

Zwei Portionen zu jeweils vier Litern lassen sich in sieben Schritten erhalten. Sie können ihre Lösung mit der von Poisson vergleichen (siehe Abb. 11.1). Die Ausgangssituation schreiben wir in der Form (8, 0, 0), wodurch die jeweiligen Mengen in dem 8-, 5- und 3-Liter-Krug angedeutet werden.

Die Lösung ergibt sich aus folgenden Schritten, wobei der Übergang von einem zum nächsten Zustand offensichtlich sein sollte:

$$(8, 0, 0) \rightarrow (3, 5, 0) \rightarrow (3, 2, 3) \rightarrow (6, 2, 0) \rightarrow (6, 0, 2)$$
$$\rightarrow (1, 5, 2) \rightarrow (1, 4, 3) \rightarrow (4, 4, 0).$$

Bei einem anderen, aber ähnlichen Problem treten Summen statt Differenzen auf. Welche Summen sind möglich, wenn man nur 2- und 5-Cent-Stücke verwendet?

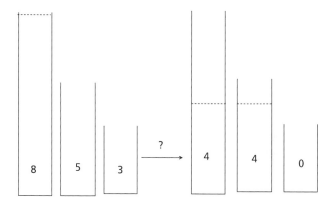

Abb. 11.1 Das Poisson'sche Problem der Weinaufteilung

Da man offensichtlich vier und fünf Cent als Summe errei-chen kann und sich jede Zahl größer als drei dadurch erhalten lässt, dass man ausgehend von vier oder fünf Cent eine geeignete Anzahl von 2-Cent-Stücken hinzulegt, lassen sich alle Summen außer den offensichtlichen Ausnahmen von einem und drei Cent darstellen. Betrachten wir ein etwas anspruchsvolleres *Münzpro-blem*, wie man auch sagt:

Welche Zahlen lassen sich als Summen von Vielfachen von 3 und 8 darstellen?

Nach einigen Versuchen wird man vielleicht auf folgende Stra-tegie stoßen: Die kleinere Zahl ist 3, also suche man nach drei aufeinanderfolgenden Zahlen, die sich mit 3 und 8 darstellen las-sen. Als kleinstes Trio dieser Art stößt man schließlich auf 14, 15 und 16:

$$14 = 8 + 2 \cdot 3, \, 15 = 5 \cdot 3, \, 16 = 2 \cdot 8 \, .$$

Also lässt sich jede Zahl größer als 13 dadurch erhalten, dass man zunächst 14, 15 oder 16 erzeugt und anschließend ein geeignetes Vielfaches von 3 addiert. Durch reines Ausprobieren lässt sich leicht zeigen, dass es, einschließlich der 0, sieben Zahlen kleiner als 14 gibt, die sich aus Dreien und Achten zusammensetzen lassen. Die vollständige Lösung des Problems lautet somit:

$$0, 3, 6, 8, 11, 12, 14, 15, 16, 17, 18, 19, 20, \ldots.$$

Sicherlich möchten Sie nun wissen, wie die allgemeine Lösung aussieht. Wir nehmen zwei positive ganze Zahlen m und n. Gesucht ist eine Charakterisierung sämtlicher Zahlen, die sich als Summen von nicht negativen Vielfachen von m und n darstellen lassen. Wir nehmen an, dass m und n keinen gemeinsamen Teiler haben bzw. dass 1 der größte gemeinsame Teiler ist. Gäbe es nämlich einen ggT, zum Beispiel d, dann lassen sich natürlich nur Vielfache von d darstellen. Hätten wir beispielsweise statt der 3 und der 8 die Zahlen 6 und 16 zur Erzeugung der Summen gewählt, bestünde die Antwort aus allen Lösungen für das Paar 3 und 8, jeweils multipliziert mit 2. Im einem solchen Fall löst man am besten zunächst das Problem für die Paare $\frac{m}{d}$ und $\frac{n}{d}$, deren ggT 1 ist, und multipliziert schließlich die so erhaltene Zahlenreihe mit d. Mit anderen Worten, wir rechnen in Einheiten von d statt 1.

Für teilerfremde Zahlen m und n erhalten wir die Antwort nach einem ähnlichen Prinzip wie bei unseren obigen Beispielen. Von der Zahl $(m-1)(n-1)$ an lassen sich alle größeren Zahlen zusammensetzen, und für die Zahl unmittelbar davor gilt das nicht. In unserem Beispiel war $(m-1)(n-1) = 2 \cdot 7 = 14$, und die Zahl 13 war nicht möglich. Interessanterweise lässt sich *genau die Hälfte* der Zahlen von 0 bis zu diesem höchsten verbotenen Wert ebenfalls erzeugen. Auch das stimmt mit unserem Beispiel überein, bei dem wir gesehen haben, dass sich 7 der 14 Zahlen $0, 1, 2, \ldots, 13$ aus den generierenden Zahlen 3 und 8 zusammensetzen lassen.

In manchen Situationen liegt es nahe, nach der Eindeutigkeit einer solchen Zerlegung zu fragen, beispielsweise bei den möglichen Punkteständen in Sportwettkämpfen. Insbesondere im amerikanischen Gridiron Football haben die meisten Mannschaften eine Punktezahl von $3m+7n$. Zumindest ist das der Fall, wenn wir sogenannte Two-Point Conversions, keine verpassten Extrapunkte und keine Safeties annehmen. Sollten Ihnen diese Begriffe fremd sein, müssen Sie für das Folgende nur wissen, dass man in diesem Spiel nahezu ausschließlich auf zwei Arten punkten kann: in Vielfachen von 3 (Field goals) und 7 (verwandelter Touchdown). Nach unserer Theorie lässt sich mit diesen Einschränkungen jede Punktezahl von $2 \cdot 6 = 12$ aufwärts erreichen, allerdings kein Punktestand von 11 Punkten. In manchen Fällen gibt es jedoch nur eine Möglichkeit, eine bestimmte Punktezahl zu erreichen. Als beispielsweise Indianapolis im Jahr 2007 Baltimore in der Endspielrunde mit 15 zu 6 geschlagen hatte, bedeutete dies, dass die Punkte in diesem Spiel ausschließlich aus Field Goals erzielt wurden, denn es gibt keine andere Möglichkeit, diese Zahlen aus den möglichen Einzelpunkten 7 und 3 zu erhalten. In gewisser Hinsicht kann man das Spiel also aus dem Endergebnis auflösen. Dem erfahrenen Footballfan sagt der Punktestand genug, um welche Art von Spiel es sich gehandelt haben muss, ohne es tatsächlich gesehen zu haben!

Das Zwei-Münzen-Problem ist der erste und gleichzeitig auch letzte vergleichsweise einfache Fall von Problemen dieser Art. Stellt man die gleiche Frage für drei Münzstückelungen, ist die Antwort schon weitaus schwieriger.[3] In der mathematischen Literatur bezeichnet man die höchste Zahl, die sich nicht auf

---

[3] Das Zwei-Münzen-Problem wurde zuerst von Sylvester im Jahre 1884 gelöst. Es gibt eine explizite Lösung für das Drei-Münzen-Problem, doch von dem allgemeinen n-Münzen-Problem ist bekannt, dass es zu einer besonders hartnäckigen Klasse von Problemen gehört, die man als NP-Probleme bezeichnet.

diese Weise erzeugen lässt – bei zwei Münzen ist das die Zahl $mn-m-n$ – als die *Frobenius-Zahl* der zugehörigen Halbgruppe.

Allerdings lässt sich dieses Problem der Zahlendarstellung wesentlich einfacher lösen, wenn man allgemein ganzzahlige Vielfache zulässt und nicht auf positiven Vielfachen (oder der Null) besteht. Dieses Problem ist darüber hinaus nicht nur wichtiger, sondern es besteht auch eine Beziehung zum euklidischen Algorithmus.

Die Frage lautet nun: Welche ganzen Zahlen lassen sich als Summe von Vielfachen von zwei gegebenen ganzen Zahlen m und n schreiben? Wiederum ist offensichtlich, dass nur Vielfache von d, dem größten gemeinsamen Faktor von m und n, auftreten können. Doch wenn wir d als $am + bn$ schreiben können, gilt dies auch für *alle* Vielfachen von d, denn für die Zahl kd müssen wir einfach nur $(ka)m + (kb)n$ betrachten. Die Frage lautet also, können wir unser d erhalten?

Die Antwort lautet ja, und dazu betrachten wir den euklidischen Algorithmus in umgekehrter Richtung. Nehmen wir beispielsweise $m = 3$ und $n = 8$. Mit dem Algorithmus finden wir

$$8 = 2 \cdot 3 + 2$$
$$3 = 1 \cdot 2 + 1$$
$$2 = 2 \cdot 1 \,,$$

was nochmals bestätigt, dass 1 der ggT unserer beiden Zahlen ist. Das Verfahren beginnt damit, dass man sich auf die vorletzte Zeile dieses Algorithmus konzentriert, in welcher der ggT zum ersten Mal auftritt. Mit dieser Gleichung können wir den größten gemeinsamen Faktor, in diesem Fall 1, durch das vorherige Zahlenpaar ausdrücken. Anschließend verwenden wir die jeweils vorherigen Gleichungen, um die bei den Zwischenschritten auftretenden Zahlen zu ersetzen, bis wir schließlich den ggT durch das ursprüngliche Zahlenpaar ausgedrückt haben. Im vorliegenden Fall erhalten wir:

$$1 = 3 - 1 \cdot 2 = 3 - 1 \cdot (8 - 2 \cdot 3) = 3 \cdot 3 - 1 \cdot 8 \, .$$

Der Leser kann sich vielleicht selbst einmal an dem Zahlenpaar $(516, 432)$ versuchen. Der euklidische Algorithmus liefert 12 als den ggT, und wenn man die Gleichungen zurückverfolgt, erhält man schließlich $12 = 6 \cdot 432 - 5 \cdot 516$.

Die Tatsache, dass sich der größte gemeinsame Teiler immer so darstellen lässt, hat weitreichende theoretische Bedeutung. Man kann damit beispielsweise den *Satz von Euklid* beweisen, wonach eine Primzahl p, die ein Faktor eines Produkts ab ist, mindestens auch ein Faktor von einer der beiden Zahlen a oder b sein muss.* Darauf beruht ganz entscheidend der Beweis des Fundamentalsatzes der Arithmetik, der besagt, dass eine beliebige Zahl auf nur eine Weise in ein Produkt von Primzahlen faktorisiert werden kann.

Fibonacci-Zahlen und Brüche

Erinnern wir uns an die von Fibonacci entdeckte Zahlenfolge $1, 1, 2, 3, 5, 8, 13, 21, \ldots$, mit der wir uns in Kap. 4 beschäftigt haben. Betrachten wir die Kettenbruchdarstellung des Verhältnisses von zwei benachbarten Fibonacci-Zahlen, ergibt sich ein erstaunlich einfaches Muster, beispielsweise:

$$\frac{13}{8} = 1 + \frac{5}{8} = 1 + \frac{1}{1 + \frac{3}{5}} = 1 + \frac{1}{1 + \frac{1}{1 + \frac{2}{3}}}$$

$$= 1 + \frac{1}{1 + \frac{1}{1 + \frac{1}{1 + \frac{1}{1}}}} \, .$$

Wir erhalten einen langen Bruch, der ausschließlich aus Einsen besteht, und im Verlauf der Rechnung tritt jedes vorangehende

Verhältnis von Fibonacci-Zahlen einmal auf. Das muss allgemein gelten: Aus der Definition der Fibonacci-Zahlen folgt, dass jede Zahl in der Folge kleiner ist als das Doppelte der vorherigen Zahl, und somit ist das Ergebnis der Division die Zahl 1. Außerdem ist der Rest gerade die vorherige Fibonacci-Zahl. Erinnern wir uns weiter, dass sich das Verhältnis von zwei aufeinanderfolgenden Fibonacci-Zahlen für größere Werte dem Goldenen Schnitt τ nähert. Somit liegt die Vermutung nahe, dass τ der Grenzwert der Folge von Kettenbrüchen ist, die ausschließlich aus Einsen bestehen.

Das lässt sich auf sehr geschickte Art beweisen. Sei a der Wert des unendlichen Turms verschachtelter Brüche aus Einsen, dann muss a die Beziehung $a = 1 + \frac{1}{a}$ erfüllen, denn der Kettenbruch unterhalb der ersten Ebene ist gerade wieder eine Kopie von a selbst. Also erfüllt a die Gleichung $a^2 = a + 1$, und die positive Wurzel dieser Gleichung ist $\tau = \frac{1+\sqrt{5}}{2}$. Damit ist Keplers ursprüngliche Beobachtung bewiesen, also die Beziehung zwischen den Fibonacci-Zahlen und dem Goldenen Schnitt.[4]

Gerade diese Eigenschaft, dass der Kettenbruch von τ nur Einsen enthält, ist der Grund, weshalb sich diese Zahl so schwer durch rationale Zahlen approximieren lässt. Offenbar lassen sich alle irrationalen Zahlen durch unendliche Kettenbrüche darstellen (endliche Kettenbrüche entsprechen wieder rationalen Zahlen). Kettenbrüche sehen wegen der vielen Ebenen in ihrer Darstellung oft scheußlich aus, aber sie haben eine herausragende mathematische Bedeutung, unter anderem wegen ihrer Beziehung zum euklidischen Algorithmus. Ähnlich wie schon die rationalen Zahlen können wir jede beliebige Zahl $a > 1$ als Kettenbruch darstellen.* Die unhandliche Darstellung sämtlicher Ebenen lässt sich leicht umgehen: Da wir für die Zähler immer nur Einsen verwenden, müssen wir für eine eindeutige Charakterisie-

---

[4] Der erste Beweis stammt von dem schottischen Mathematiker Robert Well im Jahre 1753.

rung eines Kettenbruchs nur die Quotienten der Divisionen aufzeichnen. Beispielsweise lässt sich die Kettenbruchdarstellung für den Bruch $\frac{25}{93}$ durch die Folge $[0, 3, 1, 1, 1, 2]$ angeben und der Goldene Schnitt τ durch die Schreibweise $[1, 1, 1, \ldots]$. Ähnlich wie schon bei der Dezimalschreibweise drücken wir das durch $\tau = [\bar{1}]$ aus.

Wir sehen also, dass die irrationale Zahl τ in der Kettenbruchdarstellung eine rekurrente Form hat. Tatsächlich tritt eine rekurrente Zahlenfolge in der Kettenbruchdarstellung nur entweder bei rationalen Zahlen auf (deren Kettenbruchdarstellung nach endlich vielen Schritten endet) oder bei Lösungen von quadratischen Gleichungen, wie zum Beispiel τ, das, wie wir oben gesehen haben, eine Lösung der Gleichung $x^2 = x + 1$ ist, oder $\sqrt{2}$, das die Gleichung $x^2 = 2$ löst. Einige weitere Beispiele zeigen die vergleichsweise unvorhersehbare Natur der Wiederholungen: $\sqrt{3} = [1, \overline{1, 2}]$, $\sqrt{7} = [2, \overline{1, 1, 1, 4}]$, $\sqrt{17} = [4, \bar{8}]$ und $\sqrt{28} = [5, \overline{3, 2, 3, 10}]$. Es gibt jedoch eine besondere und gleichzeitig bemerkenswerte Eigenschaft in der Kettenbruchzerlegung einer irrationalen Quadratwurzel. Die Entwicklung beginnt mit einer ganzen Zahl r, anschließend folgt ein rekurrenter Block aus einer palindromen Folge (das ist eine Zahlenfolge, die vorwärts und rückwärts gelesen gleich ist), abgeschlossen von der Zahl $2r$. Das lässt sich bei allen oben angegebenen Beispielen erkennen: Bei der Wurzel $\sqrt{28}$ sehen wir zunächst $r = 5$, es folgt die Folge $3, 2, 3$ als der palindrome Anteil des rekurrenten Blocks und schließlich noch $2r = 10$. Bei $\sqrt{2}$ und $\sqrt{17}$ ist der palindrome Teil leer; das Muster ist zwar immer noch vorhanden, aber in vereinfachter Form. Die Kettenbruchzerlegung einer Zahl ist eindeutig – zwei verschiedene Kettenbrüche haben auch verschiedene Werte.

Die Bedeutung der Kettenbrüche zeigt sich besonders, wenn man irrationale Zahlen durch eine Folge von rationalen Zahlen approximieren möchte. Die sogenannten *Konvergenten* eines

Kettenbruchs, d. h. die rationalen Näherungen der ursprünglichen Zahl, die man durch den Abbruch der Kettenbruchdarstellung in einer bestimmten Ebene erhält, bilden die bestmöglichen Annäherungen an die irrationale Zahl, d. h., jede bessere Approximation hat einen größeren Nenner als die Konvergenten. Die Konvergenten des Goldenen Schnitts sind die Verhältnisse aufeinanderfolgender Fibonacci-Zahlen. Da jeder Term in der Kettenbruchdarstellung von τ gleich 1 ist, konvergieren diese Verhältnisse nur sehr langsam – langsamer ist nicht möglich. Daher ist τ die Zahl, die sich am schwierigsten durch rationale Zahlen approximieren lässt, und die Verhältnisse von Fibonacci-Zahlen sind das Beste, was man erreichen kann.[5]

Einige berühmte transzendente Zahlen besitzen eine Kettenbruchdarstellung, die nicht nur Einsen in den Zählern hat. Die erste dieser Zahlen ist[*]

$$e = 2 + \cfrac{1}{1 + \cfrac{1}{2 + \cfrac{2}{3 + \cfrac{3}{4 + \cfrac{4}{5}\dots}}}}$$

Die Zahl e ist zwar transzendent, aber hinsichtlich ihres Annäherungsverhaltens gleicht sie eher den quadratischen irrationalen Zahlen. Die erste konkrete Zahl, von der man über eine rationale Approximation beweisen konnte, dass sie transzendent ist, bezeichnet man heute als Liouville'sche Konstante. Für sich genommen hatte diese Zahl keine besondere Bedeutung, aber ihre Dezimalentwicklung war so konstruiert, dass man mit einem Argument von Liouville zeigen konnte, dass sie transzendent sein muss. (Die Dezimalentwicklung der Liouville-Konstanten besteht hauptsächlich aus einer Folge von Nullen, die immer sel-

---

[5] Wenn der Nenner einer Konvergenten gleich q ist, dann liegt die Näherung innerhalb von $\frac{1}{\sqrt{5}q^2}$ zum wahren Wert der Zahl. Die Konvergenten eines Kettenbruchs haben die Eigenschaft, den Grenzwert, den sie approximieren, alternativ einmal zu überschätzen und dann wieder zu unterschätzen.

tener durch von Null verschiedenen Zahlen unterbrochen wird.) Das Argument besagt, dass jede Zahl, deren Dezimalentwicklung ausreichend rasch konvergiert, transzendent sein muss, denn eine irrationale algebraische Zahl kann keine derart effizienten Konvergenten haben.

Ein weiterer bekannter Kettenbruch, der sich auf die Zahl π bezieht, lautet[6]

$$\frac{4}{\pi} = 1 + \cfrac{1^2}{2 + \cfrac{3^2}{2 + \cfrac{5^2}{2 + \cfrac{7^2}{2 + \dots}}}}$$

Die Cantor'sche Menge

Nachdem wir nun eine bessere Vorstellung davon gewonnen haben, wie verschiedene Arten von Zahlen auf der Zahlengeraden verteilt sind, können wir zu dem Problem der Größe von Mengen zurückkehren. Wir haben in einem früheren Kapitel gesehen, dass die rationalen Zahlen eine abzählbare Menge bilden, obwohl sie dicht gepackt auf der Zahlengeraden liegen. Demgegenüber ist die Cantor'sche Menge eine nicht abzählbare Teilmenge des Einheitsintervalls I, die trotzdem vergleichsweise dünn verteilt ist.

Wir beginnen mit dem Einheitsintervall I, d.h. mit allen reellen Zahlen von 0 bis 1. Der erste Schritt zur Bildung der Cantor-Menge besteht darin, das mittlere Drittel aus diesem Intervall herauszunehmen, d.h., alle Zahlen von $\frac{1}{3}$ bis $\frac{2}{3}$ (die

---

[6] Diese Darstellung ergibt sich aus dem sogenannten Wallis-Produkt, ein unendliches Produkt, das gleich π ist. Es wurde im 17. Jahrhundert von dem englischen Mathematiker John Wallis gefunden, indem er die Flächen unter Kurven untersuchte, die sich durch zunehmende Potenzen der Sinus-Funktion ergeben.

Abb. 11.2   Die Entstehung der Cantor-Menge bis zum vierten Schritt

beiden Zahlen eingeschlossen) werden entfernt. Die verbliebene Menge besteht aus den beiden Intervallen von 0 bis $\frac{1}{3}$ und von $\frac{2}{3}$ bis 1. Im zweiten Schritt nehmen wir die beiden mittleren Drittel dieser beiden Intervalle heraus, im dritten Schritt entfernen wir die mittleren Drittel der verbliebenen Intervalle usw. Die Cantor'sche Menge besteht aus allen Punkten von I, die *nicht* bei irgendeinem Schritt dieses Prozesses herausgenommen werden (siehe Abb. 11.2).

Was ist das Maß dieser Menge C? Wir beginnen mit der Menge C_0, die aus dem Einheitsintervall I besteht und die Länge eins hat. Bei jedem Schritt besteht die Gesamtlänge der Menge der verbliebenen Punkte aus zwei Dritteln der Länge der Punktemenge einen Schritt zuvor, da genau ein Drittel der jeweiligen Menge entfernt wird. Somit besteht C_1 aus zwei Intervallen mit der Gesamtlänge $\frac{2}{3}$, die nächste Menge besteht aus vier Intervallen der Gesamtlänge $\left(\frac{2}{3}\right)^2$, und ganz allgemein haben wir nach dem n-ten Schritt eine Menge C_n, die aus 2^n Intervallen mit der Gesamtlänge $\left(\frac{2}{3}\right)^n$ besteht. Wir definieren die Cantor-Menge als die Menge C, die alle Punkte enthält, die niemals herausgenommen werden, d. h., die in allen Mengen C_n enthalten sind. Nun bilden die Mengen C_n aber eine abnehmende Folge von immer kleiner werdenden Mengen. Bleibt dann überhaupt noch irgendetwas übrig, was in allen Mengen enthalten ist?

Offensichtlich ist das Maß der Cantor-Menge gleich 0. Ohne überhaupt eine formale Definition von einem Maß gegeben zu haben, sehen wir, dass die Menge C in einer Menge von Intervallen enthalten ist, deren Gesamtlänge $\left(\frac{2}{3}\right)^n$ ist. Mit zunehmendem n geht die Potenz dieses Bruchs gegen 0. Daher kann der Cantor-Menge C kein positives Maß $a > 0$ zugeschrieben werden, denn C liegt innerhalb von Intervallen, deren Gesamtlänge kleiner ist als a. Der einzige Wert, den man der Menge C als Maß sinnvollerweise zuschreiben kann, ist die Null. Wie bei der Menge der gewöhnlichen Brüche handelt es sich auch bei der Cantor-Menge um eine Menge im Einheitsintervall I mit dem Maß 0.

Man könnte zunächst vermuten, dass wir das Kind mit dem Bade ausgeschüttet haben und überhaupt keine Punkte mehr in C enthalten sind. Ist die Cantor'sche Menge leer?

Die Antwort ist ein klares Nein! Es sind unendlich viele Zahlen in C verblieben.

Um das zu sehen, wechseln wir in die „Dezimaldarstellung" zur Basis drei, die man manchmal auch als *Ternärsystem* oder *Dreiersystem* bezeichnet, denn die ganze Konstruktion beruht auf Dritteln. In der Basis 3 haben die Zahlen $\frac{1}{3}$ und $\frac{2}{3}$ die Entwicklungen 0,1 bzw. 0,2. Das mittlere Drittel des Einheitsintervalls entspricht allen Zahlen, deren Entwicklung im Dreiersystem mit 0,1 beginnt, und diese haben wir herausgenommen. (Wir haben auch 0,2 herausgenommen, das sich aber auch als $0,1222\ldots$ schreiben lässt.) Beim zweiten Schritt haben wir alle Zahlen herausgeworfen, deren Dreierentwicklung mit 0,01 beginnt oder aber mit 0,21 (das mittlere Drittel des zweiten Intervalls). Insgesamt haben wir beim zweiten Schritt alle Zahlen zwischen 0 und 1 entfernt, die in der Basis 3 entweder an der ersten oder zweiten Stelle eine 1 haben.

Entsprechend haben wir nach dem n-ten Schritt alle Zahlen aus dem Intervall I entfernt, die in ihrer Dreiersystementwicklung an irgendeiner der ersten n Stellen eine 1 haben. Die Cantor'sche Menge besteht somit aus allen Zahlen im Einheitsintervall, deren Dreierentwicklung nur die Ziffern 0 und 2 enthält. Beispielsweise liegt die Zahl 0,202020... in C. In der Basis 10 entspricht dies dem Bruch $\frac{3}{4}$.* Tatsächlich liegen überabzählbar viele Elemente in der Cantor-Menge. Das sieht man am leichtesten, wenn man eine Eins-zu-Eins-Beziehung zwischen den Elementen von C und der Binärentwicklung der Zahlen in I aufstellt, indem man jede 2 in der Entwicklung einer Zahl in C durch eine 1 ersetzt. Beispielsweise wird aus der Zahl $\frac{3}{4}$ nun die Entwicklung 0,101010.... Da es für jede Zahl im Einheitsintervall eine solche Binärentwicklung gibt, gelangen wir zu dem erstaunlichen Ergebnis, dass es eine Eins-zu-Eins-Beziehung zwischen der Cantor-Menge C und dem Intervall I gibt. Mit anderen Worten, C enthält genauso viele Elemente wie die gesamte reelle Zahlengerade. Hinsichtlich der Anzahl der Punkte ist C so groß wie es nur sein kann, obwohl es vom Maß 0 ist.

Noch erstaunlicher ist aber, dass C *nirgendwo dicht* ist. Erinnern wir uns, was wir gemeint haben, als wir sagten, die rationalen Zahlen seien dicht: Für jede beliebige reelle Zahl a gibt es in jedem beliebig kleinen Intervall um a rationale Zahlen. Man sagt auch, dass jede beliebige *Umgebung* von a Elemente der rationalen Zahlen enthält. Für die Cantor-Menge gilt genau das Gegenteil: Zahlen, die nicht in C sind, besitzen auf der reellen Achse immer eine genügend kleine Umgebung, in der es keine Elemente von C gibt. Um das zu sehen, betrachten wir eine beliebige Zahl a, die *nicht* in C liegt. Das bedeutet, a besitzt eine Entwicklung im Dreiersystem, die zumindest eine 1 enthält: $a = 0,\ldots 1\ldots$, wobei die 1 an der n-ten Stelle sitzen soll. Für ein ausreichend kleines Intervall in der Umgebung von a haben alle Zahlen b innerhalb dieses Intervalls eine Dreierentwicklung, die bis zu Stellen jenseits von n mit der von a übereinstimmen und damit *keine* Elemente dieser seltsamen Menge C sind, da ihre Dreierentwicklung ebenfalls mindestens eine 1 enthält.

Andererseits ist ein beliebiges Element a der Cantor-Menge auch nie so ganz alleine, denn wenn sich a in einem noch so kleinen Intervall J in seiner Umgebung auf der Zahlengeraden umschaut, findet es immer Nachbarn aus der Menge C, die ebenfalls dort leben (außerdem natürlich Zahlen, die nicht in C sind). Wir können ein Element b aus J, das auch zu C gehört, dadurch beschreiben, dass seine Dreierentwicklung mit der von a für eine sehr große Anzahl von Stellen übereinstimmt, ohne dass jedoch irgendeine der Zahlen 1 ist. Tatsächlich gibt es sogar überabzählbar viele Elemente von C in einem solchen Intervall J. Andererseits, wie schon erwähnt, könnten Zahlen, die nicht in C sind, ihr gesamtes Leben auf der Zahlengeraden verbringen, ohne jemals ein Element aus C zu Gesicht zu bekommen, vorausgesetzt, ihr Horizont ist nicht sehr weit.

Zusammenfassend können wir festhalten, dass die Anzahl der Elemente in der Cantor-Menge C so groß wie nur möglich ist, und die Mitglieder des Cantor-Clubs leben mit vielen Artgenossen zusammen. Andererseits scheint für Zahlen, die nicht zur Menge C gehören, die Cantor-Menge kaum zu existieren. In ihrer unmittelbaren Nachbarschaft befindet sich nicht ein Element von C, und die Menge C selbst hat das Maß null. Für sie ist C so gut wie nichts.

12

Anwendungen
der Zahlentheorie: Codes
und Public-Key-Kryptographie

Geheimcodes oder Chiffren gehören zu den Dingen, von denen die Fantasie der Menschen magisch angezogen wird, besonders die der Kinder. Für ein Kind scheint es nur wenig zu geben, was man ganz für sich hat, ohne Zugriff der Erwachsenen und die Gefahr, es weggenommen zu bekommen. Die Möglichkeit einer eigenen Kommunikation mit ein oder zwei vertrauten Freunden, die niemand anders verstehen kann, gehört zu den wenigen Dingen, bei denen man sich in einer Welt fühlen kann, in die noch nicht einmal die Eltern eindringen können.

Bis vor Kurzem lagen die wichtigsten Anwendungen von Geheimcodes im militärischen Bereich. Mittlerweile werden aber auch vielfältige Codierungsformen in der elektronischen Informationsübertragung verwendet. Einiges, wie die Übertragung persönlicher Daten, ist immer noch geheim und geschützt, doch vieles ist auch öffentlich zugänglich und dient bevorzugt dem weltweiten freien Datenaustausch.

Historische Beispiele

Der erste ernsthaft verwendete militärische Geheimcode war vermutlich die sogenannte Cäsar-Verschlüsselung. Diese Geheimschrift sollte die Kommandeure in die Lage versetzen, geschriebene Nachrichten mit einem gewissen Grad an Sicherheit untereinander austauschen zu können. Wurde der Bote gefangen genommen, konnte er den Inhalt der Nachricht nicht verraten, da er sie selbst nicht lesen konnte. Selbst wenn die Nachricht in feindliche Hände fiel, konnte sie der Gegner nicht entziffern, zumindest nicht auf dem Schlachtfeld. Auf der anderen Seite musste der richtige Empfänger diese Nachricht möglichst schnell und fehlerfrei lesen können, d. h., die Nachricht musste durch einen Eingeweihten rasch zu entziffern sein.

Die Cäsar zugeschriebene Geheimschrift war sehr einfach und bestand lediglich in einer Verschiebung der Buchstaben des Alphabets um drei Plätze. Eine Nachricht ließ sich so schnell entziffern, besonders wenn man das verschobene Alphabet vor Augen hatte:

A B C D E F G H I J K L M N O P Q R S T U V W X Y Z

D E F G H I J K L M N O P Q R S T U V W X Y Z A B C

In der Cäsar-Verschlüsselung wurde die Nachricht UEBER-QUERE DEN RUBIKON (das ist der sogenannte *Klartext* der Nachricht) zu XHEHUTXHUH GHQ UXELNRQ (dem *Geheimtext* der Nachricht). Das dürfte ausgereicht haben, um den Gegner zumindest zunächst einmal zu verwirren. Der Code ist jedoch nicht sehr sicher, und wenn der Gegner wusste oder zumindest vermutete, dass die Geheimschrift auf einer alphabetischen Verschiebung beruhte, konnte der Code nach dem Abfang einer Meldung wie der obigen leicht in wenigen Minuten geknackt werden. Sobald die verschlüsselte Form auch nur eines einzigen Buchstabens richtig geraten wurde, ist der gesamte Code geplatzt, denn die zyklische Verschiebung des Alphabets ist bekannt: Wenn wir beispielsweise vermuten, dass bei der Verschlüsselung die Ersetzung $A \rightarrow D$ vorgenommen wurde, und wir außerdem wissen, dass es sich bei der Geheimschrift um eine einfache Cäsar-Verschiebung handelt, liegt der Schlüssel zur Geheimschrift offen.*

Eine etwas schwierigere Chiffre beruht darauf, jeden Buchstaben ohne feste Regel mit irgendeinem anderen Buchstaben zu vertauschen. Selbst wenn wir einen Buchstaben wie I oder A entziffert haben (was besonders im Englischen oft einfach ist, da es nur diese beiden Worte mit einem Buchstaben gibt), können wir noch keine Ersetzungsvorschrift für die anderen Buchstaben angeben, da es keine Regeln gibt. Die willkürliche Form der Substitution ist allerdings auch für die Anwender des Codes unhandlicher, weil es schwieriger ist, sich die Art der Ersetzungen zu merken. Man macht leicht Fehler, es sei denn, die geheime Verschlüsselungsvorschrift wurde aufgeschrieben, und dann besteht immer die Gefahr, dass dieser Merkzettel in die falschen Hände fällt. Das Problem lässt sich umgehen, indem man nicht Buchstaben durch Buchstaben ersetzt, sondern durch andere Symbole, die sich nach einem einfachen Muster ableiten lassen. Wer das privilegierte Wissen um den Code besitzt, kann sich bei Bedarf das Diagramm jederzeit aufmalen, den Code rekonstruieren und anschließend das Bild wieder zerstören. Viele von uns haben als Kinder das Muster in Abb. 12.1 gesehen.

Die Symbole werden dann in natürlicher Weise dem Bild entnommen (siehe Abb. 12.2).

Auf dieser Idee beruht auch die berühmte Geschichte mit Sherlock Holmes *The Dancing Men*, bei der sich die Mitglieder einer geheimen Bruderschaft mithilfe eines ähnlichen Substitutionscodes, der allerdings auf Strichmännchen beruht, gegenseitig bedrohen und erpressen. Überall erscheinen unheilvolle Nachrichten und treiben die Heldin beinahe in den Wahnsinn. Holmes braucht jedoch nicht besonders lange, um den Code zu knacken und den Spieß gegen die Übeltäter zu wenden. Dazu verwendet er eine Häufigkeitsanalyse, Mustererkennung sowie schlichtes Probieren, bis alles gelöst ist.

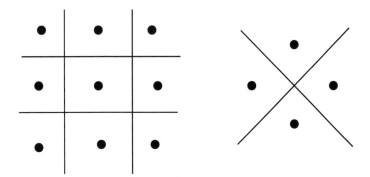

Abb. 12.1   Ein einfaches Muster zur Erstellung einer Substitutionsvorschrift

⌋ = A   ⌊ = B   ⌊_ = C ...   ⌈ = I   •⌋ = J

⌊•⌋ = K ...   ⌈• = R   ∨ = S ...   ∨̇ = W ...   ◁• = Z

Abb. 12.2   Die daraus abgeleitete Substitutionsvorschrift

Aus einer langen, nach einer einfachen Substitutionsregel verschlüsselten Nachricht lässt sich die wahre Bedeutung der Buchstaben vergleichsweise einfach ablesen. Die Symbole für I und A treten mit großer Wahrscheinlichkeit isoliert auf (dies bezieht sich wiederum auf einen englischen Text), und die Ersetzungen von häufigen Buchstaben wie E und T werden ebenfalls vergleichbar häufig auftreten. Daraus lassen sich kurze Worte erraten, wodurch weitere Buchstaben entlarvt werden, und sehr bald ist das Geheimnis gelüftet. Trotz einiger Finten der Gegner von Holmes wurden ihre Nachrichten sehr bald durch diese Art der Analyse entschlüsselt.

Im 16. Jahrhundert hatte man die grundlegenden Ideen jedoch weiter ausgearbeitet und militärische Geheimschriften entwickelt, die damals als nicht entzifferbar galten, die sich jedoch mit dem richtigen Schlüssel sehr einfach entziffern ließen. Die bekannteste Geheimschrift dieser Zeit, die Vigenère-Verschlüsselung, trotzte viele Jahrhunderte allen Versuchen, sie zu knacken. Ihre Eleganz beruht darauf, dass der Schlüssel aus einem einfachen Wort besteht, beispielsweise LIBERTY. Hat jemand die Nachricht unberechtigterweise abgefangen, kann er die Schrift ohne das Code-Wort nur unter größten Schwierigkeiten entziffern, *selbst wenn er weiß, dass sein Gegner eine Vigenère-Chiffre verwendet*. Man glaubte allgemein sogar, dass ein Knacken dieser Verschlüsselung praktisch unmöglich sei und sich somit noch nicht einmal der Versuch lohne. Die einzige Hoffnung bestand darin, auf irgendeine Weise an das Schlüsselwort zu gelangen. Dabei konnte es sich um jede beliebige Buchstabenfolge handeln, und daher erschien das System vollständig sicher, wenn man es mit der notwendigen Vorsicht verwendete.[1]

Und so funktioniert es: Die Buchstaben des Schlüsselworts werden senkrecht untereinander geschrieben und stehen jeweils für den ersten Buchstaben einer einfachen Cäsar-Verschlüsselung. Nun verschlüsseln wir den ersten Buchstaben der Nachricht nach dieser ersten Chiffre, den zweiten Buchstaben nach der zweiten Chiffre usw. Dabei durchlaufen wir den Zyklus der Cäsar-Verschiebungen immer wieder von vorne, sobald wir ans Ende des Schlüsselworts gelang sind. Angenommen, unsere Nachricht lautet im Klartext: A MAN A PLAN A CANAL PANAMA[2]

Mit LIBERTY als dem Schlüsselwort würden der Sender und der rechtmäßige Empfänger der Nachricht eine Chiffren-Tabelle wie in Abb. 12.3 aufsetzen.

Das erste A der Nachricht wird durch den Buchstaben L verschlüsselt. Für das Wort MAN verwenden wir den 13. Buchsta-

---

[1] Die Idee scheint zum ersten Mal von Leon Battista Alberti aus Florenz bei einem Besuch im Vatikan um 1460 vorgetragen worden zu sein.
[2] Hierbei handelt es sich um ein berühmtes Beispiel für ein komplexes Palindrom – man lese es einmal von hinten nach vorne!

1	2	3	4	5	6	7	8	9	10	11	12	13	14	...	25	26
L	M	N	O	P	Q	R	S	T	U	V	W	X	Y	...	J	K
I	J	K	L	M	N	O	P	Q	R	S	T	U	V	...	G	H
B	C	D	E	F	G	H	I	J	K	L	M	N	O	...	Z	A
E	F	G	H	I	J	K	L	M	N	O	P	Q	R	...	C	D
R	S	T	U	V	W	X	Y	Z	A	B	C	D	E	...	P	Q
T	U	V	W	X	Y	Z	A	B	C	S	E	F	G	...	R	S
Y	Z	A	B	C	D	E	F	G	H	I	J	K	L	...	W	X

Abb. 12.3 Eine Chiffren-Tabelle im Vigenère-System für das Schlüsselwort LIBERTY

ben der zweiten Chiffre, den ersten der dritten und den 14. Buchstaben der vierten Chiffre, was in verschlüsselter Form das Wort UBR ergibt. So können wir fortfahren und erhalten schließlich die vollkommen verschlüsselte Nachricht wie in Abb. 12.4.

Wir haben das Schlüsselwort nochmals über den Klartext gelegt, um zu verdeutlichen, welches der sieben verschobenen Alphabete bei den einzelnen Buchstaben gerade verwendet wird.

Es wird sofort offensichtlich, dass ein potenzieller Codebreaker vor einigen neuen Hindernissen steht. Die übliche Annahme, dass ein isolierter Buchstabe (im Englischen) entweder dem Wort A oder I entspricht, gilt zwar immer noch, doch wir sehen, dass der Buchstabe A im Klartext verschieden verschlüsselt wurde, was für den Codebreaker ein großes Problem ist. Auch eine einfache Häufigkeitsanalyse bringt meist nicht viel, da die wirklichen Häufigkeiten durch die sich ständig ändernde Ersetzungsvorschrift im Verlauf der Nachricht verdeckt werden. Gibt es eine Möglichkeit, eine derart knifflige Chiffre zu knacken?

L I BE   R T YL I B   ERTYL I BER TY

A MAN A PLAN A CANAL PANAMA

L UBR   R IJLV   B GRGYW XBRRGY

Abb. 12.4   Klartext und verschlüsselter Text

Tatsächlich gibt es eine solche Möglichkeit, und der erste, der das zeigen konnte, war der englische Mathematiker Charles Babbage (1791–1871). Heute kennt man Babbage eher, weil er als erster eine „Rechenmaschine" entworfen hat. Seine Vision, schwierige astronomische Berechnungen „mit Dampf" ausführen zu lassen, führte zum Konstruktionsplan einer „Differenzenmaschine". Er genoss bei der Regierung ein hohes Ansehen, so dass diese Gelder im Wert von zwei Kriegsschiffen für den vergeblichen Versuch ausgab, seine Visionen Realität werden zu lassen. Die Technik des 19. Jahrhunderts war für diese Aufgabe noch nicht geeignet und das Projekt war ein Fehlschlag. Die Hochachtung, die man Babbage entgegenbrachte, könnte teilweise auch darauf beruht haben, dass er der damals führende Codebreaker war.

Der Weg, der Babbage schließlich zur Entzifferung der Vigenère-Chiffre führte, war recht eigenartig. In Bristol lebte ein Mann namens John Thwaites, der eine bestimmte Version der Vigenère-Chiffre wiederentdeckt hatte und diese Idee in der Hoffnung auf ein Patent veröffentlichte. Babbage hörte davon und erklärte etwas geringschätzig, diese Art der Verschlüsselung sei seit Hunderten von Jahren bekannt und man könnte in entsprechenden Büchern mehr dazu finden. Verärgert über diese Abfuhr rief Thwaites Babbage auf, seinen Code zu knacken. Dieser Aufruf beruhte auf verletztem Stolz, denn Babbage hatte nie behauptet, er könnte Thwaites Code knacken, sondern lediglich, dass es sich dabei um nichts Neues handelte. Trotzdem nahm Babbage die Herausforderung an und entwickelte tatsächlich Verfahren, mit denen er den Code entziffern konnte. Aus irgendwelchen Gründen hat er seine Arbeit jedoch nicht veröffentlicht (vielleicht hatte ihn die britische Regierung überredet, die Sache nicht an die große Glocke zu hängen, in der Hoffnung, irgendwann einmal einen militärischen Nutzen daraus ziehen zu können). Statt dessen erging die öffentliche Anerkennung an den preußischen Heeresoffizier Friedrich Willhelm Kasiski, der unabhängig von Babbage auf dieselben Verfahren gestoßen war und diese im Jahre 1863 veröffentlichte.

Es ist gar nicht so kompliziert, wie man eine Vigenère-Verschlüsselung angehen könnte, schließlich handelt es sich lediglich um einen Zyklus von Cäsar-Verschiebungen, die sich sehr leicht mit einer Häufigkeitsanalyse knacken lassen. Wüssten wir beispielsweise, wie *lang* das Schlüsselwort der Vigenère-Chiffre ist, hätten wir bereits einen Anhaltspunkt. Bei unserer LIBERTY-Verschlüsselung ist die Länge des Zyklus sieben, was bedeutet, dass eine verschlüsselte Nachricht aus einem Zyklus von sieben Cäsar-Verschiebungen besteht. Wenn wir uns daher nur auf die Buchstaben an den Stellen 1, 8, 15,. . .,1+7k,. . . konzentrieren, haben wir es mit einer einfachen Cäsar-Verschlüsselung zu tun. Wenn wir einen der häufig vorkommenden Buchstaben in dieser Folge identifizieren können, beispielsweise ein e oder t, dann entdecken wir auch sehr bald, dass A zu L verschoben wurde, B zu M usw. Indem wir die anderen Zyklen in der gleichen Weise untersuchen, stoßen wir sehr bald auf das Schlüsselwort LIBERTY, und nun liegt der Geheimcode offen vor uns.

Natürlich kennen wir im Allgemeinen die Länge des Schlüsselworts nicht, d. h., die Arbeit wird etwas aufwändiger. Trotzdem zeigt schon diese grobe Überlegung, dass eine Vigenère-Verschlüsselung mit einem kurzen und einfachen Wort gegenüber einer Entzifferung sehr anfällig ist. Ein Schlüsselwort aus einem Buchstaben entspricht einer einfachen Cäsar-

Verschlüsselung, und ein kurzes Schlüsselwort führt ebenfalls zu so vielen Wiederholungen, dass es unsicher ist. Lange Nachrichtentexte mit vielen vertrauten kurzen Wörtern wie DAS, UND, ES usw. geben genügend Anhaltspunkte, die von gegnerischen Agenten ausgenutzt werden können.

Auch wenn es umständlicher ist, kann sich ein Benutzer natürlich auch ein längeres Schlüsselwort merken: ICHWEISSNICHTWASSOLLESBEDEUTEN wäre ein leicht zu merkender Schlüssel der Länge 30. Ein gegnerischer Codebreaker müsste schon sehr viele Nachrichtentexte abfangen, bevor die Regelmäßigkeiten der gewöhnlichen Sprache in einer Vigenère-Chiffre mit sehr langen Schlüsselwörtern sichtbar werden. Andererseits hinterlassen sehr lange verschlüsselte Texte schließlich doch irgendwelche Spuren, die auf die Länge des Schlüsselworts hindeuten. Angenommen, der Name *London* wurde in einem gegnerischen Plan häufig erwähnt. Obwohl das Wort auf viele verschiedene Arten verschlüsselt wurde, könnte das Wort *London* mehr als einmal auf dieselbe Weise verschlüsselt worden sein, sodass unser gegnerischer Analytiker in dem verschlüsselten Text Duplikate sieht. Beginnen wir beispielsweise bei unserer LIBERTY-Chiffre mit dem ersten Buchstaben des Schlüsselworts, so würde *London* als WWOHFG verschlüsselt. Angenommen, dieselbe seltsame Zeichenfolge WWOHFG tauchte zweimal in dem Text auf und gleiche Buchstaben wären jeweils durch 21 Symbole voneinander getrennt. Was könnte das bedeuten?

Es könnte sich natürlich um einen Zufall handeln, bei dem zwei vollkommen verschiedene Worte in dieselbe Buchstabenfolge übersetzt wurden, weil sie zu verschiedenen Cäsar-Verschiebungen gehören. Bei kurzen Buchstabenfolgen von bis zu drei Symbolen kann das schon einmal passieren, doch für längere Folgen wird das immer unwahrscheinlicher. Bei einer Wiederholung von einer Folge aus sechs Buchstaben, wie in diesem Fall, würde jeder gegnerische Agent sofort nachhaken.

Wenn der Spion vermutet, dass WWOHFG in beiden Fällen zu demselben Wort gehört, was sehr wahrscheinlich ist, dann muss der Abstand zwischen zwei solchen Buchstabenfolgen ein *Vielfaches* der Länge des Schlüsselworts sein. Da wir in diesem Fall von einem Abstand von 21 Symbolen ausgegangen sind, kann die Länge des Schlüsselworts nur 3, 7 (der richtige Wert) oder 21 sein. Das wäre schon ein richtiger Durchbruch, denn nun kann man mithilfe einer Häufigkeitsanalyse auf jedem dritten, siebten oder auch 21. Buchstaben weitermachen. Bei einem schönen langen Geheimtext würde das Schlüsselwort sehr bald auftauchen, sobald man Zyklen der Länge sieben untersucht. Hier wird die Schwachstelle der Vigenère-Verschlüsselung deutlich, und sie gilt heute als viel zu unsicher, als dass sie bei wichtigen verschlüsselten Nachrichten Verwendung fände.

Nicht zu knackende Geheimschriften

Gibt es einen Code, der so stark ist, dass er in keinem Fall geknackt werden kann? Die kurze Antwort lautet „Ja" (obwohl diese positive Antwort mit ein oder zwei „falls nicht" relativiert werden sollte). Tatsächlich gelangt man zu einem solchen Code, wenn man die Idee hinter der Vigenère-Verschlüsselung in natürlicher Weise zu Ende denkt. Genau das tat Joseph Mauborgne vom amerikanischen kryptographischen Dienst um die Zeit des Ersten Weltkrieges.

Wir wir bereits betont haben, liegt die Schwäche der Vigenère-Verschlüsselung in der Kürze und der Erkennbarkeit des Schlüsselworts. Die Gegenmaßnahme besteht somit darin, das Schlüsselwort sehr lang und nicht erkennbar zu machen. Wie lang sollte es sein? Länger als jede Nachricht, die man jemals damit verschicken möchte. Und um nicht erkennbar zu sein, sollte das Schlüsselwort aus einer vollkommen zufälligen Buchstabenfolge bestehen. Das Ergebnis dieser Überlegungen bezeichnet man als *One-Time-Pad* oder *Einmalverschlüsselung*.

Sowohl der Absender als auch der Empfänger benötigen jeweils eine identische Kopie dieses Einmalschlüssels, der aus nichts anderem als einer sehr langen und vollkommen zufälligen Folge von Buchstaben des Alphabets besteht. Nur diese beiden besitzen das Super-Schlüsselwort. Die Nachricht wird in Form der Vigenère-Verschlüsselung mit diesem Einmalschlüssel verschlüsselt und dann auf irgendeine Art und Weise verschickt. Da das Schlüsselwort nicht endet (bzw., genauer, nicht endet, bevor die Nachricht fertig ist), gibt es keinen Zyklus von Chiffren. Und da jeder einzelne Buchstabe in dem Schlüsselwort zufällig ist, gibt es auch keine Beziehungen zwischen diesen Buchstaben. Die übertragene Buchstabenfolge ist daher selbst eine Zufallsfolge von Buchstaben. Nachdem die Nachricht verschickt wurde, zerstört der Absender den Schlüssel, ebenso der Emfpänger, nachdem er die Nachricht entschlüsselt hat.

Es ist zwar sehr umständlich, aber das Verfahren ist sicher. Wird die verschlüsselte Nachricht während der Übertragung abgefangen, kann man ohne die Kenntnis des Einmalschlüssels nichts damit anfangen. Außer der Länge der Nachricht weiß ein Gegner so gut wie nichts. Selbst die Länge einzelner Worte lässt sich verbergen, indem man Symbole wie Punkte und Zwischenräume selbst wieder durch ein Symbol in einem entsprechend erweiterten Alphabet bezeichnet. Der Einmalschlüssel ist in diesem Fall eine Zufallsfolge aus diesem erweiterten Alphabet und damit wird jede grammatische oder syntaktische Struktur in dem übertragenen Text vollkommen verwischt.

Im Prinzip lassen sich alle Nachrichten auch in einem Binärcode darstellen, d. h., die Nachricht besteht aus einer Folge von Symbolen 0 und 1, und sie wird dadurch verschlüsselt, dass man sie zu einer vollkommen zufälligen binären Zeichenfolge addiert, die den Einmalschlüssel darstellt. Ist a das Symbol im

Klartext und *b* das entsprechende Symbol der Zufallsfolge, dann wird *a* + *b* als Symbol übertragen, wobei diese Summe nach den üblichen Rechenregeln modulo 2 zu berechnen ist: $0 + 1 = 1 + 0 = 1$ und $0 + 0 = 1 + 1 = 0$. Angenommen, der Klartext der Nachricht bestünde einfach aus einer Folge von zehn Einsen 1111111111, und die ersten zehn Ziffern des Einmalschlüssels wären 0111011011, dann wäre die verschlüsselte Buchstabenfolge im Wesentlichen die des Schlüssels, wobei lediglich 0 und 1 vertauscht würden: 1000100100. Der nicht autorisierte Gegner hätte eine Zufallsfolge von Ziffern vor sich, die für ihn keinerlei Information trägt und ohne den Schlüssel bedeutungslos ist.

Selbst wenn dem gegnerischen Lauscher ein Teil der Nachricht schon bekannt wäre, könnte er mit der abgefangenen Buchstabenfolge den Rest nicht entziffern, denn es gibt keinerlei Beziehung zwischen dem Rest der Buchstabenfolge und dem Rest der Nachricht; die Beziehung besteht in einer vollkommen zufälligen Teilfolge des Einmalschlüssels. Ohne diesen Teil des Schlüssels kann er auch nichts weiter entziffern.

Obwohl der One-Time-Pad absolut sicher ist, kommt er nur in den allerwichtigsten Fällen von Geheimdienstangelegenheiten zum Einsatz. Die Produktion einer riesigen Anzahl von Schlüsseln und die Sicherheitsvorkehrungen, um unautorisiertes Kopieren zu verhindern, werden rasch sehr aufwändig.

Ein ziemlich sicheres und gleichzeitig relativ einfaches Verschlüsselungsverfahren ist die *Buch-Chiffre* bzw. der Buchcode. Hierbei müssen beide Parteien jeweils eine Kopie eines sehr langen Textes haben, zum Beispiel eines Buches. Das Buch selbst ist der Schlüssel der Chiffre und muss geheim bleiben. Aus diesem Grund wäre es am besten, wenn dieses „Buch" von den Erschaffern der Geheimschrift selbst geschrieben wurde. Es bedarf dazu keiner literarischen Begabung, je willkürlicher und unsinniger der Text, umso besser.

Nun werden die Worte in dem Buch durchnummeriert 1, 2, ... usw. Möchte der Absender der Nachricht den Klartext PAP verschlüsseln, liest er in dem Buch, bis er auf ein Wort stößt, das mit P beginnt. Handelt es sich zum Beispiel um das 40. Wort, würde der Klartext P durch die Nummer 40 verschlüsselt. Der nächste Buchstabe ist A, und nun sucht man nach einem Wort, das mit diesem Buchstaben beginnt, beispielsweise das achte. Für das abschließende P wird ein weiteres Wort gesucht, das mit P beginnt, zum Beispiel 104. Der verschlüsselte Text wäre somit 40 8 104. Ohne „das Buch" ist dieser Code praktisch nicht zu knacken, selbst bei sehr langen Nachrichten.

Will man ganz auf Nummer sicher gehen, sollte man bei der Verschlüsselung immer weiter im Buch vorangehen, und nachdem ein Symbol verschlüsselt wurde, sollte man beispielsweise in die mittlere Zeile des nächsten Absatzes springen, bevor man die Suche nach einem geeigneten Wort fortsetzt. Auf diese Weise wird sichergestellt, dass es zwischen den zur Verschlüsselung verwendeten Worten keine oder nur sehr geringe Beziehungen gibt, da sie durch größere und nahezu zufällig lange Abstände im Text getrennt sind. Man geht auf diese Weise mit dem Text zwar sehr verschwenderisch um, doch Worte sind sehr billig. Die Idee gleicht insofern der Einmalverschlüsselung, weil die ersten Buchstaben der Worte im Text nahezu eine Zufallsfolge von Buchstaben aus dem Alphabet bilden, und die verschlüsselte Nachricht sagt dem Empfänger lediglich, welche Buchstaben aus dieser zufälligen Folge zu nehmen sind, um den Klartext zurückzugewinnen.

Das berüchtigste Beispiel im Zusammenhang mit einem Buchcode ist der sogenannte Beale-Schatz, eine geheime Nachricht, die angeblich den Ort eines viele Millionen Dollar wertvollen Schatzes beschreibt. Ein Abschnitt dieser Nachricht ist ein Buchcode, der auf der *Unabhängigkeitserklärung* basiert, und er erzählt die erstaunliche Geschichte einer vergrabenen Beute. Der

Rest der Nachricht beruht vermutlich auf einem anderen Buch oder gar mehreren Büchern. Er konnte nie entziffert werden![3]

Bis in die frühen 1970er Jahre hatte sich seit Tausenden von Jahren die geheimnisvolle Welt der Geheimschriften kaum wesentlich verändert. Natürlich gab es immer wieder große Fortschritte sowohl auf Seiten der Verschlüsselungsverfahren als auch bei den Verfahren der Codebreaker. Die heldenhafte Arbeit von Alan Turing und den Codebreakern des englischen Nachrichtendienstes bei der Entschlüsselung der deutschen *Enigma* ist eine spannende Geschichte, die immer noch von Geheimnissen umgeben ist.[4]

Neue Verschlüsselungsverfahren für eine Neue Welt der Verschlüsselung

Die grundlegenden Prinzipien und Annahmen, auf denen die Verschlüsselungverfahren beruhten, hatten sich in all dieser Zeit kaum geändert. Die Absicht einer Geheimschrift besteht darin, dass ein Absender einem bestimmten Empfänger eine Nachricht übermitteln möchte, die während ihrer Reise im öffentlichen Bereich sehr leicht abgefangen werden kann. Die übermittelte Nachricht ist für einen Empfänger jedoch nutzlos, wenn er nicht den Schlüssel zu dem Verschlüsselungsverfahren besitzt. Tatsächlich war allen Verschlüsselungsverfahren gemein, dass eine Nachricht nicht sicher übermittelt werden konnte, sofern nicht die beiden an der sicheren Kommunikation interessierten Personen irgendwann in der Vergangenheit den Schlüssel in geheimer Form ausgetauscht hatten.

---

[3] Es könnte sich allerdings auch um einen sehr ausgeklügelten Scherz handeln: siehe das Buch *Geheime Botschaften* von Simon Singh.
[4] Beispielsweise erhielt der englische Fernsehmoderator Jeremy Paxman vor Kurzem eine gestohlene *Enigma* zugeschickt.

Lange Zeit glaubte man, dass es sich hierbei implizit um ein Grundprinzip der Verschlüsselungstheorie handelt: Für die Anwendung muss der Schlüssel für ein Verfahren ausgetauscht werden. Um 1970 begannen Mathematiker jedoch, diese Grundannahme in Frage zu stellen, und sie zeigen mit einem sehr eleganten Argument, dass dieses „Prinzip" nicht zwingend notwendig war. Das Gegenbeispiel ist typisch für die mathematische Argumentation, aber es bedarf keinerlei Mathematik – lediglich etwas Fantasie. Beginnen wir mit der üblichen Situation.

Üblicherweise sind an den geheimen Übertragungen drei fiktive Charaktere beteiligt: Alice, Bob und Eve. Meist möchte Alice an Bob eine Nachricht schicken, und Eve ist die gegnerische Lauscherin, die die Nachricht abfangen und entschlüsseln möchte. Oftmals wird Eve (vielleicht wegen der Ähnlichkeit zu dem englischen Wort „evil") als die böse Figur des Spiels angesehen, obwohl das nicht ganz fair ist: Alice und Bob könnten ja auch irgendwelche schlimmen Dinge planen, und Eve arbeitet für einen friedlichen Geheimdienst, der die Bürger vor den konspirativen Plänen des anderen Paares schützen möchte.

Wie dem auch sei, für die sichere Übertragung einer Nachricht von Alice an Bob muss der Schlüssel nicht unbedingt ausgetauscht werden. Die beiden könnten folgendermaßen vorgehen: Alice schreibt ihren Klartext an Bob und steckt diesen in eine sichere Kassette, die sie mit einem Vorhängeschloss versieht. Zu diesem Schloss besitzt nur Alice den Schlüssel. Sie schickt nun die Kassette an Bob, der sie natürlich nicht öffnen kann. Doch Bob versieht die Kassette nun mit einem zweiten Vorhängeschloss, für das nur er den Schlüssel hat. Anschließend schickt Bob die Kassette wieder zurück an Alice, die nun ihr eigenes Schloss entfernen kann und die Kassette ein zweites Mal an Bob schickt. Diesmal kann Bob die Kassette öffnen und die Nachricht von Alice lesen, und beide können sicher sein, dass Eve während der öffentlichen Zustellung den Inhalt nicht hat einsehen können. Auf diese Weise wurde eine geheime Nachricht sicher über einen unsicheren Kanal verschickt, ohne dass Alice und Bob jemals einen Schlüssel austauschen mussten. (Natürlich kann Eve die Kassette immer noch stehlen, dann kennen weder Bob noch sie die Nachricht von Alice – das entspricht einem direkten physikalischen Angriff auf das Kommunikationsmedium von Alice und Bob.) Dieses Gedankenexperiment zeigt, dass es kein Gesetz gibt, nach dem bei der sicheren Übertragung von Nachrichten ein Schlüssel unbedingt *ausgetauscht werden muss*. Die Vorhängeschlösser sind Metaphern – statt einer physikalischen Vorrichtung, die den möglichen Lauscher von einer Einsicht der Nachricht abhält, kann es sich bei den „Schlössern" von Alice und Bob auch um ihre eigenen Verschlüsselungssysteme handeln. Damit haben wir eine ganz neue Perspektive auf ein uraltes Problem.

Die gleichzeitige Schlüsselerstellung

Die Geschichte mit den Vorhängeschlössern wirft ein interessantes mathematisches Problem auf. Können Alice und Bob ein sicheres Verschlüsselungssystem zwischen sich aufsetzen, ohne sich jemals zu treffen oder den Schlüssel von einer dritten Partei übermitteln zu lassen? Immerhin bestand das praktische Problem bei der Anwendung von Verschlüsselungsverfahren immer im Austausch der Schlüssel, also der Übertragung des Chiffreschlüssels zwischen den teilnehmenden Partnern. Im Prinzip war das Problem lösbar, der Schlüssel musste lediglich mit sehr viel Vorsicht ausgetauscht werden, sodass er nicht in die falschen Hände fiel. In der Praxis, besonders in der kommerziellen Anwendung, sieht die Sache jedoch anders aus: Tausende von Personen möchten vertraulich miteinander sprechen, und zur Garantie der Sicherheit müssen die Schlüssel sehr oft ausgetauscht werden. Allein der Aufwand für einen sicheren Schlüsselaustausch war ein erheblicher Kostenfaktor und machte letztendlich ein weltweites sicheres Kommunikationssystem unmöglich.

Unsere erste Idee wäre vermutlich, ein mathematisches Analogon zu der Kassette mit den Vorhängeschlössern zu entwickeln, wobei Schloss und Schlüssel jeweils eine Metapher für eine Verschlüsselung und die zugehörige Dechiffrierung sind. Alice nimmt ihren Klartext M, verschlüsselt ihn und schickt diesen verschlüsselten Text $A(M)$ an Bob. Weder Eve noch Bob können irgendetwas damit anfangen. Bob steckt nun sein Vorhängeschloss an die Schachtel, d. h., er verwendet eine weitere Verschlüsselung, zu der nur er den Schlüssel hat, und schickt die zweifach verschlüsselte Nachricht $B(A(M))$ zurück an Alice. Wiederum kann Eve nichts mit dem Buchstabensalat anfangen, und Alice hält die doppelt verschlüsselte Nachricht in ihren Händen. Doch nun hat Alice ein Problem. Wenn sie ihren Dechiffrieralgorithmus auf die Nachricht $B(A(M))$ anwendet, um daraus die Nachricht $B(M)$ zu erhalten, kann die Sache schiefgehen. Es hängt davon ab, ob die Verschlüsselungsverfahren von Alice und Bob sich in beliebiger Reihenfolge ausführen lassen, ohne dass sich das Ergebnis ändert. Im Allgemeinen wird das nicht der Fall sein.

Die meisten mathematischen Operationen *kommutieren nicht*, wie es dafür erforderlich wäre. Wir betrachten ein einfaches Beispiel und nehmen an, der Klartext der Nachricht sei die Zahl 6 und Alice verschlüsselt ihre Nachricht, indem sie einfach die Zahl 4 addiert. Bobs geheime Verschlüsselung bestehe darin, die Zahl zu verdoppeln. Alice schickt also $6 + 4 = 10$ an Bob, und Bob sendet $2 \cdot 10 = 20$ zurück an Alice. Wenn Alice nun ihr Schloss entfernt, subtrahiert sie die Zahl 4 und schickt die Zahl 16 zurück an Bob. Der wiederum macht seine Verschlüsselung rückgängig, indem er durch 2 dividiert und erhält schließlich $16/2 = 8$. Das ist jedoch falsch, denn schließlich sollte er den Klartext – die Zahl 6 – erhalten. Das Problem besteht darin, dass sich die beiden Verschlüsselungsverfahren, also die mathematischen Vorhängeschlösser, gegenseitig beeinflusst haben.

Das scheint zunächst ein rein technisches Problem. Es sollte nicht zu schwer sein, Verschlüsselungsverfahren zu finden, die aneinander vorbeigleiten. Beispielsweise könnten sowohl Alice als auch Bob ihre Nachrichten dadurch verschlüsseln, dass sie eine persönliche Geheimzahl addieren (die in der Praxis sehr groß sein kann). Zum Beispiel könnte Bob statt der Multiplikation mit 2 einfach eine 2 addieren und das Problem verschwindet. Alice würde ihre Nachricht (die Zahl 6) in verschlüsselter Form als $6 + 4 = 10$ an Bob schicken, und Bob würde $10 + 2 = 12$ an Alice zurückschicken. Alice würde nun ihre Geheimzahl subtrahieren und mit $12 - 4 = 8$ antworten, worauf Bob seine Geheimzahl abzieht und die ursprüngliche Nachricht $8 - 2 = 6$ erhält.

Doch wir sollten Eve nicht vergessen. Versetzen wir uns in ihre Lage. Eve fängt sämtliche Zahlen ab und weiß (oder vermutet zumindest), dass die Verschlüsselungen von Alice und Bob jeweils in der Addition einer Geheimzahl bestehen. Sie fängt also die erste Nachricht ab, die Zahl 10, die Alice an Bob schickt. Anschließend fängt sie Bobs Antwort ab, die Zahl 12, und hat Bobs Verschlüsselung schon geknackt, indem sie $12 - 10 = 2$ berechnet. Als Nächstes stellt Eve fest, dass Alice die Nachricht 12 von Bob in eine 8 umgewandelt hat, und damit kennt sie auch die Geheimnummer von Alice: $12 - 8 = 4$. Nachdem sie beide Schlüssel kennt, hat Eve kein Problem, den Klartext aus der ursprünglichen Nachricht von Alice zu bestimmen: $10 - 4 = 6$. Es würde Alice oder Bob auch nicht helfen, ihre geheimen Verschlüsselungszahlen durch sehr riesige Zahlen zu ersetzen, denn Eve könnte deren Wert immer noch mit demselben Verfahren berechnen. Eine gewöhnliche Addition als Basis für ein Verschlüsselungssystem ist zu einfach, um die einfallsreiche Eve zu überlisten.

Mitte der 1970er Jahre verfolgten Whitfield Diffie und Martin Hellman eine andere Strategie, um die Idee der beiden Vorhängeschlösser für einen sicheren Schlüsselaustausch in eine mathematische Form zu bringen. Sie überlegten, ob es für Alice und Bob nicht möglich wäre, wie mit einem Zauberspruch einen Schlüssel in ihren privaten vier Wänden zu erzeugen – und zwar denselben Schlüssel. Mit diesem Schlüssel könnten sie dann ihre Nachrichten umwandeln, und gleichzeitig könnten sie sich vor böswilligen Lauschangriffen von Eve sicher fühlen.

Jeder Schlüssel lässt sich durch Zahlen ausdrücken; es reicht sogar eine einzige Zahl, sofern diese groß genug ist. Also konzentrierten sie ihre Suche nach einer Möglichkeit, wie Alice und Bob gerade ausreichend viel Information austauschen können, um in ihrer sicheren Umgebung den Schlüssel erstellen zu können. Der Prozess des Austauschs sollte in einem öffentlich zugänglichen Bereich stattfinden. Doch sowohl Alice als auch Bob haben ihre eigenen geheimen Zutaten, die sie niemandem mitteilen, noch nicht einmal sich gegenseitig. Irgendwie müssen sie genug Information austauschen, um denselben Schlüssel berechnen zu können, der dann zur Grundlage der weiteren sicheren Kommunikation würde. Eve andererseits kennt die Verfahren von Alice und Bob und fängt auch all ihre ungesicherten Dialoge ab, doch trotz ihrer intellektuellen Fähigkeiten und dem Beistand leistungsstarker Computer sollte sie nicht in der Lage sein, den Schlüssel für den Nachrichtenaustausch zwischen Alice und Bob herauszufinden. (In dieser Form lässt sich nachvollziehen, weshalb die Regierungen weltweit keinen besonderen Wert darauf legen, dass jede beliebige Person derart gute Verschlüsselungssysteme verwenden kann.)

Das Diffie-Hellman-Verfahren ist konzeptuell einfacher als die doppelt verschlüsselte Kassette, denn zur Erzeugung des Schlüssels ist nur eine Verschlüsselung notwendig, aber keine Entschlüsselung – die Schlösser müssen angelegt, aber nicht entfernt werden, wodurch der Prozess nur halb so kompliziert wird. Das erscheint zunächst unmöglich, klingt aber nicht mehr ganz so fantastisch, wenn wir eine andere einfache Metapher heranziehen.

Als ihren Geheimschlüssel brauen sich Alice und Bob eine Farbe mit einer ganz bestimmten Tönung zusammen.[5] Jeder nimmt einen Liter weiße Farbe und vermischt diese mit einem weiteren Liter einer anderen Farbe, deren genaue Tönung nur sie kennen: Alice verwendet vielleicht ihre geheime Tönung von Rot und Bob sein besonderes Blau. Nun treffen sich die beiden und tauschen ihre Farbtöpfe aus: Alice übergibt Bob einen Zwei-Liter-Topf mit einer rosa Farbe und Bob übergibt Alice zwei Liter hellblaue Farbe. Sie können sich sogar einen Scherz mit ihrer unerbittlichen Gegnerin Eve machen, indem sie Eve ebenfalls zu dem Treffen einladen und ihr eine exakte Kopie von jedem der beiden Zwei-Liter-Töpfe aus weiß unterlegten Farben überreichen. Alice und Bob kehren anschließend nach Hause zurück. Alice nimmt die Farbe von Bob und vermischt sie mit einem Liter ihres speziellen Rots. Umgekehrt mischt Bob einen Liter seines besonderen Blaus in den Farbtopf, den er von Alice erhalten hat. Alice und Bob haben nun jeweils drei Liter eines bestimmten Lilatons, bestehend aus einem Liter Weiß, einem Liter Rot und einem Liter Blau, und genau aus dieser exakten Tönung besteht der geheime Schlüssel für ihre Chiffre.

Eve andererseits ist mit ihren beiden Farbtöpfen aufgeschmissen. Sie kann die Farben nicht in ihre Bestandteile zerlegen, um die exakten Rot- und Blautönungen von Alice und Bob zu erhalten. Obwohl sie die beiden Mixturen aus Rot und Weiß und Blau und Weiß hat, kann sie daraus kein Gemisch herstellen, bei dem die Verhältnisse von Weiß zu Rot zu Blau genau 1:1:1 sind. Genau das bräuchte sie aber, um den exakten Lilaton zu erzeugen, der den Schlüssel von Alice und Bob ausmacht. (Egal in welcher Form sie die Bestandteile der beiden Farbtöpfe mischt, die Hälfte

---

[5] Dieses eingängige Beispiel stammt aus dem Buch *Geheime Botschaften* von Simon Singh.

der Farbe besteht immer aus Weiß.) Wichtig ist auch, dass weder Alice noch Bob irgendetwas entziffern mussten (sie mussten die Farben nicht wieder in ihre Bestandteile zerlegen). Tatsächlich existierte der gemeinsame Schlüssel noch nicht einmal, bevor sich beide in ihre sichere Umgebung zurückgezogen und ihn zusammengebraut hatten. Wenn Alice und Bob ihre Nachrichten mit Farbe übertragen könnten, wäre das Schlüsselproblem gelöst!

Diffie und Hellman hatten zwar eine schöne Idee, doch nun bestand das Problem darin, eine mathematische Version dieses Mischfarbenaustauschs zu finden. Auch hier war es wichtig, dass die jeweiligen Operationen miteinander kommutieren: Wenn Farben gemischt werden, hängt das Endergebnis nur vom Verhältnis der verwendeten Farben ab, aber nicht von der Reihenfolge, in der die Farben vermischt werden. Ganz entsprechend müssen auch die Verschlüsselungsprozesse aneinander vorbeigleiten können, damit der Gesamteffekt unabhängig von der Reihenfolge ist.

Alice und Bob könnten beispielsweise auf die Idee kommen, ihre geheime Verschlüsselung auf einer (nicht notwendigerweise ganzzahligen) Potenz von 2 zu errichten. So könnte Alice sich eine geheime Zahl $a = 1{,}71$ ausdenken und Bob $b = 2{,}92$. Alice schickt an Bob (und vermutlich auch an Eve) die Zahl $2^a = 3{,}2716082$, und Bob schickt Alice $2^b = 7{,}5684612$. Alice und Bob erzeugen nun ihren Geheimschlüssel aus der Zahl 2^{ab}. Dazu nimmt Alice die Zahl, die sie von Bob erhalten hat, und potenziert sie um ihre Zahl a, sodass sie $(2^b)^a = 2^{ba} = 31{,}849526$ erhält. Bob erzeugt dieselbe Zahl, indem er die Zahl 2^a von Alice um b potenziert: $(2^a)^b = 2^{ab} = 31{,}849526$. Da die Operationen der Potenzierung kommutieren, haben Alice und Bob denselben Schlüssel für ihr Verfahren erhalten.

Doch was ist mit Eve? Sie hat die Werte sowohl von 2^a als auch 2^b abgefangen, und muss nun den Wert von 2^{ab} finden, um die zukünftigen Nachrichten zwischen Alice und Bob entziffern zu können. Sehr zum Nachteil für Alice und Bob kann

Eve, wenn sie von Mathematik auch nur etwas Ahnung hat, die Werte sowohl von a als auch b herausfinden und damit 2^{ab} leicht berechnen.[6] Trotzdem konnten Diffie und Hellman die Idee einer wiederholten Exponenzierung erfolgreich anwenden und für Alice und Bob ein Verfahren entwickeln, mit dem sie gegenseitig einen Schlüssel berechnen konnten, der für einen Außenseiter nur mit den größten Schwierigkeiten auffindbar war. Ihr Verfahren beruhte zusätzlich noch auf der modularen Arithmetik.

Auch in diesem Fall suchen sich Alice und Bob eine Basiszahl, die für dieses Beispiel wieder 2 sein soll, und wiederum wählen Alice und Bob eine Zahl, die nur sie persönlich kennen. Diesmal bestehen wir sogar darauf, dass sich beide eine positive ganze Zahl aussuchen: Alice wählt beispielsweise $a = 7$ und Bob $b = 9$. Es gibt jedoch noch eine weitere Zahl p, die sogar öffentlich bekannt sein darf: Für unser Beispiel sei dies $p = 47$. Alice berechnet wieder 2^a, allerdings teilt sie nun ihr Ergebnis durch p und übermittelt nur den *Rest*. Im vorliegenden Fall findet sie $2^7 = 128 = 2 \cdot 47 + 34$, also schickt sie die Zahl 34 über einen unsicheren Kanal an Bob. Bob berechnet $2^b = 2^9 = 512 = 10 \cdot 47 + 42$ und schickt Alice die Zahl 42.

In ihrem sicheren Kämmerlein berechnet Alice nun den Rest von 42^a bei einer Division durch p, während Bob entsprechend den Rest von 34^b bei derselben Teilung bestimmt. Alice und Bob erhalten dieselbe Zahl, denselben Schlüssel, denn in beiden Fällen ist das Ergebnis der Rest von 2^{ab} bei einer Teilung durch p.* Alice teilt 442^7 durch 47 und findet den Rest 37, und denselben Rest erhält Bob aus der Division von 34^9 durch 47. Alice und Bob haben nun einen gemeinsamen Schlüssel, nämlich die Zahl 37.

Eve jedoch ist frustriert. Sie hat folgendes mathematisches Problem: Sie kennt weder a noch b, sondern sie weiß nur, dass 2^a und 2^b bei einer Teilung durch 47 die Reste 42 und 34 ergaben.

---

[6] Bezeichnet man die bekannte Zahl 2^a mit c, so folgt für Eve $a = \log_2 c$.

Für den Schlüssel benötigt sie jedoch den Rest von 2^{ab} bei einer Teilung durch 47. Dieses Problem ist nun wesentlich schwieriger als das vorherige, bei dem es nicht um die Arithmetik mit Resten ging. Bei dem ersten Verfahren tauschten Alice und Bob Potenzen von 2 aus, und Eve hatte keine Schwierigkeiten, daraus die tatsächlichen Werte von a und b zu berechnen. Aus $2^a =$ 3,2716082 können wir sofort ablesen, dass a zwischen 1 und 2 liegen muss, und Eve muss den Wert lediglich zunehmend einkreisen, um a immer genauer zu erhalten. Sie würde die Werte $a = 1,5, 1,6, 1,7, 1,8$ ausprobieren und finden, dass $2^{1,7} < 2^a < 2^{1,8}$. Also weiß Eve schon $a = 1,7 \dots$. Nun würde sie die zweite Dezimalstelle durchprobieren und hätte bald den Wert $a = 1,71$ von Alice gefunden. Auf die gleiche Weise würde Eve sehr schnell die Zahl $b = 2,92$ von Bob finden und hätte damit das Problem gelöst.

Teilt man jedoch zunehmende Potenzen einer Zahl durch eine feste Zahl p und bestimmt die Reste, so verhalten sich diese sehr viel unregelmäßiger, und man kann die Exponenten nicht einkreisen. Im Prinzip bleibt einem nur übrig, sämtliche möglichen Schlüssel durchzuprobieren. Eve müsste also 2^1, 2^2 usw. berechnen und dann jeweils den Rest bei einer Teilung durch 47 bestimmen, bis sie irgendwann auf den gesuchten Wert trifft, der dem Rest entspricht, den Alice bei der Division von 2^a durch $p = 47$ erhalten hat. Anschließend könnte sie den Schlüssel ebenso wie Alice bestimmen und hätte damit das Sicherheitssystem von Alice und Bob durchbrochen. In unserem kleinen Beispiel wäre das offenbar noch möglich, doch in der Praxis würden sich Alice und Bob Zahlen aussuchen, die so groß sind, dass diese Möglichkeit praktisch ausgeschlossen ist. Grob gesagt, sofern Eve nicht unvergleichbar mehr Rechenleistung zur Verfügung steht als Alice und Bob, wird Eve den Schlüssel für eine sehr lange Zeit nicht knacken können. Irgendwann muss sie aufgeben und etwas anderes versuchen.

Tatsächlich könnte Eve sich andere schlimme Dinge einfallen lassen. In ihrem Frust könnte sie Alice und Bob in die Irre führen, indem sie eigene Nachrichten verschickt und ihnen vorgaukelt, sie kämen von dem jeweils anderen. Alice und Bob müssen immer noch auf der Hut sein.

Die Falltür wird geöffnet: Public-Key-Verschlüsselung

Der Schlüsselaustausch nach dem Verfahren von Diffie und Hellman war sicherlich eine aufregende Entwicklung, doch man benötigte neue Ideen, denn die Art, wie heute Sicherheitscodes beispielsweise im Internet verwendet werden, ist vollkommen anders als bei den herkömmlichen Einsätzen, auch wenn dieser Punkt vielleicht auf den ersten Blick nicht so offensichtlich ist.

Angenommen, ein Kunde übermittelt seine persönlichen Daten an einen Internet-Provider – Adresse, Telefonnummer, Kreditkartennummer usw. Natürlich möchte er dabei sicher sein, dass diese Information nicht abgefangen und an andere Interessenten weitergeleitet wird. Die sichere Übermittlung erfolgt durch eine Verschlüsselung der sensiblen Daten. Der Kunde weiß jedoch nichts von diesem Verschlüsselungssystem, was also geschieht hier? Natürlich wird die ganze Angelegenheit für den Kunden automatisch erledigt – der Käufer muss den verwendeten Code nicht kennen, er muss noch nicht einmal von seiner Existenz wissen. Darin liegt schon ein großes Problem, denn die Verschlüsselung muss *vor* der Datenübertragung erfolgen, andernfalls wäre die Verschlüsselung nicht notwendig und die Übertragung auch nicht sicher. Das bedeutet, der Verschlüsselungsprozess muss öffentlich sein. Auch wenn es für den Kunden nicht sofort erkennbar ist, erfolgt die Verschlüsselung nach einem Verfahren, das allgemein zugänglich ist, also in diesem

Sinne nicht als geheim angesehen werden kann. Wenn irgendeine gewissenlose Partei die verschlüsselten Nachrichten abfangen kann und gleichzeitig weiß, wie die Nachricht verschlüsselt wurde, dann sollte es scheinbar nicht allzu schwer sein, den Prozess umzukehren und die ursprüngliche Nachricht zu dechiffrieren – oder? Das wäre eine Katastrophe, und sämtliche Transaktionen dieser Art wären unsicher. Der vertrauliche Internetdatenverkehr wäre eine Unmöglichkeit.

Angenommen, die Verschlüsselung erfolgte nach einem Vigenère-Verfahren oder vielleicht sogar nach einem One-Time-Pad und der Verschlüsselungscode wäre öffentlich zugänglich. Dann könnte irgendein Lauscher die Nachricht ebenso leicht entziffern wie der eigentliche Empfänger. Sobald Eve weiß, wie man eine Nachricht verschlüsselt, ist sie auch in der Lage, sie zu entschlüsseln. Ist damit das ganze System unterlaufen? Das wäre sicherlich bei allen Codes der Fall, die wir bisher betrachtet haben. Zur Lösung dieses Problems brauchen wir ein vollkommen neues Verfahren. Wir müssen für Alice einen Code entwickeln, der öffentlich zugänglich ist, so dass jeder diesen Code verwenden kann, der ihr eine Nachricht schicken möchte, doch irgendwie sollte sie immer noch die einzige Person sein, die diese verschlüsselten Nachrichten entschlüsseln kann. Der „Public Key" ist ein Schlüssel, mit dem man zwar eine geheime Nachricht sicher verschließen kann, mit dem sich jedoch die Kassette nicht mehr öffnen lässt. Ohne die Lösung dieses Problems wäre ein sogenanntes „Public-Key-Kryptosystem" unmöglich. Andererseits verspricht die Lösung vollkommen neue Möglichkeiten der sicheren Datenübertragung.

In den 1970er Jahren kamen mehrere Personen auf diese Idee und erkannten auch ihre potenzielle Bedeutung. Damit sie jedoch in die Tat umgesetzt werden konnte, bedurfte es der Erfindung einer *Falltürfunktion*. Jeder Teilnehmer bräuchte eine solche Funktion f, die im Prinzip offen zugänglich ist und für die jeder für eine Zahl x den Wert $f(x)$ berechnen kann. Der Besitzer der Funktion, beispielsweise Alice, hätte jedoch irgendeine wichtige Zusatzinformation über f, die es ihm ermöglicht, umgekehrt aus dem Funktionswert $f(x)$ den Wert x zurückzurechnen. Gleichzeitig dürfen andere Personen, auch wenn sie wissen, wie man $f(x)$ berechnet, selbst mit größtem Aufwand nicht in der Lage sein, diese zusätzliche Information zu erhalten. Das scheinen nahezu unlösbare Ansprüche zu sein.

Clifford Cocks konnte das Problem lösen, kurz nachdem er im Jahr 1973 mit seiner Arbeit bei der britischen Geheimdienstbehörde GCHQ (Government Communications Headquarters) in Cheltenham begonnen hatte. Seine Kollegen hatten ihn mit den Konzepten einer Public-Key-Kryptographie vertraut gemacht, und innerhalb einer Stunde erfand er ein geeignetes System. Er nutzte dabei seine Kenntnisse in der Zahlentheorie, um eine geeignete Falltürfunktion mit der notwendigen Einweg-Eigenschaft zu entwickeln: Gegeben x, dann soll jeder $f(x)$ berechnen können, doch gegeben $f(x)$, soll es nahezu unmöglich sein, die Zahl x wiederzugewinnen, es sei denn, man kennt das Geheimnis hinter der Struktur von f.

Die Mathematik, die Cocks zur Lösung des Problems verwendete, ist nicht schwierig und wird gleich erklärt. Es handelt sich jedoch um vollkommen reine Mathematik, und vermutlich wäre niemand außer einem reinen Mathematiker überhaupt auf eine solche Idee gekommen. Sein Verfahren wurde zur Grundlage für die heutige Public-Key-Kryptographie.[7]

Leider arbeitete Cocks für eine Regierungsbehörde, die ihre Ergebnisse geheim hält, und so wurde seine großartige Entdeckung nicht öffentlich bekannt. Statt dessen stießen einige Jahre

---

[7] Der sichere Schlüsselaustausch und die Public-Key-Kryptographie hängen eng miteinander zusammen und wurden unabhängig voneinander in England und den USA entdeckt, allerdings in umgekehrter Reihenfolge: Beim GCHQ entdeckte Malcolm Williamson die Idee des Schlüsselaustauschs von Diffie und Hellman praktisch zeitgleich mit dem amerikanischen Paar, während er versuchte, einen Fehler in der Public-Key-Verschlüsselung von Clifford Cock zu finden.

später gleich mehrere Mathematiker und Computerwissenschaftler in den USA auf dieselbe Idee. Die Namen, die gewöhnlich mit der Entdeckung und Entwicklung der Public-Key-Kryptographie in Verbindung gebracht werden, sind Diffie, Hellman und Merkle sowie Rivest, Shamir und Adleman, aus deren Initialen sich die Bezeichnung des RSA-Codes ableitet.

Wie schon erwähnt, beruht das System auf der Idee einer Falltürfunktion, doch die Idee alleine genügt nicht. Viele haben sich auf die Suche nach einer geeigneten Falltür gemacht, doch die meisten stocherten wild umher und konstruierten auf der Suche nach ihrem Heiligen Gral alle möglichen fantastischen Verfahren. Der bislang aussichtsreichste Kandidat ist immer noch das Verfahren von Clifford Cocks, und es beruht auf der Erfahrung, dass es in der Praxis außerordentlich schwierig ist, von einer sehr großen Zahl die Primfaktoren zu finden, obwohl es sich im Prinzip um ein sehr einfaches Problem handelt.

Den Hauptbestandteil von Alices privatem RSA-Schlüssel bildet ein Paar sehr großer Primzahlen p und q. (Verwendet werden heute Zahlen von bis zu 300 Dezimalstellen.) Um den öffentlichen Schlüssel von Alice benutzen zu können, braucht Bob jedoch nicht p und q getrennt, sondern nur das Produkt n aus diesen beiden Primzahlen: $n = pq$. Dies ist der erste Schritt des Verfahrens. Als Nächstes benötigt man jedoch eine Falltürfunktion $f(x)$, die sich vergleichsweise leicht berechnen lässt, wenn man n kennt, die aber die Eigenschaft hat, dass sich aus der Kenntnis von $f(x)$ die Zahl x praktisch nicht zurückgewinnen lässt, wenn man die beiden magischen Zahlen p und q nicht kennt.

Soweit man heute weiß, erfordert die Bestimmung von p und q aus der Zahl n derart viel Computerleistung, dass es in der Praxis so gut wie unmöglich ist. Doch für den nächsten Schritt, nämlich eine geeignete Funktion $f(x)$ zu finden, bedurfte es sowohl einer teuflischen Raffinesse als auch einer besonderen Vertrautheit mit der Zahlentheorie.

Bevor wir fortfahren, sollten wir uns für einen Augenblick darüber klar werden, wie vollkommen neu das alles ist. Es widerspricht gänzlich der verbreiteten Vorstellung von angewandter Mathematik. Reine Zahlentheorie wurde allgemein als einer der nutzlosesten Bereiche der Mathematik angesehen, und G.H. Hardy erschien diese Weltfremdheit sogar als großer Vorteil. Bestimmte Eigenschaften ganzer Zahlen konnten vielleicht bei manchen Anwendungen ganz hilfreich sein, doch die dahinter stehende Theorie war immer ziemlich einfach und beruhte auf gewöhnlicher Alltagsmathematik. Die von Cocks und seinen Kollegen verwendete Mathematik beruhte jedoch auf der Euler'schen φ-Funktion (siehe Anmerkung 48 in Kapitel 13), die zwar einige Jahrhunderte alt, aber alles andere als trivial ist, und sie bildet die Grundlage dieses Verfahrens. Heute ist das RSA-Programm die meistverwendete Software der Welt, und es basiert unmittelbar auf den Einsichten von Euklid, Fermat und Euler sowie den Ideen von Cocks. Manchmal sind mathematische Ideen um Jahrhunderte ihrer Zeit voraus, doch wenn ihre Zeit schließlich gekommen ist, können sie revolutionär sein.

Alice und Bob besiegen Eve mit modularer Arithmetik

Wir beschreiben nun die Idee von Clifford Cocks. Wie schon mehrfach erwähnt, lässt sich jede Nachricht in eine Zahlenfolge übertragen, und das Problem besteht darin, wie Bob eine bestimmte Zahl, nennen wir sie M für *Message*, an Alice übermitteln kann, ohne dass es Eve möglich ist, den Wert dieser Zahl herauszufinden. Wir hatten schon erwähnt, dass der private Schlüssel von Alice auf zwei Primzahlen p und q beruht, die nur sie kennt. Für unser vereinfachtes Beispiel, das jedoch die tatsächliche Situation ganz gut wiedergibt, verwenden wir die kleinen

Primzahlen $p = 23$ und $q = 47$. Der Öffentlichkeit ist jedoch nur das Produkt dieser beiden Zahlen bekannt: $n = 23 \cdot 47 = 1081$. (In Wirklichkeit sind p und q natürlich riesige Zahlen, und außerdem geschieht das alles im Hintergrund, ohne dass die tatsächlichen Personen Bob und Alice davon betroffen sind.)

Das Verfahren beruht darauf, den Wert von M mithilfe der modularen Arithmetik zu kaschieren. Dabei handelt es sich um eine Uhrenarithmetik, wobei das Ziffernblatt dieser „Uhr" von 0, 1, 2, … bis $n - 1$ nummeriert ist. Alice gibt die Zahl n sowie noch eine weitere Zahl e öffentlich bekannt, und mit diesen beiden Zahlen sollen Nachrichten, die an sie gerichtet sind, verschlüsselt werden. Bob schickt Alice natürlich nicht die Zahl M selbst (sonst wäre es für Eve sehr einfach), sondern er schickt *den Rest der Teilung von M^e durch n*. Angenommen, die Nachricht von Bob ist $M = 77$ und die zusätzliche Verschlüsselungszahl von Alice sei $e = 15$, dann bestimmt Bob bzw. sein Computer den Rest, der bei einer Division von 77^{15} durch $n = 1081$ übrig bleibt. Für diesen Rest ergibt sich 646. (Wenn Sie dieses Ergebnis mit einem Taschenrechner überprüfen wollen, wird sich dieser über die Größe der beteiligten Zahlen beklagen. Es gibt jedoch einfache Tricks*, mit denen wir den gesuchten *Rest* bestimmen können, ohne tatsächlich die große Zahl 77^{15} berechnen zu müssen.)

Also schickt Bob seine Nachricht in der verschlüsselten Form 646 an Alice. Eve kann diese Nachricht vermutlich abfangen, und sie weiß auch, dass Bobs Nachricht in der Form 646 verschlüsselt wurde, wobei er den öffentlichen Schlüssel von Alice mit den beiden Zahlen $n = 1081$ und $e = 15$ verwendet hat. Diesen öffentlichen Schlüssel kennt Eve natürlich auch. Doch wie lässt sich die ursprüngliche Nachricht zurückgewinnen?

Für Alice, die die Faktorisierung $1081 = 23 \cdot 47$ kennt, ist das vergleichsweise einfach. Da sie in Besitz der Primfaktoren von n ist, kann sie eine *Entschlüsselungszahl d* bestimmen, die sich aus den Werten von p, q und e berechnen lässt. Im vorliegenden Fall ist $d = 135$ ein geeigneter Wert für diese Entschlüsselungszahl. Der Computer von Alice berechnet den Rest, der bei einer Teilung von 646^{135} durch $n = 1081$ bleibt, und wegen der zugrundeliegenden Mathematik lautet die Antwort $M = 77$, also die ursprüngliche Nachricht.

Eine ausführlichere mathematische Erklärung findet der Leser in den Anmerkungen des letzten Kapitels. Ich möchte jedoch noch einige der mathematischen Feinheiten erwähnen, die bei der RSA eine Rolle spielen. Auch wenn es in der obigen Beschreibung nicht auftauchte, spielt bei dem Verfahren die Zahl $(p - 1)(q - 1)$ eine wichtige Rolle. Diese Zahl bezeichnet man mit $\varphi(n)$, und in unserem Beispiel ist $\varphi(n) = 22 \cdot 46 = 1012$. Die Verschlüsselungszahl e, die sich Alice für ihren Public-Key aussucht, darf nicht vollkommen beliebig gewählt werden, sondern sie muss teilerfremd mit $\varphi(n)$ sein. Die Primfaktoren von 1012 sind 2, 11 und 23, sodass e kein Vielfaches von irgendeiner dieser drei Primzahlen sein darf. Diese Einschränkung ist nicht sehr einschneidend, und die spezielle Wahl $e = 15 = 3 \cdot 5$ von Alice war in Ordnung. Die Entzifferungszahl d muss so gewählt werden, dass das Produkt ed, wenn man es durch $(p - 1)(q - 1)$ teilt, den Rest 1 ergibt. Auch das ist immer möglich.* Außerdem muss die Zahl M der Nachricht kleiner als n sein, doch das ist keine wirkliche Einschränkung, da n bei praktischen Anwendungen so riesig ist, dass damit nahezu alle Werte von M zugelassen sind, die wir in der Praxis als Nachricht verschicken wollen.

Für ein anschauliches Beispiel wählen wir noch kleinere Zahlen als oben. Sei beispielsweise $p = 3$ und $q = 11$, sodass $n = pq = 33$ und $\varphi(n) = (p - 1)(q - 1) = 2 \cdot 10 = 20$. Alice veröffentlicht $n = 33$, und außerdem wählt sie $e = 7$, was erlaubt ist, da 7 keinen gemeinsamen Teiler mit 20 hat. Die Zahl d muss so gewählt werden, dass $ed = 7d$ den Rest 1 ergibt, wenn man durch 20 teilt. Offenbar ist $d = 3$ eine Lösung, denn $7d = 21$.

Alice hat damit ihr kleines RSA-Chiffrierverfahren zusammengestellt. Wenn Bob ihr die Nachricht $M = 6$ schicken möchte, berechnet er $M^e = 6^7 = 279\,936$, dividiert diese Zahl durch 33 und erhält als Rest die Zahl 30. Also verschickt Bob die Zahl 30 über den öffentlichen Kanal. Alice erhält von Bob die 30 und entziffert die wahre Bedeutung, indem sie $30^3 = 27\,000$ berechnet und durch 33 dividiert. Als Ergebnis erhält sie $27\,000 = 33 \cdot 818 + 6$. Wiederum ist nur der Rest 6 von Bedeutung, denn dies war der Klartext von Bobs Nachricht.*

Soweit ist die RSA-Verschlüsselung effektiv und sicher, doch Eve kann immer noch für Verwirrung sorgen, und dagegen muss man sich ebenfalls schützen. Es ist zwar richtig, dass Bob nun seine Nachrichten an Alice schicken und gleichzeitig sicher sein kann, dass nur sie die Nachricht versteht. Doch woher soll Alice wissen, dass die Nachricht wirklich von Bob stammt und nicht von irgendjemandem vorgetäuscht wurde? Eve (von der wir immer annehmen, dass sie gefährlich intelligent ist und den ganzen Tag nichts anderes zu tun hat, als sich irgendwelche Gemeinheiten auszudenken, um Alice und Bob das Leben schwer zu machen) kann leicht eigene Nachrichten sowohl an Alice als auch an Bob schicken und vorgaukeln, die Nachrichten kämen vom jeweils anderen.

Bob kann jedoch seine Nachrichten an Alice mit seinem eigenen privaten Schlüssel autorisieren, und Alice sollte keiner angeblich von Bob stammenden Nachricht trauen, die nicht seine sogenannte *digitale Signatur* trägt. Bob geht dabei folgendermaßen vor: Zunächst schreibt er seine persönliche Nachricht an Alice im Klartext. Dann nimmt er eine persönliche Identifikationszahl, nennen wir sie I, die aus seinem Namen bestehen könnte und vielleicht noch weiteren persönlichen Einzelheiten, und er behandelt sie wie eine Nachricht, die er erhalten hat. Das bedeutet, er *entschlüsselt* I mit seinem privaten Schlüssel und bildet daraus eine scheinbar willkürliche Zahlenfolge, die wir $B^{-1}(I)$

nennen. Die Schreibweise soll dabei zum Ausdruck bringen, dass Bob das gewöhnliche Verfahren *invertiert*, indem er die Zahlenfolge I mit seinem privaten Schlüssel „entschlüsselt", statt sie mit einem öffentlichen Schlüssel zu verschlüsseln. Das ist nicht besonders sicher, denn jeder, der vermutet, dass $B^{-1}(I)$ von Bob kommt, kann das mit dem öffentlichen Schlüssel von Bob leicht nachprüfen. Doch genau das ist auch der Sinn der Sache. Wenn Alice die Nachricht von Bob erhält, nimmt sie seine scheinbar bedeutungslose Zahlenfolge, steckt sie in den öffentlichen Schlüssel B von Bob und erhält daraus $B(B^{-1}(I)) = I$. Alice weiß nun, dass die Nachricht tatsächlich von Bob stammt, denn nur er kann die Zahlenfolge $B^{-1}(I)$ berechnen.

Insgesamt berechnet Bobs Computer also Folgendes: Er nimmt den Klartext M von Bob zusammen mit seiner digitalen Signatur $B^{-1}(I)$ und verschlüsselt beide mit Alices öffentlichem Schlüssel. Die verschlüsselte Nachricht wird an Alice geschickt, die als einzige diese Nachricht entschlüsseln und M und $B^{-1}(I)$ bestimmen kann. Schließlich bestimmt der Computer von Alice noch mit dem öffentlichen Schlüssel von Bob die Identifikation I, und damit weiß Alice, dass wirklich Bob und niemand sonst der Absender der Nachricht ist.

Eve kann nur frustriert zuschauen. Sie kann die Nachricht von Bob nicht entschlüsseln, denn sie hat den privaten Schlüssel von Alice nicht, also kann sie auch die digitale Signatur $B^{-1}(I)$ nicht sehen, die Bob zu seiner Authentifizierung verwendet hat. Sie kann zwar mit Alices öffentlichem Schlüssel Nachrichten an Alice schicken, doch wenn das Computersystem von Alice wachsam ist, nimmt es diese Nachrichten nicht an, weil sie keine Authentifizierung von Bob oder anderen Vertrauten trägt. Eve kann bei der Kommunikation zwischen Alice und Bob nicht mitmischen, und sie kann noch nicht einmal mit einem von beiden sprechen. Eve ist aus der Welt von Alice und Bob vollkommen ausgeschlossen.

Es scheint, als ob der Wahlspruch der Pythagoräer „Alles ist Zahl" in der Welt der sicheren Kommunikation tatsächlich uneingeschränkte Gültigkeit hat. Könnte es sich hierbei um eine vorübergehende Angelegenheit handeln? Zwei Gründe sprechen dafür, dass dies so sein könnte. Zunächst kann man allgemein feststellen, dass das Auf und Ab zwischen den Codemachern und den Codebrechern eine lange Vergangenheit hat, und selbst wenn die Codemacher über einen längeren Zeitraum die Oberhand hatten, konnten die Codebrecher das Blatt irgendwann immer wieder wenden. Wir sollten auf eine solche Wiederkehr in dem endlosen Zyklus gefasst sein, denn implizit liegt dem Problem ein Konflikt zugrunde, der dies zu unterstützen scheint. Dieser Konflikt besteht darin, dass der legitime Empfänger vergleichsweise leicht etwas entziffern muss, das für den unautorisierten Lauscher vollkommen sinnlos erscheint. Auf der anderen Seite scheint RSA sicher zu sein. Natürlich müssen wir damit rechnen, dass Eve früher oder später die Leistungsfähigkeit ihres Computers um ein Vielfaches steigern und damit die heutigen privaten Schlüssel vergleichsweise rasch knacken wird. Doch Alice und Bob sind auch nicht faul und werden immer größere Primzahlen verwenden (immerhin hat Euklid uns gezeigt, dass uns die Primzahlen nie ausgehen werden), und damit werden sie Eve relativ leicht auf Distanz halten können.

Es gibt aber noch ein praktisches Problem, das auch dem oberflächlichen Beobachter auffallen dürfte: Durch die uneingeschränkte Verwendung von RSA, so schön das Verfahren auch sein mag, setzen wir all unsere kommerziellen Geheimnisse auf eine Karte. Was würde passieren, wenn das System durch einen mathematischen Fortschritt (im Gegensatz zu einem Fortschritt auf Seiten der Computer) plötzlich angreifbar würde? Sämtliche Internetgeheimnisse wären über Nacht enthüllt und das Ergebnis wäre eine wirtschaftliche Katastrophe!

Man könnte sich auf die Autorität der Codemacher berufen und sagen, das Problem der raschen Primfaktorzerlegung sei unlösbar und somit die Sicherheit des Systems eine mathematische Tatsache. Das ist jedoch nicht unbedingt richtig – eine solche absolute Sicherheit gibt es nicht. Tatsächlich gaben im Jahre 2002 drei indische Mathematiker (Agrawal, Kayal und Saxena) einen Warnschuss ab. Sie konnten beweisen, dass es einen *Primzahltest* gibt, also ein Entscheidungsverfahren, ob eine gegebene Zahl eine Primzahl ist oder nicht, der in polynomialer Zeit durchführbar ist. Ihr Beweis bedeutet zwar keine unmittelbare Bedrohung für RSA, aber er zeigt, dass das Problem von Eve, den RSA-Code zu knacken, vielleicht nicht ganz so unlösbar ist wie andere kombinatorische Probleme. Es ist sicherlich der Mühe Wert, andere Falltürfunktionen oder auch Methoden für einen Schlüsselaustausch zu finden, die nicht von diesem einen mathematischen Trick abhängen, falls sich die Unverwundbarkeit von RSA tatsächlich als Illusion herausstellen sollte. RSA ist allerdings nicht das einzige Public-Key-System, das derzeit angewandt wird: Die amerikanische National Security Agency verwendet Verschlüsselungsverfahren, die auf sogenannten elliptischen Kurven beruhen.

Offenbar rührt der Wunsch nach sicheren Verschlüsselungssystemen nicht aus natürlichen Notwendigkeiten her, sondern einzig aus der hinterhältigen Natur des Menschen, und daher erscheint die Kryptologie oberflächlich betrachtet einer so edlen Wissenschaft wie der Mathematik unwürdig. Das ist jedoch nicht richtig. Die Möglichkeiten, Information in versteckter Form zu speichern und zu übertragen, sind für sich ein interessantes Problem, und es gibt sogar Entsprechungen in der Natur. Ein Beispiel ist die Verschlüsselung der Vorschriften für den Aufbau von Organismen in der DNA. Im Grunde genommen besteht sogar ein Großteil der Wissenschaften darin, irgendwelche versteckten Informationen aus den Spuren zurückzugewinnen, die uns hinterlassen wurden. Die Mathematik im Allgemeinen und die Zahlen im Besonderen sind oft das Verbindungsglied zwischen dem, was wir sehen, und dem, was wir zu entdecken suchen.

13
Für Kenner und Feinschmecker

Dieses letzte Kapitel soll einige der mathematischen Hintergründe beleuchten, die mit den Behauptungen im eigentlichen Text zusammenhängen. Der Schwierigkeitsgrad dieser Bemerkungen und das notwendige Vorwissen sind sehr unterschiedlich, doch die meisten Leser sollten zumindest von einigen der Anmerkungen etwas profitieren können. Anders als in den übrigen Kapiteln mache ich hier jedoch ungezwungenen Gebrauch von der mathematischen Notation und Symbolik, und gelegentlich erfordern einige Abschnitte auch auf Seiten des Lesers eine gewisse Vertrautheit mit den betreffenden Aspekten der Mathematik.

Kapitel 1

Anmerkung 1

Die Riemann'sche Vermutung und die Primzahlen (Seite 10)

Diese erste Anmerkung bezieht sich auf die tiefste Mathematik, die in diesem Buch angesprochen wird, und das gilt dementsprechend auch für die damit zusammenhängende Erklärung. Die *Riemann'sche Zeta-Funktion* ist eine Funktion $\zeta(z)$ von einer komplexen Variablen z. Für alle Werte von z, deren Realteil größer ist als 1, ist sie durch die Formel

$$\zeta(z) = \sum_{n=1}^{\infty} \frac{1}{n^z}$$

definiert.

Für gerade ganze Zahlen sind die Werte der Zeta-Funktion seit Langem bekannt: $\zeta(2) = \frac{\pi^2}{6}$, und die Funktionswerte für andere gerade ganze Zahlen sind rationale Vielfache von Potenzen von π, bei denen die sogenannten *Bernoulli-Zahlen* auftreten. Für ungerade ganze Zahlen bleiben die Funktionswerte größtenteils geheimnisvoll. Apéry konnte zeigen, dass $\zeta(3)$ irrational ist, und dieses Ergebnis hat unter den Mathematikern für große Bewunderung gesorgt, so schwierig war der Beweis. Die Zeta-Funktion hängt eng mit der *Gamma-Funktion* zusammen, die durch eine Integralformel definiert ist. Sie verallgemeinert die für ganze Zahlen definierte Faktorfunktion auf reelle Zahlen. Über diesen Zusammenhang kann man die Definition von $\zeta(z)$ für alle komplexen Werte von z erweitern, mit Ausnahme von $z = 1$. Mit diesen Beziehungen kann man zeigen, dass $\zeta(-2n) = 0$ für alle positiven ganzen Zahlen n. Diese Nullstellen von ζ bezeichnet man als die *trivialen Nullstellen*. Die Riemann'sche Vermutung besagt, dass alle anderen Nullstellen von ζ den Realteil $\frac{1}{2}$ haben. Man weiß, dass alle nicht-trivialen Nullstellen innerhalb des *kritischen Streifens* liegen, dessen Zahlen einen Realteil größer als 0 und kleiner als 1 haben. Doch alle bisher gefundenen Nullstellen liegen tatsächlich auf der *kritischen Linie* mit $\mathrm{Re}(z) = \frac{1}{2}$ (und man weiß, dass unendlich viele Nullstellen auf dieser Linie liegen). Sollte diese 150 Jahre alte Vermutung bestätigt werden, wäre die Verteilung der Primzahlen größtenteils bekannt. Für viele Mathematiker gilt die Riemann'sche Vermutung als das größte noch nicht gelöste Problem der Mathematik, selbst im Vergleich zum Letzten Fermat'schen Satz (der schließlich im Jahre 1995 von Wiles bewiesen wurde).

Der Zusammenhang zwischen ζ und den Primzahlen beruht auf einem verblüffend einfachen Argument von Leonhard Euler. Sei $p_1, p_2, \ldots$ die (unendliche) Folge aller Primzahlen und sei z irgendeine komplexe Zahl (einschließlich der reellen Zahlen natürlich) außerhalb des Einheitskreises. Nun betrachten wir das unendliche Produkt:

$$\left(1 + \frac{1}{p_1^z} + \ldots + \frac{1}{p_1^{kz}} + \ldots\right)\left(1 + \frac{1}{p_2^z} + \ldots + \frac{1}{p_2^{kz}} \ldots\right)\ldots$$

$$\left(1 + \frac{1}{p_n^z} + \ldots + \frac{1}{p_n^{kz}} + \ldots\right)\ldots$$

Die Summe einer der typischen geometrischen Reihen in den Klammern ist $\frac{1}{1 - \frac{1}{p_n^z}} = \frac{p_n^z}{p_n^z - 1}$. Wenn wir andererseits jedoch die Klammern ausmultiplizieren, hat ein typischer Term die Form $\frac{1}{n^z}$. Der Wert von n hängt von den jeweils gewählten Primzahlen ab (nur endlich viele Faktoren sind nicht 1, denn alle anderen unendlichen Produkte ergaben 0). Da jede Zahl ein Produkt von Primzahlen ist, tritt auch jeder mögliche Term $\frac{1}{n^z}$ auf. Wichtiger jedoch ist, dass jeder Term $\frac{1}{n^z}$ in der entsprechenden unendlichen Summe genau einmal auftaucht, da die Primzahlfaktorisierung einer Zahl n eindeutig ist. Somit ist diese Summe gleich $\zeta(z)$. Damit erhalten wir das Euler-Produkt, das die Primzahlen und die Zeta-Funktion verbindet:

$$\zeta(z) = \prod_{n=1}^{\infty} \frac{p_n^z}{p_n^z - 1}.$$

Das Produkt erstreckt sich über alle Primzahlen.

Die Zeta-Funktion tritt in vielen Zusammenhängen auf, und es ergeben sich auch Beziehungen zu anderen zahlentheorischen Funktionen wie $s(n)$ (siehe Anmerkung 2) und $\varphi(n)$ (siehe Anmerkungen 48 und 56).

Anmerkung 2

Faktoranzahl und Faktorsumme (Seite 14)

Es sei n eine ganze Zahl mit der Primzahlzerlegung $n = p_1^{r_1} p_2^{r_2} \ldots p_k^{r_k}$. Mit $d(n)$ bezeichnen wir die Anzahl der Faktoren von n und mit $s(n)$ die Summe dieser Faktoren. Der Wert dieser Funktionen ergibt sich zu

$$d(n) = (r_1 + 1)(r_2 + 1) \ldots (r_k + 1)$$

$$\text{und} \quad s(n) = \frac{p_1^{r_1+1} - 1}{p_1 - 1} \cdot \frac{p_2^{r_2+1} - 1}{p_2 - 1} \ldots \frac{p_k^{r_k+1} - 1}{p_k - 1}.$$

Beide Formeln lassen sich leicht für $k = 1$ beweisen. Insgesamt folgt das Ergebnis dann aus der (nicht ganz offensichtlichen) Tatsache, dass d und s *multiplikativ* sind: Eine Funktion auf der Menge der positiven ganzen Zahlen heißt multiplikativ, wenn für alle teilerfremden m und n (d. h., m und n haben den ggT 1) gilt $f(mn) = f(m)f(n)$.

Anmerkung 3

Die Unendlichkeit der Primzahlen (Seite 15)

Es gibt sehr viele Beweise für diese Behauptung, doch kaum einer ist eleganter als das ursprüngliche Argument von Euklid. Sei $p_1, p_2, \ldots, p_k$ die Liste der ersten k Primzahlen. Nun betrachten wir die Zahl $n = p_1 p_2 \ldots p_k + 1$. Entweder ist n selbst eine Primzahl, oder n ist teilbar durch eine Primzahl, die kleiner ist als n selbst, jedoch nicht zu der Liste $p_1, p_2, \ldots, p_k$ gehört, denn für jede Primzahl p in dieser Liste gilt, dass $\frac{n}{p}$ einen Rest von 1 lässt. Also muss es eine neue Primzahl q geben, die größer ist als alle Primzahlen $p_1, p_2, \ldots, p_k$, aber nicht größer als n selbst.

Insbesondere folgt daraus, dass es keine endliche Liste von Primzahlen geben kann, die alle Primzahlen umfasst, also ist die Folge der Primzahlen unendlich. Mit ähnlichen Argumenten kann man auch zeigen, dass es unendlich viele Primzahlen der Form $4n + 3$, $6n+5$ und $8n+5$ gibt. Für den zweiten Fall siehe Anmerkung 17.

Die in dem Text angegebene größte bekannte Primzahl ist eine *Mersenne-Primzahl*, d. h. eine Primzahl der Form $2^p - 1$, wobei p selbst eine Primzahl ist. Euklid hat bewiesen, dass es zu jeder solchen Zahl eine gerade vollkommene Zahl gibt, nämlich $2^{p-1}(2^p - 1)$, und im 18. Jahrhundert bewies Euler, dass sich jede vollkommene gerade Zahl in dieser Form schreiben lässt, sodass Euklid und Euler zusammen eine eineindeutige Beziehung zwischen den Mersenne-Primzahlen und den geraden vollkommenen Zahlen aufgestellt haben. Wir wissen jedoch nicht, ob es irgendwelche ungeraden vollkommenen Zahlen gibt, und es ist ebenfalls nicht bekannt, ob die Folge der Mersenne-Primzahlen endlich ist. (Man würde vermuten, dass das nicht der Fall ist, doch wie soll man es beweisen?) Die Mersenne-Zahlen sind natürliche Kandidaten für Primzahlen, denn man kann zeigen, dass jeder Teiler einer Mersenne-Zahl (nicht alle Mersenne-Zahlen sind Primzahlen, man nehme zum Beispiel $p = 11$) von der Form $2kp + 1$ ist. Auch das sagt uns wieder, dass es unendlich viele Primzahlen geben muss, denn der kleinste Primfaktor von $2^p - 1$ ist größer als p, und somit kann p nicht die größte Primzahl sein. Da dies für jede Primzahl p gilt, folgt wieder, dass es keine größte Primzahl gibt und die Folge der Primzahlen nie endet.

Ein ähnliches Argument führt auf dieselbe Schlussfolgerung, wenn man von den *Fermat-Zahlen* ausgeht, also den Zahlen der Form $2^{2^n} + 1$ für $n = 0, 1, 2, \ldots$. Aus der Definition kann man sich leicht davon überzeugen, dass das Produkt der ersten $n-1$ Fermat-Zahlen um zwei kleiner ist als die n-te Fermat-Zahl. Daraus folgt, dass zwei verschiedene Fermat-Zahlen immer teilerfremd sind, d. h. einen größten gemeinsamen Teiler von 1 haben, denn jeder gemeinsame Faktor von F_k und F_n muss durch 2 teilbar sein, doch da die Fermat-Zahlen ungerade sind, kann dieser Teiler nur 1 sein. Daraus können wir wieder schließen, dass es unendlich viele Primfaktoren für die Fermat-Zahlen geben muss – und damit unendlich viele Primzahlen überhaupt.

Auch die Fermat-Zahlen haben ihre besondere Bedeutung. Im 19. Jahrhundert konnte Gauß zeigen, dass sich ein reguläres Vieleck genau dann mit den euklidischen Hilfsmitteln konstruieren lässt, wenn die Anzahl der Seiten ein Produkt von verschiedenen Fermat'schen *Primzahlen* multipliziert mit einer Potenz von 2 ist. Da beispielsweise $F_2 = 17$, lässt sich das reguläre 17-Eck mit Zirkel und Lineal konstruieren, was Euklid anscheinend nicht wusste. Doch obwohl die Fermat-Zahlen bis zu $n = 4$ Primzahlen sind, scheint es danach keine Primzahlen mehr unter ihnen zu geben. (Mehr dazu in Anmerkung 18.)

Kapitel 3

Anmerkung 4

Die Neunerprobe (Seiten 43 und 50)

Die Behauptung lautet: Modulo 9 ist jede Zahl gleich der Quersumme ihrer Ziffern. Die entscheidende Eigenschaft ist, dass $10^n - 1 = 999\ldots999$ (mit n Neunen) offensichtlich ein Vielfaches von 9 ist. In modularer Schreibweise lautet diese Gleichung $10^n - 1 \equiv 0 \pmod 9$ und somit $10^n \equiv 1 \pmod 9$. Das bedeutet, wenn wir mit Vielfachen von 9 arbeiten, können wir jede beliebige Potenz von 10 durch die Zahl 1 ersetzen. (Implizit machen wir von der Tatsache Gebrauch, dass eine Gleichung in der modularen Arithmetik wie eine gewöhnliche Gleichung behandelt werden kann, d. h., bei der Addition, Subtraktion, Multiplikation und dem Potenzieren bleibt das $\equiv$-Zeichen gültig – lediglich bei der Division muss man etwas vorsichtig sein!) Damit folgt, dass eine Zahl $a = d_k d_{k-1} \ldots d_0$ (jedes d_i eine Ziffer) modulo 9 gleich der Summe ihrer Ziffern ist:

$$a = d_0 + 10d_1 + 100d_2 + \ldots + 10^k d_k$$
$$\equiv d_0 + d_1 + \ldots + d_k \pmod 9 \, .$$

Damit haben wir gleichzeitig die Rechtfertigung für unseren Teilbarkeitstest für 9 gegeben: Modulo 9 ist eine Zahl a gleich der Summe ihrer Ziffern, s, sodass insbesondere 9 genau dann ein Faktor von a ist, wenn 9 auch ein Faktor von s ist. Wir können also die Teilbarkeit von a durch 9 anhand der kleineren Zahl s überprüfen. Das Argument zeigt gleichzeitig, dass dieser Test für jede Zahl m funktioniert, für die $10^n - 1$ ein Vielfaches von m ist. Da dies offensichtlich für $m = 3$ gilt, haben wir damit auch den Teilbarkeitstest für 3 bewiesen.

Anmerkung 5

Teilbarkeitstests für 7, 11 und 13 (Seite 52)

Die wichtige Eigenschaft ist zunächst $10 \equiv -1 \pmod{11}$ bzw. $10^n \equiv (-1)^n \pmod{11}$. Anschließend argumentiert man wie bei 9:

$$a = d_0 + 10d_1 + 100d_2 + \ldots + 10^k d_k$$
$$\equiv d_0 - d_1 + d_2 - \ldots + (-1)^n d_n \pmod{11} \, .$$

Daraus folgt, dass a genau dann durch 11 teilbar ist, wenn dies auch für die alternierende Quersumme von a gilt.

Der Test für 7 beruht entsprechend auf der Tatsache, dass $1000 \equiv -1 \pmod 7$. Auch dieser Test funktioniert für jede Zahl m, für die gilt: $1000 \equiv -1 \pmod m$. Wie man leicht überprüfen kann, schließt das auch 11 und 13 ein. Als Zugabe können wir uns überzeugen, dass $1000 \equiv 1 \pmod{37}$ (da $999 = 27 \cdot 37$), also erhalten wir einen ähnlichen Test für die Teilbarkeit durch

37, der allerdings etwas leichter ist, da das alternierende Vorzeichen fehlt. Beispielsweise ist 105 191 teilbar durch 37, weil $105 + 191 = 296 = 8 \cdot 37$.

Eine zunächst verblüffende Regelmäßigkeit ergibt sich, wenn man irgendeine Zahl der Form $abc\,abc$ nacheinander durch 7, 11 und 13 teilt. Das Ergebnis ist immer abc. Das gilt für 749 749 ebenso wie für 94 094 (wobei a gleich 0 ist). Der Grund wird offensichtlich, wenn wir uns den umgekehrten Rechenschritt anschauen: $7 \cdot 11 \cdot 13 = 1001$, und wenn man eine dreistellige Zahl abc mit 1001 multipliziert, erhält man

$$1001 \cdot abc = 1000 \cdot abc + 1 \cdot abc$$
$$= abc\,000 + abc = abc\,abc\,.$$

Anmerkung 6

Magische Konstanten (Seite 56)

Die n-te Dreieckszahl ist $t_n = \frac{1}{2}n(n+1) = 1 + 2 + \ldots + n$. Ein gewöhnliches $n \cdot n$ magisches Quadrat enthält alle Zahlen von 1 bis n^2. Also muss in jeder Linie die Summe

$$\frac{1}{n}t_{n^2} = \frac{1}{n} \cdot \frac{1}{2}n^2(n^2 + 1) = \frac{1}{2}n(n^2 + 1)$$

stehen. Die ersten fünf magischen Konstanten sind daher 1, 5, 15, 34 und 65. Es gibt allerdings kein normales magisches Quadrat zu $n = 2$.

Anmerkung 7

Komplementäre magische Quadrate (Seite 56)

Subtrahiert man jede der Zahlen $1, 2, \ldots, n^2$ von $n^2 + 1$, erhält man wieder dieselbe Zahlenmenge $n^2, n^2 - 1, \ldots, 1$ in umgekehrter Reihenfolge. Daher enthält auch das komplementäre Quadrat jede Zahl zwischen 1 und n^2 genau einmal. Nimmt man irgendeine Linie (Zeile oder Spalte) des ursprünglichen magischen Quadrats $a_1, a_2, \ldots, a_n$, dann ist nach der vorherigen Anmerkung die Summe der a_i die magische Zahl $\frac{1}{2}n(n^2 + 1)$. Für die Summe der entsprechenden Linie im komplementären Quadrat folgt

$$
\begin{aligned}
&(n^2 + 1 - a_1) + (n^2 + 1 - a_2) + \ldots + (n^2 + 1 - a_n) \\
&= n(n^2 + 1) - (a_1 + a_2 + \ldots + a_n) \\
&= n(n^2 + 1) - \frac{1}{2}n(n^2 + 1) = \frac{1}{2}n(n^2 + 1),
\end{aligned}
$$

also ebenfalls die n-te magische Zahl. Damit ist das komplementäre Quadrat wieder ein gewöhnliches magisches Quadrat.

Anmerkung 8

Eine Zahl aus jeder Spalte und Zeile (Seite 59)

In diesem Fall sollten die Zahlen aus einem Quadrat so herausgenommen werden, dass jede neue Zahl aus einer Zeile und einer Spalte kommt, aus der zuvor noch keine Zahl entfernt wurde. Bei jedem Schritt streichen wir eine neue Zeile und eine neue Spalte, sodass wir schließlich eine Menge S von insgesamt n Zahlen aussuchen, bei der aus jeder Zeile und jeder Spalte genau eine Zahl stammt. Wir wollen zeigen, dass die Summe der Zahlen in S gleich der magischen Zahl aus Anmerkung 6 ist.

Die ersten Elemente aus jeder Zeile bilden die Folge

$$1, n + 1, 2n + 1, \ldots (n - 1)n + 1 \,.$$

Also besteht die Menge S aus Zahlen der Form $(rn + 1) + k$, $(0 \leq r, k \leq n - 1)$. Da wir aus jeder Zeile und Spalte genau eine Zahl ausgewählt haben, treten alle möglichen Werte für r und k genau einmal auf. Also ist die Summe der Zahlen in S gleich

$$\sum_{r=0}^{n-1}(rn + 1) + \sum_{k=0}^{n-1} k = n \cdot \frac{1}{2}n(n - 1) + n + \frac{1}{2}n(n - 1)$$

$$= \frac{1}{2}n((n^2 - n) + 2 + (n - 1))$$

$$= \frac{1}{2}n(n^2 + 1) \,,$$

was genau der n-ten magischen Zahl entspricht.

Kapitel 4

Anmerkung 9

Befreundete Zahlen (Seite 66)

Dem persischen Mathematiker Thābit aus dem 9. Jahrhundert ist eine bemerkenswerte Tatsache aufgefallen, mit der wir befreundete Zahlen finden können und die eine gewisse Ähnlichkeit zu Euklids Formel für die Konstruktion von geraden vollkommenen Zahlen aus den Mersenne-Primzahlen hat. *Falls* für $n \geq 2$ die drei Zahlen $p = 3 \cdot 2^n - 1$, $q = 3 \cdot 2^{n-1} - 1$ und $r = 9 \cdot 2^{2n-1} - 1$ Primzahlen sind, dann bilden $2^n pq$ und $2^n r$ ein befreundetes Paar. Für $n = 2$ erhalten wir beispielsweise das kleinste Paar $220 = 4 \cdot 5 \cdot 11$ und $284 = 4 \cdot 71$.

Anmerkung 10

Zeilen im Pascal'schen Dreieck (Seite 69)

Sei $C(n, r)$ die Anzahl der Möglichkeiten, eine Menge von r Personen aus einer Menge von n Personen auszuwählen, dann zeigt dieses Argument, dass

$$C(n, r) = C(n - 1, r - 1) + C(n - 1, r).$$

Es gibt auch eine explizite Formel: $C(n, r) = \frac{n!}{(n-r)!r!}$. Sie beruht darauf, dass die Anzahl der Möglichkeiten, aus einer Menge von n Elementen r Objekte in einer bestimmten Reihenfolge auszuwählen, gleich $n \cdot (n - 1) \cdot (n - 2) \cdot \ldots \cdot (n - r + 1) = \frac{n!}{(n-r)!}$ ist, denn es gibt n Möglichkeiten für das erste Objekt, $n - 1$ Möglichkeiten für das zweite usw., bis wir eine Reihe von r Objekten ausgewählt haben, wobei wir für das letzte dieser Objekte noch $(n - (r - 1)) = n - r + 1$ Möglichkeiten haben. Für eine Menge von r unterscheidbaren Objekten gibt es $r!$ Möglichkeiten, diese in einer bestimmten Reihenfolge anzuordnen, also müssen wir für $C(n, r)$ die obige Zahl noch durch $r!$ teilen.

Eine Teilmenge aus einer Menge mit n Elementen lässt sich als binäre Zahlenfolge der Länge n kennzeichnen. Die fragliche Menge bestehe aus den Elementen $\{a_1, a_2, \ldots, a_n\}$ (in fester Reihenfolge), dann spezifiziert eine binäre Zahlenfolge der Länge n nach folgender Vorschrift eindeutig eine Teilmenge: Jede 1 in dieser Folge besagt, dass das entsprechende Element a_i in der fraglichen Teilmenge enthalten ist. Sei beispielsweise $n = 4$, dann beschreiben die Folgen 0111 und 0000 die Teilmengen $\{a_2, a_3, a_4\}$ bzw. die leere Menge. Da es für jede Stelle in der binären Zahlenfolge genau zwei Möglichkeiten gibt (0 oder 1), gibt es insgesamt 2^n solcher Folgen und daher auch 2^n Teilmengen von einer Menge mit n Elementen. Da die n-te Zeile im Pascal'schen Dreieck alle möglichen Teilmengen einer Menge der

Größe n abzählt (wobei die erste Zeile zu $n = 0$ gehört), ist die Summe der Zahlen in jeder Zeile gleich 2^n, ($n = 0, 1, 2, \ldots$).

Anmerkung 11

Diagonale Summen ergeben die Fibonacci-Zahlen f_n (Seite 72)

Hier wird behauptet, dass

$$f_{n+1} = C(n, 0) + C(n-1, 1) + C(n-2, 2) + \ldots$$
$$\text{für} \quad n = 0, 1, 2, \ldots$$

Wir beweisen dies durch Induktion über n. Offenbar ist das Ergebnis richtig für $n = 0$ und 1. Für $n \geq 2$ verwenden wir die Definition von f_{n+1} zusammen mit der im vorigen Abschnitt angegebenen Rekursionsformel für Binomialkoeffizienten und der Tatsache, dass $C(n, 0) = 1$ für jede Zahl n. Damit folgt:

$$\begin{aligned}
f_{n+1} = f_n + f_{n-1} &= (C(n-1, 0) + C(n-2, 1) + \ldots) \\
&\quad + (C(n-2, 0) + C(n-3, 1) + \ldots) \\
&= C(n-1, 0) \\
&\quad + (C(n-2, 1) + C(n-2, 0)) \\
&\quad + (C(n-3, 1) + C(n-3, 0)) + \ldots \\
&= C(n, 0) + C(n-1, 1) + C(n-2, 2) \\
&\quad + \ldots.
\end{aligned}$$

wie behauptet.

Anmerkung 12

Das goldene Rechteck (Seite 76)

Siehe Anmerkung 14.

Anmerkung 13

Rekursionsformel für die Stirling-Zahlen (Seite 78)

Die Argumentation ist ähnlich wie bei der Rekursionsformel der Binomialkoeffizienten. Eine Menge mit n Elementen können wir auf zwei Weisen in r nicht-leere Teilmengen partitionieren. Wir können die ersten $n-1$ Elemente der Menge auf $S(n-1, r-1)$ Möglichkeiten in $r-1$ nicht-leere Blöcke aufteilen, und das letzte Element der Menge wird dann zum r-ten Block. Wir können aber auch die ersten $n-1$ Elemente der Menge in r nicht-leere Blöcke aufteilen, wofür es $S(n-1, r)$ Möglichkeiten gibt, und dann entscheiden, welchem der r Blöcke wir das letzte Element zuordnen, wofür es r Möglichkeiten gibt. Daraus schließen wir, dass

$$S(n, r) = S(n-1, r-1) + rS(n-1, r) \quad \text{für} \quad n = 1, 2, \ldots$$

Mit dieser Rekursionsformel können wir die Elemente in jeder Zeile des Stirling'schen Dreiecks aus der Zeile darüber berechnen. Die Zahlen $S(n, 2)$ und $S(n, n-1)$ können wir direkt bestimmen. Eine beliebige Partition der n-elementigen Menge in zwei Untermengen lässt sich durch eine binäre Zahlenfolge der Länge n beschreiben (siehe Anmerkung 10), wobei die 1 angibt, dass ein Element zur ersten Menge gehört. Daher gibt es 2^n derartige geordnete Mengenpaare. Da es keine Reihenfolge der Blöcke innerhalb einer Partition gibt, teilen wir diese Zahl noch durch 2 und erhalten für die Anzahl der Partitionen der n-elementigen Menge in zwei Untermengen 2^{n-1}. Wir müssen von dieser Zahl allerdings noch 1 subtrahieren, um den Fall auszuschließen, dass eine der Mengen leer ist. Damit erhalten wir schließlich $S(n, 2) = 2^{n-1} - 1$ für $n = 2, 3, \ldots$.

Am anderen Ende ist die Aufteilung der n-elementigen Menge in $n-1$ Blöcke durch die Wahl eines eindeutigen Blocks mit

2 Elementen festgelegt. Dafür gibt es $C(n, 2) = \frac{1}{2}n(n-1)$ Möglichkeiten, also die $(n-1)$-te Dreieckszahl.

Anmerkung 14

Binets Formel für die Fibonacci-Zahlen (Seite 78)

Eine explizite Formel für f_n lässt sich mit einem Standardverfahren zur Lösung sogenannter *linearer Differenzengleichungen* oder *linearer Rekursionen* finden, das dem Verfahren zur Lösung von linearen Differentialgleichungen mit konstanten Koeffizienten nachempfunden ist. Wir suchen nach einer Lösung für $f_n = f_{n-1} + f_{n-2}$ von der Form c^n für eine unbekannte Konstante c. Setzen wir dies in die Rekursionsformel ein, erhalten wir $c^n = c^{n-1} + c^{n-2} \Rightarrow c^2 = c + 1$. Die Lösungen dieser Gleichung sind $\alpha = \frac{1+\sqrt{5}}{2}$ und $\beta = \frac{1-\sqrt{5}}{2}$. Nun wollen wir noch die Anfangsbedingungen erfüllen, also $f_0 = 0$ und $f_1 = 1$ (es ist leichter mit f_0 zu beginnen), indem wir $f_n = a\alpha^n + b\beta^n$ setzen. Für $n = 0$ und $n = 1$ folgen die beiden Gleichungen $a + b = 0$, $a\alpha + b\beta = 1$ und somit $a = \frac{1}{\sqrt{5}}$, $b = -\frac{1}{\sqrt{5}}$. Also erhalten wir

$$f_n = \frac{1}{\sqrt{5}}\left(\frac{1+\sqrt{5}}{2}\right)^n - \frac{1}{\sqrt{5}}\left(\frac{1-\sqrt{5}}{2}\right)^n$$

$$\text{für} \quad n = 0, 1, 2, \ldots.$$

Diese sonderbare Formel hilft bei der Berechnung der Fibonacci-Zahlen wenig, aber sie erlaubt einige theoretische Ergebnisse. Betrachtet man beispielsweise für das Verhältnis $\frac{f_{n+1}}{f_n}$ den Grenzfall großer Werte für n, so findet man Keplers Ergebnis, nämlich dass sich dieses Verhältnis dem sogenannten Goldenen Schnitt, $\frac{1+\sqrt{5}}{2}$, nähert.

Diese Zahl entspricht gleichzeitig der Länge der längeren Seite des Goldenen Rechtecks (siehe Abb. 4.4), wenn die kürzere Seite die Länge 1 hat. Bezeichnen wir nämlich die längere Seite mit τ, dann folgt aus der Definition des Rechtecks die folgende Gleichung für die Seitenverhältnisse: $\frac{\tau}{1} = \frac{1}{\tau-1}$ oder $\tau^2 = \tau + 1$. Somit ist $\tau = \alpha$.

Für das Lichtenberg-Verhältnis betrachten wir ein Rechteck mit den Abmessungen 1 und $\sqrt{2}$ und falten es entlang der Längsseite. Man erhält zwei kleinere Rechtecke, bei denen für das Verhältnis von langer zu kurzer Seite gilt: $\frac{1}{(\sqrt{2}/2)} = \frac{2}{\sqrt{2}} = \sqrt{2}$. Somit bleibt die allgemeine Form erhalten. Dieser Prozess lässt sich nun beliebig wiederholen, und die Form der Blätter bleibt invariant.

Anmerkung 15

Geordnete Partitionen und Fibonacci-Zahlen (Seite 79)

Es sei a_n die Anzahl der geordneten Partitionen der nichtnegativen ganzen Zahl n in ganze Zahlen größer als 1. Wir prüfen leicht nach, dass $a_0 = 0$, $a_1 = 0$, $a_2 = 1$, $a_3 = 1$, $a_4 = 2, \ldots$. Die Behauptung lautet: Für $n \geq 1$ ist $a_n = f_{n-1}$, also die $(n-1)$-te Fibonacci-Zahl. Soweit wir die Zahlenfolge der a_n angegeben haben, ist das offensichtlich richtig. Indem wir die letzte Zahl in einer geordneten Partition von n von der geforderten Art anschauen (die entweder $2, 3, \ldots$ oder n sein kann), schließen wir für $n \geq 2$, dass die a_n die folgende Rekursionsformel erfüllen müssen:

$$a_n = a_{n-2} + a_{n-3} + \ldots + a_0 .$$

Außerdem ist gerade wegen dieser Rekursionsformel die Summe aller Terme auf der rechten Seite ohne den ersten Term gleich a_{n-1} für alle $n - 1 \geq 2$, d. h. für alle $n \geq 3$. Also erfüllen für alle

$n \geq 3$ die Zahlen a_n die Rekursionsbedingung der Fibonacci-Zahlen $a_n = a_{n-2} + a_{n-1}$, womit die Behauptung gezeigt ist.

Anmerkung 16

Lange Folgen von zusammengesetzten Zahlen (Seite 84)

Die folgenden n aufeinanderfolgenden Zahlen sind alle zusammengesetzt: $(n+1)!+2$, $(n+1)!+3$, $(n+1)!+4$, ..., $(n+1)!+n$, $(n+1)!+n+1$. Die erste Zahl ist durch 2 teilbar, die zweite durch 3 usw. Also erhalten wir eine Liste von n aufeinanderfolgenden Zahlen, von denen keine eine Primzahl ist.

Anmerkung 17

Unendlich viele Primzahlen der Form $6n - 1$ (Seite 84)

Wir nehmen die Liste der Primzahlen $2, 3, \ldots, p$ und setzen $q = (2 \cdot 3 \ldots p) - 1$. q ist von der Form $6n - 1$. Alle Primfaktoren von q sind größer als p. Diese Primfaktoren können nicht *alle* von der Form $6n + 1$ sein, denn dann wäre q ebenfalls von dieser Form. Also muss es zumindest eine Primzahl r von der Form $6n - 1$ mit $p < r \leq q$ geben.

Anmerkung 18

Formeln für Primzahlen (Seite 88)

Sei $f(x) = a_0 + a_1 x + \ldots + a_k x^k$ ein nicht konstantes Polynom, und außerdem sei $f(a) = y \geq 2$. Dann kann $f(x)$ nicht immer eine Primzahl sein, denn $f(a + ry)$ hat y als Faktor:

$$f(a + ry) = a_0 + a_1(a + ry) + \ldots + a_k(a + ry)^k$$
$$= f(a) + \text{Terme mit Potenzen von } y.$$

Da y ein Teiler von allen Termen auf der rechten Seite ist, muss y für alle $r = 0, 1, 2, \ldots$ ein Faktor von $f(a + ry)$ sein, und da die Zahlen $f(a + ry)$ nicht alle gleich y sein können, müssen einige von ihnen zusammengesetzt sein.

Die im Text untersuchte Rekursionsformel war durch $a_1 = 1$ und $a_n = 2a_{n-1} + 1$ für alle $n = 2, 3, \ldots$ gegeben. Daraus lässt sich durch Induktion leicht beweisen, dass $a_n = 2^n - 1$ für alle n. Im Allgemeinen sind Ausdrücke der Form $a^n \pm 1$ keine Kandidaten für Primzahlen, denn sie zeigen gewisse Faktorisierungen. Für das Minuszeichen beispielsweise stoßen wir auf einen Ausdruck, der für die Summe einer geometrischen Reihe von Bedeutung ist:

$$a^n - 1 = (a - 1)(a^{n-1} + a^{n-2} + \ldots + 1).$$

Also kann $a^n - 1$ keine Primzahl sein, es sei denn $a = 2$. Doch selbst in diesem Fall finden wir sofort eine Faktorisierung, sofern $n = qb$ eine zusammengesetzte Zahl ist:

$$2^n - 1 = (2^a - 1)(2^{a(b-1)} + 2^{a(b-2)} + 2^{a(b-3)}$$
$$+ \ldots + 2^a + 1),$$

und somit ist auch $2^n - 1$ zusammengesetzt. Ist beispielsweise $n = 15 = 3 \cdot 5$, erhalten wir mit $a = 3$ und $b = 5$:

$$32\,767 = 2^{15} - 1 = (2^3 - 1)(2^{12} + 2^9 + 2^6 + 2^3 + 1)$$
$$= 7 \cdot 4\,681.$$

Sucht man also Primzahlen der Form $2^n - 1$, so bleiben nur noch die *Mersenne-Zahlen* $2^p - 1$, wobei p eine Primzahl ist. Obwohl diese Folge reich an Primzahlen ist, sind einige Mersenne-Zahlen, wie zum Beispiel $2^{11} - 1 = 2\,047 = 23 \cdot 89$, keine Primzahlen. Ganz ähnlich lässt sich beweisen, dass jeder Faktor einer Mersenne-Zahl von der Form $2kp + 1$ ist. Für $p = 11$ bedeutet dies, dass nur Faktoren von der Form $22k + 1$ möglich sind, und die beiden tatsächlichen Faktoren erhalten wir für $k =$ 1 und $k = 4$. Diese Eigenschaft macht die Mersenne-Zahlen zu besonderen Primzahlkandidaten, und daher geht man bei der Suche nach besonders großen Primzahlen oft von ihnen aus. Wie schon im ersten Kapitel erwähnt wurde, ist zum Zeitpunkt dieser Übersetzung die 47. Mersenne-Primzahl der Rekordhalter.

Es gibt eine berühmte Beziehung zwischen den Mersenne-Primzahlen und den *vollkommenen Zahlen*, also Zahlen, die gleich der Summe ihrer Faktoren sind. Schon 2000 Jahre vor Mersenne hat Euklid bewiesen, dass für jede Mersenne-Primzahl $2^p - 1$ die Zahl $2^{p-1}(2^p - 1)$ eine gerade vollkommene Zahl ist. Die Werte $p = 2, 3$ und 5 liefern die ersten drei vollkommenen Zahlen 6, 28 und 496. Euler bewies die Umkehrung: Alle geraden vollkommenen Zahlen ergeben sich nach dieser Formel aus Mersenne-Primzahlen. Damit ist das Problem der Suche nach geraden vollkommenen Zahlen auf das Problem der Suche nach Mersenne-Primzahlen zurückgeführt. Wir wissen jedoch nicht, ob es unendlich viele Mersenne-Primzahlen gibt. Ebenfalls unbekannt ist, ob es überhaupt ungerade vollkommene Zahlen gibt. Es gibt unzählige Ergebnisse, die jeder möglichen ungeraden vollkommenen Zahl hohe Einschränkungen auferlegen, ohne dass sie in der Lage sind zu beweisen, dass es ungerade vollkommene Zahlen nicht geben kann. Beispielsweise wusste Euler schon, dass jede ungerade vollkommene Zahl von der Form $p^{4k+1}Q^2$ sein muss, wobei p eine Primzahl der Form $4n+1$ ist. Im Jahr 2005 zeigte Hare, dass eine ungerade vollkommene Zahl mindestens 75 Primfaktoren besitzen muss, und Neilsen bewies ein Jahr später, dass eine solche Zahl mindestens neun verschiedene Primzahlen als Teiler haben muss. Wir wissen, dass es keine ungerade vollkommene Zahl unter 10^{300} gibt, und man findet weitere interessante Aussagen dieser Art auf der Webseite von *Wolfram's World of Mathematics*.

Betrachten wir nun Zahlen der Form $a^n + 1$. Eine solche Zahl ist immer gerade, wenn a ungerade ist, somit können wir uns auf den Fall gerader a beschränken. Wenn jedoch n einen ungeraden Faktor besitzt, also $n = mt$ und m ungerade, dann gibt es eine besondere Faktorisierung in Form einer Teleskopsumme:

$$a^n + 1 = (a^t + 1)(a^{(m-1)t} - a^{(m-2)t} + a^{(m-3)t} - \ldots + 1).$$

Sei zum Beispiel $a = 2$ und $n = 11$, sodass $m = 11$ und $t = 1$, dann erhalten wir $2^{11} + 1 = 2\,049 = (2^1 + 1)(2^{10} - 2^9 + 2^8 - \ldots + 1) = 3 \cdot 683$. m muss ungerade sein, damit die alternierende Reihe von positiven und negativen Termen mit einer $+1$ endet und somit die rechte Seite tatsächlich zu der linken Seite werden kann. Daraus können wir schließen, dass $a^n + 1$ niemals eine Primzahl sein kann, es sei denn, a ist gerade und n eine Potenz von 2. Für $a = 2$ bezeichnet man Zahlen dieser Art, $F_n = 2^{2^n} + 1$, als Fermat-Zahlen.

Diese Zahlen haben eine besondere Bedeutung, denn noch im Alter eines Teenagers konnte Gauß beweisen, dass ein reguläres Vieleck sich genau dann mit Zirkel und Lineal konstruieren lässt, wenn die Seitenzahl eine Fermat'sche *Primzahl* multipliziert mit einer Potenz von 2 ist. (Die Potenzen von 2 treten auf, weil man bei einem regulären Vieleck alle Seiten beliebig oft halbieren und auf diese Weise die Anzahl der möglichen Seiten mit 2, 4, 8 usw. multiplizieren kann.) Für $n = 1$ erhalten wir das reguläre Fünfeck, das Euklid in seinen *Elementen* behandelt. Die Konstruktion selbst beruht auf der Konstruktion des Goldenen Schnitts. Gauß krönte seinen Beweis, indem er als den Fall $n = 2$ explizit ein 17-Eck konstruierte. Den Genuss der Konstruktion von F_3, dem 257-Eck, gönnten sich Richelot und Schwendenwein im Jahr 1832, und J. Hermes verbrachte zehn Jahre am nächsten Vieleck, dem 65 537-Eck. Seine Konstruktion deponierte er in einer Kiste an der Universität von Göttingen, wo sie derzeit in einem speziell dafür angefertigten Koffer liegt. Jede bisher untersuchte Fermat-Zahl jenseits von $n = 4$ erwies sich als zusammengesetzt, sodass sie auf keine weiteren konstruierbaren regulären Vielecke führen. Diese Liste erstreckt sich mittlerweile immerhin bis zu der riesigen Zahl F_{16}. Damit kann man getrost davon ausgehen, dass Hermes nicht mehr übertroffen wird!

Dass F_5 keine Primzahl ist, wusste schon Euler, der irgendwie die Faktorisierung $F_5 = 2^{32} + 1 = 4\,294\,967\,297 = 641 \cdot 6\,700\,417$ gefunden hatte. Damit hatte er gleichzeitig bewiesen, dass die Fermat-Zahlen keine Formel für Primzahlen sind. Man prüft leicht nach, dass 641 eine Primzahl ist (sie besitzt keinen Primzahlfaktor bis 23, was bereits größer ist als die Quadratwurzel), und der Hinweis, dass diese Zahl eine besondere Beziehung zu F_5 haben könnte, ergibt sich aus der Tatsache, dass $641 = 2^4 + 5^4 = 5 \cdot 2^7 + 1$. Das Rechnen modulo *einer Primzahl* definiert einen endlichen Zahlenkörper, in dem wir addieren, subtrahieren, multiplizieren und insbesondere auch dividieren können, wie in der gewöhnlichen Arithmetik. Damit erhalten wir die folgende bemerkenswerte Folge von Manipulationen modulo 641:

$$2^4 + 5^4 \equiv 0 \;\Rightarrow\; \frac{2^4}{5^4} + 1 \equiv 0 \;\Rightarrow\; \frac{2^4}{5^4} \equiv -1 \,(\mathrm{mod}\,641)\,.$$

Für die zweite Beziehung können wir auch schreiben:

$$5 \cdot 2^7 + 1 \equiv 0 \;\Rightarrow\; 5 \cdot 2^7 \equiv -1 \;\Rightarrow\; 2^7 \equiv -\frac{1}{5} \,(\mathrm{mod}\,641)\,.$$

Indem wir beide Seiten mit 2 multiplizieren, folgt:

$$2^8 \equiv -\frac{2}{5} \,(\mathrm{mod}\,641)\,;$$

und wenn wir von beiden Seiten die 4. Potenz nehmen, erkennen wir:

$$2^{32} \equiv \left(-\frac{2}{5}\right)^4 = \frac{2^4}{5^4} \pmod{641}.$$

Nach der ersten Gleichung folgt damit $2^{32} \equiv -1 \pmod{641}$, oder mit anderen Worten:

$$F_5 = 2^{32} + 1 \equiv 0 \pmod{641}.$$

Also ist 641 ein Faktor der fünften Fermat-Zahl, die damit keine Primzahl sein kann.

Anmerkung 19

Der kleine Fermat'sche Satz (Seite 88)

Der kleine Fermat'sche Satz besagt, dass a und a^p bei einer Division durch die Primzahl p denselben Rest ergeben. Der folgende Beweis ist sehr unkonventionell. Stellen Sie sich a Perlenarten unterschiedlicher Farbe vor. Dann können wir a^p verschiedene Folgen von Perlen der Länge p auf einen Faden ziehen. Nun betrachten wir die $b = a^p - a$ Perlenfolgen, die *nicht* nur aus einer einzigen Perlenart bestehen. Wir bezeichnen zwei solche Folgen als äquivalent, wenn sie als Kette, d. h., wenn wir den Faden zu einem Kreis verknoten, identisch werden. Keine Perlenfolge ist zu mehr als p anderen Folgen äquivalent – tatsächlich sogar zu exakt p Folgen. Außerdem können höchstens p verschiedene Perlenfolgen dieselbe Perlenkette ergeben, entsprechend der p Punkte zwischen den Perlen, an denen wir die Kette wieder zu einer Folge von Perlen auftrennen können. Andererseits können zwei Perlenfolgen, die man beim Durchtrennen der Kette erhält, nur dann identisch sein, wenn die Perlenkette aus m Kopien derselben Perlenfolgen der Länge n besteht, also $mn = p$. Schreiben wir beispielsweise B für Blau und G für Gelb, dann gehören die folgenden sechs Perlenfolgen zu derselben Kette:

$$BGBGGB,\ GBGGBB,\ BGGBBG,\ GGBBGB,$$
$$GBBGBG,\ BBGBGG\,.$$

Jede Folge entsteht aus der vorherigen, indem wir die erste Perle auf der linken Seite herausnehmen und ans rechte Ende legen. Das gilt auch für die erste Folge, die man erhält, wenn man die erste Perle der letzten Folge umlegt. Die sechs Perlenfolgen sind somit äquivalent. Doch nun nehmen wir an, wir beginnen mit der Folge $BGGBGG$. Wenn wir verschiedene Anfangspunkte für die Folge nehmen, erhalten wir nur drei verschiedene Varianten:

$$BGGBGG,\ GGBGGB,\ GBGGBG\,,$$

denn die nächste Folge würde uns direkt wieder zu $BGGBGG$ bringen. Diese Möglichkeit kann nur auftreten, wenn die Folge aus einem kurzen Block besteht, der sich mehrfach wiederholt. Da jedoch *p eine Primzahl sein soll*, kann dieser Fall nicht auftreten, denn dann muss entweder $m = 1$ oder $m = p$ gelten, *und da die Kette nicht einfarbig ist, folgt* $m \neq p$. Also ist $m = 1$, und p ist ein Faktor von $b = a^p - a$, denn die b Perlenfolgen lassen sich in disjunkte Mengen mit jeweils p Elementen unterteilen. Daher müssen a^p und a denselben Rest ergeben, wenn man durch die Primzahl p teilt.

Der übliche Beweis nutzt die Eigenschaften des Produkts $(p - 1)!$ modulo p aus, und eine andere Beweismöglichkeit wäre die Induktion über a, bei der man die Faktoren der Binomialkoeffizienten nutzt. Beide sind ebenfalls ziemlich kurz.

Kapitel 5

Anmerkung 20

Geometrische und harmonische Mittelwerte, Herons Formel für Wurzeln (Seite 103)

$$\frac{1}{H} = \frac{1}{2}\left(\frac{1}{a} + \frac{1}{b}\right) \Rightarrow \frac{2}{H} = \frac{b+a}{ab} \Rightarrow H = \frac{2ab}{a+b}.$$

Zunächst zeigen wir, dass $G \leq A$. Offenbar ist

$$(\sqrt{a} - \sqrt{b})^2 \geq 0 \Rightarrow a + b - 2\sqrt{ab} \geq 0 \Rightarrow A \geq G,$$

und Gleichheit gilt nur für $a = b = A = G$.

Entsprechend können wir $H \leq G$ beweisen, indem wir von $(a - b)^2 \geq 0$ ausgehen, woraus folgt

$$a^2 + b^2 \geq 2ab \Rightarrow (a+b)^2 \geq 4ab \Rightarrow ab(a+b)^2 \geq 4a^2b^2 \Rightarrow$$

$$ab \geq \frac{4a^2b^2}{(a+b)^2}, \quad \text{und die Quadratwurzel ergibt} \quad G \geq H.$$

Wiederum gilt die Gleichheit genau dann, wenn alle auftretenden Größen identisch sind.

Die Iteration von Heron zur Bestimmung von $\sqrt{2}$ beginnt mit einem groben Ausgangswert $a_0 = a$, und nun berechnet man sukzessive die Folge $a_n = \frac{1}{2}(a_{n-1} + \frac{2}{a_{n-1}})$. Das führt bereits nach wenigen Iterationen auf eine sehr gute Näherung für $\sqrt{2}$, gleichgültig mit welchem positiven Startwert man beginnt. Dieses Verfahren ist ein Spezialfall des Newton-Raphson-Verfahrens angewandt auf die Funktion $y = x^2$. Die Wurzel einer gegebenen Funktion wird dabei iterativ angenähert, wobei man den

Schnittpunkt der Tangente an die Kurve von einem gegebenen Startpunkt aus bestimmt und als Ausgangspunkt für eine neue Iteration wählt. Setzt man $a = a_{n-1}$ und $b = \frac{2}{a_{n-1}}$ und nutzt die Ungleichung $H \leq G \leq A$, sieht man, dass das Verfahren von Heron konvergiert. Man erhält zunächst

$$\frac{4}{a_{n-1} + \frac{2}{a_{n-1}}} \leq \sqrt{2} \leq \frac{a_{n-1} + \frac{2}{a_{n-1}}}{2} \Rightarrow \frac{2}{a_n} \leq \sqrt{2} \leq a_n,$$

und daraus folgt, dass $a_n \geq \sqrt{2}$ für alle $n \geq 1$ (unabhängig von der Startzahl a_0). Da a_{n+1} der Mittelwert der beiden Werte auf beiden Seiten dieser Ungleichung ist, folgt $a_n \geq a_{n+1} \geq \sqrt{2}$. Daraus können wir schließen, dass bei jedem Schritt der Abstand der neuen Approximation a_{n+1} zu $\sqrt{2}$ kleiner ist als der halbe Abstand der alten Approximation a_n, und somit ist der Grenzwert der Folge der Heron-Iterationen tatsächlich $\sqrt{2}$.

Kapitel 6

Anmerkung 21

$(-1) \cdot (-1) = 1$ (Seite 111)

Wir leiten diese Tatsache formal aus den üblichen Gesetzen der Algebra her. Dazu nehmen wir für die ganzen Zahlen die folgenden Eigenschaften an:

Kommutativität der Addition und Multiplikation: $a + b = b + a$, $ab = ba$;

Assoziativität der Addition und Multiplikation: $a + (b + c) = (a + b) + c$, $a(bc) = (ab)c$;

Distributivgesetz: $a(b + c) = ab + ac$.

0 sei die *additive Identität*, d. h., für jede Zahl a gilt $a + 0 = a$, und es gibt ein *inverses Element* zur Addition, das wir mit $-a$

bezeichnen und für das gilt $a + (-a) = 0$. Außerdem sei 1 die *multiplikative Identität* des Zahlensystems, sodass $a \cdot 1 = a$ für alle a gilt.

Nachdem wir diese Grundregeln festgelegt haben, wenden wir sie nun mehrfach an. Wir beweisen zunächst, dass für jede Zahl a gilt: $a \cdot 0 = 0$. Dazu schreiben wir b für $a \cdot 0$:

$$b = a \cdot 0 = a \cdot (0 + 0) = a \cdot 0 + a \cdot 0 = b + b\,.$$

Nun gilt:

$$b = b + b \Rightarrow b + (-b) = (b + b) + (-b)$$
$$\Rightarrow 0 = b + (b + (-b)) = b + 0 = b\,.$$

Also ist, wie behauptet, $b = a \cdot 0 = 0$. Aus dieser neuen Tatsache folgt insbesondere $(-1) \cdot 0 = 0$, sodass:

$$0 = (-1) \cdot 0 = (-1) \cdot ((-1) + 1)$$
$$= (-1) \cdot (-1) + (-1) \cdot 1 \Rightarrow (-1) \cdot (-1) + (-1) = 0\,.$$

Nun addieren wir auf beiden Seiten dieser Gleichung eine 1, verwenden die Assoziativität der Addition und gelangen schließlich zu der gesuchten Gleichung:

$$(-1) \cdot (-1) = 1\,.$$

Anmerkung 22

Ägyptische Brüche und der Akhmim Papyrus (Seite 113, Fußnote)

Gegeben sei irgendein echter Bruch $\frac{m}{n}$, der kein Stammbruch sein soll und bei dem m und n teilerfremd sind. Wir schreiben

$n = km + r$ für ein $1 \leq r \leq m - 1$ und $k \geq 1$ (r und k sind mindestens 1, da m und n teilerfremd sein sollen und $0 < \frac{m}{n} < 1$ mit $m \geq 2$.) Der größte Stammbruch kleiner als $\frac{m}{n}$ ist $\frac{1}{k+1}$, denn

$$km < n = km + r < km + m = m(k + 1),$$

und indem wir überall den Kehrwert nehmen (wodurch sich die Ungleichungen umkehren) folgt:

$$\frac{1}{km} > \frac{1}{n} > \frac{1}{m(k+1)} \Rightarrow \frac{1}{k+1} < \frac{m}{n} < \frac{1}{k}.$$

Also ist $\frac{1}{k+1}$ der größte Stammbruch kleiner als $\frac{m}{n}$, denn der nächst größere Stammbruch $\frac{1}{k}$ ist bereits zu groß. Nun subtrahieren wir die beiden Brüche:

$$\frac{m}{n} - \frac{1}{k+1} = \frac{m(k+1) - n}{n(k+1)} = \frac{m(k+1) - (mk + r)}{n(k+1)}$$
$$= \frac{mk + m - mk - r}{n(k+1)} = \frac{m - r}{n(k+1)}.$$

Wichtig ist, dass der neue Zähler $m - r$ kleiner ist als der alte Zähler m, da r positiv ist. Außerdem ist der Zähler positiv, da $r < m$. Somit ist die Folge der Zähler, die bei diesem Bruch übrig bleiben, eine abnehmende Folge positiver ganzer Zahlen, und nach höchstens $m - 1$ Schritten wird der Zähler 1.

Offenbar ist bei diesem Verfahren der nächste zu subtrahierende Stammbruch immer kleiner als der vorherige (das garantiert auch die zusätzliche Forderung, dass die Stammbrüche in einer Zerlegung alle verschieden sein sollen). Nach Konstruktion kann der nächste Stammbruch nicht größer sein als sein Vorgänger oder auch nur gleich, denn

$$\frac{1}{k+1} + \frac{1}{k+1} = \frac{2}{k+1} > \frac{m}{n} \quad \text{da} \quad \frac{m}{n} < \frac{1}{k} \leq \frac{2}{k+1}.$$

Die letzte Ungleichung ist äquivalent zu der Aussage $k + 1 \leq 2k \Leftrightarrow 1 \leq k$, die wiederum gilt, weil $\frac{m}{n}$ ein echter Bruch ist, also $m < n$.

Als Beispiel wenden wir dieses Verfahren auf $\frac{9}{20}$ an. Wir erhalten $20 = 2 \cdot 9 + 2$, also $m = 9$, $n = 20$, $k = 2 = r$. Damit folgt $\frac{1}{k+1} = \frac{1}{3}$, was wir subtrahieren: $\frac{9}{20} - \frac{1}{3} = \frac{7}{60}$. Entsprechend der allgemeinen algebraischen Beschreibung sank der Zähler von 9 zu 7. Wir wiederholen den Algorithmus mit $m = 7$, $n = 60$, finden $60 = 8 \cdot 7 + 4$, sodass wir $\frac{1}{9}$ subtrahieren und $\frac{7}{60} - \frac{1}{9} = \frac{1}{180}$ erhalten. Damit finden wir die folgende ägyptische Zerlegung: $\frac{9}{20} = \frac{1}{3} + \frac{1}{9} + \frac{1}{180}$.

Dieses Verfahren funktioniert immer, doch die bessere Zerlegung $\frac{9}{20} = \frac{1}{4} + \frac{1}{5}$ findet man mit einer Methode auf einem alten griechischen Papyrus, der in der Stadt Akhmim am Nil gefunden wurde und auf die Zeit 500 bis 800 v. Chr. datiert wird. In moderner Schreibweise lässt sich der Trick durch eine leicht zu beweisende Identität ausdrücken:

$$\frac{m}{pq} = \frac{m}{p(p + q)} + \frac{m}{q(p + q)}.$$

Angewandt auf den Fall $m = 9$, $p = 4$, $q = 5$ liefert diese Beziehung sofort $\frac{9}{20} = \frac{9}{4 \cdot 9} + \frac{9}{5 \cdot 9} = \frac{1}{4} + \frac{1}{5}$.

Als zweites Beispiel zerlegen wir $\frac{2}{99} = \frac{2}{9} \cdot \frac{1}{11}$. Zunächst verwenden wir die Akhmin-Technik für $\frac{2}{9}$. Wir nehmen $m = 2$, $p = 1$, $q = 9$ und erhalten $\frac{2}{9} = \frac{2}{1 \cdot 10} + \frac{2}{9 \cdot 10} = \frac{1}{5} + \frac{1}{45}$ und damit die Zerlegung $\frac{2}{99} = \frac{1}{55} + \frac{1}{495}$.

Das „gierige" Verfahren, bei dem immer der größte Stammbruch subtrahiert wird, führt in diesem Fall auf die Zerlegung $\frac{2}{99} = \frac{1}{50} + \frac{1}{4950}$, und es gibt noch weitere Zerlegungen in die Summe von zwei Stammbrüchen.

Anmerkung 23

Das Taubenschlagprinzip (Seite 118, Fußnote)

Auch wenn die Idee sehr einfach ist, lassen sich unterschiedliche Formen des Taubenschlagprinzips oft verwenden, um Unvermeidbarkeitsaussagen sowohl in endlichen als auch in unendlichen mathematischen Strukturen zu beweisen. Es folgen zwei Beispiele. Jede Menge von $n + 1$ Zahlen aus den ersten $2n$ positiven ganzen Zahlen muss eine Zahl enthalten, die ein Faktor von einer der anderen Zahlen ist. Wir sehen sofort, dass die Behauptung falsch ist, wenn wir $n + 1$ in der Aussage durch n ersetzen, denn die Menge $n + 1, n + 2, \ldots, 2n$ ist ein Gegenbeispiel.

Zum Beweis der Behauptung beginnen wir mit der Feststellung, dass sich jede Zahl m in der Form $m = 2^k t$ schreiben lässt, wobei $k \geq 0$ und t ungerade sind. Der Exponent k ist genau dann 0, wenn m bereits ungerade ist, und t ist genau dann 1, wenn m eine Potenz von 2 ist. Außerdem liegt der ungerade Faktor t zwischen 1 und $2n$, da das auch für m gelten soll. Es gibt jedoch nur n verschiedene ungerade Zahlen in diesem Bereich, sodass nach dem Taubenschlagprinzip zwei verschiedene Zahlen unserer Menge von $n + 1$ Elementen denselben ungeraden Faktor t haben müssen. Wir nennen diese beiden Zahlen m_1 und m_2, sodass $m_1 = 2^{k_1} t$ und $m_2 = 2^{k_2} t$. Die kleinere dieser beiden Zahlen ist somit ein Faktor der anderen, was zu zeigen war.

Für unseren zweiten Trick zeigen wir, dass für beliebige acht Zahlen die Summe oder die Differenz von zwei der Zahlen ein Vielfaches von 13 sein muss. Auch diese Aussage lässt sich nicht abschwächen, denn für nur sieben Zahlen ist sie falsch, wie das Beispiel 0, 1, 2, 3, 4, 5, 6 zeigt.

Wir können annehmen, dass keine zwei der acht Zahlen kongruent modulo 13 sind, denn andernfalls wäre ihre Differenz bereits ein Vielfaches von 13. Insbesondere gibt es dann sieben Zahlen, $b_1, b_2, \ldots, b_7$, die nicht durch 13 teilbar sind, und es sei a die achte Zahl. Wir betrachten nun die Zahlen $a \pm b_i$ ($1 \leq i \leq 7$). Dies sind 14 (nicht notwendigerweise verschiedene) Zahlen, sodass es nach dem Taubenschlagprinzip zwei Indizes i, j gibt, für die $a \pm b_i \equiv a \pm b_j$ (modulo 13). (Die $\pm$-Zeichen sind unabhängig, d. h., sie können auf beiden Seiten des $\equiv$-Zeichens auch verschieden sein.) Wäre $i = j$ müsste $2b_i$ und damit auch b_i durch 13 teilbar sein, was unserer Annahme zu den Zahlen b_i widerspricht. Also ist $j \neq i$ und somit entweder $b_i + b_j \equiv 0$ (modulo 13) oder $b_i - b_j \equiv 0$ (modulo 13), in Übereinstimmung mit unserer Behauptung.

Falls Sie sich selbst an einem Problem dieser Art versuchen wollen: Gegeben seien $n + 1$ ganze Zahlen aus dem Bereich $1, 2, \ldots, 2n$. Mindestens zwei von ihnen haben keinen gemeinsamen Faktor.

Anmerkung 24

Die Umwandlung periodischer Dezimalfolgen in Brüche
(Seite 118)

Am einfachsten lässt sich die Idee an Beispielen erläutern, doch man kann sie folgendermaßen allgemein beschreiben: Gegeben sei eine Zahl a mit einer periodischen Dezimalfolge. Die Länge des sich wiederholenden Blocks sei n. Wir multiplizieren a mit 10^n und berechnen $10^n a - a$. Dabei heben sich die wiederkehrenden Teile auf. Wenn wir diese Gleichung nach a auflösen, erhalten wir a in Form eines gewöhnlichen Bruchs, der sich nach Bedarf kürzen lässt. Betrachten wir als Beispiel $a = 0,6\overline{81}\ldots$. Die Länge des periodischen Blocks ist 2, also berechnen wir:

$$100a - a = 99a = 68,1\overline{81} - 0,6\overline{81} = 67,5$$
$$\Rightarrow 990a = 675 \Rightarrow a = \frac{675}{990} = \frac{15}{22}.$$

Anmerkung 25

Nicht-periodische Dezimalentwicklungen sind irrational
(Seite 119)

Diese Aussage liegt oft bestimmten Übungsaufgaben zugrunde. Beispielsweise zeige man, dass für jedes $k \geq 2$ die Summe $\sum_{n=1}^{\infty} k^{-n(n+1)}$ irrational ist. Das folgt sofort, wenn wir das Ergebnis als Entwicklung in der Basis k ausdrücken, denn dann erhalten wir die nicht periodische (binäre) Folge $0,0100010\ldots$..

Anmerkung 26

Ein Quadrat mit Seitenlänge $\sqrt{2}$ ohne den Satz des Pythagoras
(Seite 120)

Wir beginnen mit einem Quadrat mit der Seitenlänge 2 und teilen es durch ein Kreuz in der Mitte in vier Einheitsquadrate. Wir betrachten das Quadrat, das man aus den vier Diagonalen der kleinen Quadrate erhält, welche die Mittelpunkte der Seiten des ursprünglichen Quadrats verbinden. Die Fläche des großen Quadrats ist 4. Da jede Diagonale sein kleines Quadrat in zwei identische Dreiecke halbiert, hat das kleinere Quadrat in der Mitte genau die halbe Fläche des großen Quadrats, also die Fläche 2. Die Seitenlänge s dieses kleineren Quadrats bildet die Hypotenuse eines gleichschenkligen rechtwinkligen Dreiecks, dessen Seitenlängen eins sind. Wie wir gerade festgestellt haben, ist $s^2 = 2$, sodass die Länge der Diagonalen in den Einheitsquadraten tatsächlich gleich $\sqrt{2}$ ist. Bei dieser altindischen Herleitung der Aussage wird nirgendwo auf den Satz des Pythagoras zurückgegriffen.

Anmerkung 27

n-te Wurzeln sind irrational ($n \geq 2$) (Seite 122)

Angenommen $k^{\frac{1}{n}} = \frac{a}{b}$, wobei alle Symbole positive ganze Zahlen darstellen sollen. Wir wollen zeigen, dass k eine n-te Potenz ist, $k = t^n$, und somit $\frac{a}{b} = t$ eine ganze Zahl. Dazu benutzen wir den Fundamentalsatz der Arithmetik (FA), der besagt, dass eine Primzahlzerlegung einer Zahl eindeutig ist.

Aus unserer Gleichung folgt $a^n = kb^n$. Es sei p ein Primfaktor von k, sodass beispielsweise $k = p^m l$, wobei p kein Faktor von l ist. Da a^n und b^n beides n-te Potenzen sind, muss gelten $a^n = p^{rn}c$ und $b^n = p^{sn}d$, wobei r und s irgendwelche nicht negative ganze Zahlen sind und die ganzen Zahlen c und d kein Vielfaches von p sein sollen. Wir setzen die Potenzen von p auf beiden Seiten der ersten Gleichung gleich (was nach dem FA der Fall sein muss) und erhalten: $rn = sn + m \Rightarrow m = n(r - s)$. Also muss die höchste Potenz m von p, durch die k teilbar ist, ein Vielfaches von n sein. Da dies für jeden Primfaktor p von k gilt, muss k selbst eine n-te Potenz sein.

Also ist die n-te Wurzel einer positiven ganzen Zahl entweder wieder eine ganze Zahl oder irrational.

Kapitel 7

Anmerkung 28

Die Menge der algebraischen Zahlen ist abzählbar (Seite 132)

Wir setzen die Tatsache voraus, dass ein Polynom $p(x) = a_0 + a_1 x + a_2 x^2 + \ldots + a_n x^n$ höchstens n *Wurzeln* hat, d. h., es gibt höchstens n Lösungen für die Gleichung $p(x) = 0$. Dies beweist man meist durch Induktion über n. Die Aussage ist offensichtlich richtig für $n = 1$, also nehmen wir nun $n \geq 2$ an. Wenn $p(x)$ eine Wurzel r hat, dann gilt nach dem Satz zur Faktorisierung von Polynomen $p(x) = (x - r)q(x)$, wobei $q(x)$ ein Polynom vom Grad $n - 1$ ist, das nach Induktionsannahme $n - 1$ Wurzeln hat. Ist $p(a) = 0$, dann ist entweder $a - r = 0$, und somit $a = r$, oder $q(a) = 0$, also ist a eine Wurzel von $q(x)$. Also hat $p(x)$ höchstens $1 + (n - 1) = n$ Wurzeln, und wir können die Induktion durchführen.

Nun sei a eine algebraische Zahl. Es gibt also ein Polynom n-ten Grades mit rationalen Koeffizienten von der oben angegebenen Form, sodass $p(a) = 0$. Multiplizieren wir die Gleichung $p(a) = 0$ mit allen Zählern der Koeffizienten a_i, so folgt, dass a die Wurzel eines Polynoms desselben Grades, aber mit ganzzahligen Koeffizienten ist. Das bedeutet, die algebraischen Zahlen sind genau die Wurzeln von Polynomen mit ganzzahligen Koeffizienten. Wir bezeichnen die Menge dieser Polynome mit P.

Nun sei P_n die Menge aller Polynome in P, deren Grad nicht größer ist als n und deren Koeffizienten die Bedingung $-n \leq a_i \leq n$ erfüllen. Man beachte, dass jedes P_n eine endliche Menge von Polynomen ist. (Es gibt $2n + 1$ Möglichkeiten für jedes a_i und $n + 1$ Koeffizienten, sodass $|P_n| = (2n + 1)^{(n+1)}$.) Es sei A_n die Menge aller Zahlen, die Wurzeln von einem Polynom in P_n sind. Da jedes Element aus P_n höchstens n verschiedene Wurzeln hat, ist A_n ebenfalls endlich. (Tatsächlich ist $|A_n| \leq n(2n + 1)^{(n+1)}$.) Da jede algebraische Zahl in einem A_n liegt, können wir nun eine Liste aller algebraischen Zahlen aufstellen, indem wir alle Elemente der (endlichen) Menge A_1 nehmen, anschließend alle Elemente von A_2 (die nicht schon in A_1 enthalten sind), dann alle Elemente in A_3 usw.

Also ist die Menge aller algebraischen Zahlen eine abzählbare Menge.

Daraus folgt, dass die Menge T aller transzendenten (also nicht-algebraischen) Zahlen überabzählbar ist, denn wäre T ebenfalls abzählbar, könnten wir auch alle Elemente in $S \cup T$

abzählen, indem wir die Listen von S und T mischen. Dazu könnten wir beispielsweise ein Element aus S nehmen, dann ein Element aus T, dann wieder eines aus S, ein weiteres aus T usw. Da jedoch $S \cup T$ die Menge aller reellen Zahlen ist, die nach Cantors Argument überabzählbar ist, muss auch die Menge aller transzendenten Zahlen überabzählbar sein.

Anmerkung 29

Mengenpaarung: Der Satz von Schröder und Bernstein (Seite 133)

Wir sollten uns nochmals vor Augen halten, dass wir auch im endlichen Fall zwei Mengen als gleich groß definieren, wenn es eine eineindeutige Abbildung von A nach B gibt. Damit diese Definition auch für unendliche Mengen sinnvoll ist, sollte gelten, dass die beiden Mengen dieselbe Kardinalität haben, wenn A in dem genannten Sinne nicht größer ist als B und umgekehrt B nicht größer ist als A. Das ist jedoch nicht ganz selbstverständlich, sondern muss erst bewiesen werden. Es sollte also folgende Aussage richtig sein: Wenn es eine eineindeutige Abbildung von A in eine Teilmenge von B gibt und eine zweite eineindeutige Abbildung von B in eine Teilmenge von A, dann gibt es eine eineindeutige Abbildung zwischen allen Elementen von A und allen Elementen von B. Diese Tatsache bezeichnet man als den Satz von Schröder und Bernstein, und er gehört zu den Grundlagen, die in einer Vorlesung über allgemeine Mengentheorie bewiesen wird.

Anmerkung 30

Die Kardinalität der Menge aller Teilmengen (Seite 133)

Betrachten wir als Beispiel die Teilmenge der positiven ganzen Zahlen, die nur aus den ungeraden Zahlen besteht. Wir können diese Teilmenge durch eine unendliche Folge von Nullen

und Einsen „codieren": Im vorliegenden Fall ist die Ziffernfolge
101010..., wobei eine 1 andeutet, dass die entsprechende Zahl
Element der betrachteten Teilmenge ist und die 0 das Gegenteil (vgl. Anmerkung 10). Diese Ziffernfolge beschreibt daher die
Teilmenge aus den Zahlen 1, 3, 5 usw., da die 1 jeweils an der
ersten, dritten, fünften Stelle usw. auftritt. Ganz ähnlich beginnt
die Folge zu der Teilmenge der Primzahlen mit 01101010001...
und bezeichnet dadurch die Elemente 2, 3, 5, 7, 11 usw. Wir wissen zwar nicht genau, wie diese Zahlenfolge verläuft, denn wir
kennen nicht alle Primzahlen, doch es gibt eine Zahlenfolge, die
genau den Primzahlen entspricht, und ebenso eine für jede andere Teilmenge der natürlichen Zahlen. Selbst endliche Teilmengen
gehören dazu, zum Beispiel entspricht der Teilmenge, die nur aus
der Zahl 2 besteht, die Zahlenfolge 01000....

Der Trick besteht nun darin, dass wir jede Folge von Nullen
und Einsen auch als eine Zahl zwischen 0 und 1 interpretieren
können, allerdings in ihrer binären Darstellung (also der Basis
2), wenn wir vor die ganze Zahlenfolge noch ein Dezimalkomma stellen. (Beispielsweise entspricht die binäre Zahlenfolge zu
der oben angegebenen Menge {2} der Zahl $\frac{1}{4}$, denn die einzige 1
in der Entwicklung steht für $\frac{1}{2^2}$.) Wenn Ihnen binäre Ausdrücke
nicht so vertraut sind, was sicherlich auf einige von uns zutrifft,
sollte Sie das jetzt nicht abschrecken. Wir führen hier die binären Zahlenfolgen nur deshalb ein, weil wir auf diese Weise zu
dem Schluss kommen, dass es tatsächlich eine eineindeutige Beziehung zwischen der Menge aller Teilmengen der natürlichen
Zahlen und der Menge aller Zahlen zwischen 0 und 1 gibt. Die
binäre Darstellung ist lediglich ein Hilfsmittel, wenn Sie so wollen, ein Trick, mit dem wir diese Aussage verdeutlichen können.
Die auf diese Weise hergestellte Beziehung ist vollkommen willkürlich und hat keine wirkliche Bedeutung, es handelt sich lediglich um eine paarweise Zuordnung der beiden Mengen. Da die
Menge aller reellen Zahlen zwischen 0 und 1 überabzählbar ist,

gilt dies auch für die Menge aller Teilmengen aller natürlichen Zahlen. Hierbei handelt es sich um ein unendliches Beispiel für die allgemeine Aussage, dass die Menge aller Teilmengen einer Menge immer größer ist als die Menge selbst, d. h., die Elemente der beiden Mengen lassen sich nicht paarweise einander zuordnen. Die Menge aller Teilmengen ist einfach zu groß – sie hat eine größere Kardinalität.

Anmerkung 31

e ist irrational (Seite 135)

Wir verwenden die Darstellung $e = 1 + \frac{1}{1!} + \frac{1}{2!} + \frac{1}{3!} + \ldots$ und nutzen aus, dass diese Reihe zu rasch konvergiert, als dass ein rationaler Grenzwert möglich wäre. Angenommen, es gelte das Gegenteil, nämlich dass $e = \frac{p}{q}$ für irgendwelche positiven ganzen Zahlen p und q. Wir teilen nun die obige Reihe in zwei Anteile auf, wobei die Summe der Terme bis zu dem Term $\frac{1}{q!}$ den ersten Teil bildet und der Rest den zweiten Teil:

$$\frac{p}{q} = \left(1 + \frac{1}{1!} + \ldots + \frac{1}{q!}\right) + \left(\frac{1}{(q+1)!} + \frac{1}{(q+2)!} + \ldots\right).$$

Nun multiplizieren wir alles mit $q!$ und erhalten:

$$p(q-1)! = \left(q! + \frac{q!}{1} + \frac{q!}{2} + \ldots + q + 1\right)$$
$$+ \left(\frac{1}{q+1} + \frac{1}{(q+1)(q+2)} + \ldots\right).$$

Die linke Seite dieser Gleichung ist eine ganze Zahl, ebenso jeder Ausdruck in der ersten Klammer auf der rechten Seite. Also muss die Summe des restlichen Terms, der gleich der Differenz von zwei ganzen Zahlen sein soll, ebenfalls eine ganze Zahl sein. Wir zeigen jedoch, dass dies nicht möglich ist, indem wir beweisen, dass dieser Term positiv ist (das ist offensichtlich) und kleiner als 1. Die fragliche Summe ist offensichtlich kleiner als die Summe, die man erhält, wenn man alle Faktoren in jedem Nenner durch $q + 1$ ersetzt, doch das gibt:

$$\frac{1}{q + 1} + \frac{1}{(q + 1)^2} + \frac{1}{(q + 1)^3} + \dots$$
$$= \frac{1}{q + 1}\left(1 + \frac{1}{q + 1} + \frac{1}{(q + 1)^2} + \dots\right).$$

Bei der Reihe innerhalb der Klammer handelt es sich um eine geometrische Reihe, und daher ist sie gleich

$$\frac{1}{1 - \frac{1}{q+1}} = \frac{q + 1}{q}.$$

Also ist der gesamte Ausdruck gleich $\frac{1}{q} \leq 1$, und somit ist der Term in der zweiten Klammer in obiger Formel kleiner als 1. Damit haben wir den gesuchten Widerspruch gefunden und müssen schließen, dass e keine rationale Zahl ist. Tatsächlich kann man mit erheblich mehr Aufwand sogar zeigen, dass e transzendent ist.

Anmerkung 32

Vergleich zweier Kartendecks (Seite 136)

Der Vergleich von zwei Kartendecks (mit n Karten) lässt sich auf den Vergleich der Zahlenfolge $1, 2, 3 \dots, n$ mit einer Permutation dieser n Zahlen zurückführen. Die Forderung, dass es keine Übereinstimmung geben soll, entspricht der Forderung, dass die Permutation keinen Fixpunkt hat, man bezeichnet eine solche Permutation auch als *Dérangement*. Die Gesamtzahl aller Permutationen von n Elementen ist $n!$. Die Gesamtzahl aller Dérangements ist durch die folgende alternierende Summe gegeben:

$$\sum_{k=0}^{n} (-1)^k C(n,k)(n-k)!$$

Der erste Term zählt sämtliche Permutationen, der zweite Term subtrahiert alle Permutationen, die mindestens einen Fixpunkt haben, der zweite addiert alle Permutationen, die mindestens zwei Fixpunkte haben usw. Insgesamt zählt diese Summe nur die Permutationen ohne Fixpunkte. Betrachten wir als Beispiel eine Permutation mit drei Fixpunkten: Sie wird positiv gezählt für $k = 0$ und $k = 2$ (insgesamt $1 + 3 = 4$ mal, wobei die 3 andeutet, dass es 3 Möglichkeiten gibt, zwei Fixpunkte aus den vorhandenen drei auszuwählen) und negativ für $k = 1$ und $k = 3$ (insgesamt $3 + 1 = 4$-mal). Also trägt diese Permutation zur Zählung nicht bei. (Hier arbeitet die Symmetrie des Pascal'schen Dreiecks für uns.) Ein Dérangement wird genau einmal im ersten Term gezählt und tritt bei den weiteren Termen nicht mehr auf. Wenn wir diese Zahl durch $n!$ dividieren, erhalten wir für die Wahrscheinlichkeit eines Dérangements in einem Kartendeck mit n Karten:

$$\sum_{k=0}^{n} \frac{(-1)^k}{k!},$$

also die ersten $n + 1$ Terme der Reihenentwicklung für e^{-1}. Da diese Reihe sehr rasch konvergiert, ist ihr Wert für $n = 52$ praktisch kaum noch von $\frac{1}{e}$ zu unterscheiden.

Anmerkung 33

Rationale versus irrationale Zahlen (Seite 139)

Angenommen, c sei eine rationale Zahl und t irgendeine Zahl. Es sei $d = t + c$, also $t = d - c$. Wäre d rational, dann müsste auch $t = d - c$ rational sein und man könnte den Wert aus der entsprechenden Subtraktion bestimmen. Falls t also irrational ist, muss auch $d = t + c$ irrational sein. Beispielsweise ist $\pi - \frac{22}{7}$ irrational. Aus einem ähnlich Grund ist ct irrational, sofern t irrational und c nicht null ist. Also sind $\frac{1}{3}\sqrt{10}$ und $\frac{e-1}{2}$ irrational.

Es ist jedoch durchaus möglich, dass die Summe oder das Produkt von zwei positiven irrationalen Zahlen selbst rational ist. Beispiele sind: $(2 - \sqrt{2}) + \sqrt{2} = 2$ und $\sqrt{2} \cdot \sqrt{8} = \sqrt{16} = 4$.

Etwas überraschender ist vielleicht, dass man beliebig viele irrationale Zahlen a und b findet, sodass a^b rational ist. Setzen wir zum Beispiel zunächst $a = b = \sqrt{2}$ (wobei dasselbe für jede andere irrationale Wurzel gilt). Nun gibt es zwei Möglichkeiten: Entweder ist a^b bereits rational, und wir sind fertig. Oder a^b ist irrational (was plausibler erscheint), doch dann setzen wir $a = \sqrt{2}^{\sqrt{2}}$ und $b = \sqrt{2}$. Nun sind sowohl a als auch b irrational, doch $a^b = (\sqrt{2}^{\sqrt{2}})^{\sqrt{2}} = (\sqrt{2})^2 = 2$. In beiden Fällen gibt es ein Paar irrationaler Zahlen a und b, sodass a^b rational ist. Leider gibt uns dieser Beweis keinerlei Hinweis darauf, welche Paare tatsächlich diese Eigenschaft haben. Das Argument besagt nur, dass eines der beiden Zahlenpaare diese Eigenschaft hat!

Auch Zahlen wie $\log 3$ sind irrational, denn wäre $\log 3 = \frac{a}{b}$ eine rationale Zahl, dann müsste $10^{\frac{a}{b}} = 3$ sein und somit $10^a = 3^b$. Das ist aber nicht möglich, denn die linke Seite ist gerade, die rechte aber ungerade!

Kapitel 8

Anmerkung 34

Unbesiegbare Mannschaften (Seite 161)

Die angegebene Formel lässt sich induktiv beweisen, wobei die ersten Fälle schon überprüft wurden. Angenommen, die Formel stimmt für einen Wettkampf mit $n - 1$ Runden, und nun betrachten wir einen Wettkampf mit n Runden. Damit es zu einem Endspiel Celtic – Rangers kommt, dürfen die beiden Teams in der ersten Runde nicht aufeinandertreffen. Die Wahrscheinlichkeit dafür ist $q = \frac{2^n - 2}{2^n - 1}$. Ist dieser Fall eingetreten, handelt es sich nun um einen Wettkampf mit $n - 1$ Runden, und die Wahrscheinlichkeit, dass Celtic und Rangers in der Endrunde aufeinandertreffen ist p_{n-1}. Also folgt nach Induktion:

$$p_n = qp_{n-1} = \frac{2^n - 2}{2^n - 1} \cdot \frac{2^{n-2}}{2^{n-1} - 1} = \frac{2(2^{n-1} - 1)}{2^n - 1} \cdot \frac{2^{n-2}}{2^{n-1} - 1}$$
$$= \frac{2^{n-1}}{2^n - 1},$$

also ist der Induktionsschluss erfüllt und die Formel bewiesen.

Wir dividieren Zähler und Nenner durch 2^{n-1} und erhalten

$$p_n = \frac{1}{2 - \frac{1}{2^{n-1}}} \, ;$$

also ist $p_n \to \frac{1}{2}$ für $n \to \infty$. Mit etwas mehr Aufwand können wir auch beweisen, dass die Wahrscheinlichkeit für ein Aufeinandertreffen von Celtic und Rangers in Runde k ($1 \leq k \leq n$) durch $\frac{2^{k-1}}{2^n - 1}$ gegeben ist. Die Summe dieser Wahrscheinlichkeiten über alle Werte von k ist natürlich 1, da die unschlagbaren Mannschaften aufgrund ihrer Eigenschaft, unschlagbar zu sein, irgendwann im Verlauf des Wettkampfs aufeinandertreffen müssen.

Das Problem der übereinstimmenden Geburtstage (Seite 163)

Wir ignorieren die Schwierigkeiten im Zusammenhang mit Schaltjahren und nehmen außerdem an, dass die Geburtstage über das ganze Jahr gleichmäßig verteilt sind. Das ist zumindest näherungsweise richtig. Bei n Personen fragen wir zunächst nach der Wahrscheinlichkeit, dass alle Personen an *verschiedenen* Tagen Geburtstag haben. Im Grunde genommen wählen wir n Objekte aus einer Menge von 365 verschiedenen Objekten aus, wobei wir aber nach der Wahl das Objekt wieder ersetzen, d. h., es ist möglich, dass derselbe Gegenstand mehrfach ausgewählt wird. Für $n = 2$ ist die Wahrscheinlichkeit für verschiedene Geburtstage einfach $\frac{364}{365}$ – also die Wahrscheinlichkeit dafür, dass die zweite Wahl verschieden von der ersten ist. Für $n = 3$ ist die entsprechende Wahrscheinlichkeit $\frac{364}{365} \cdot \frac{363}{365}$, denn der zweite Bruch ist gleich der relativen Anzahl der Fälle, bei denen der Geburtstag der dritten Person nicht mit den schon verschiedenen Geburtstagen der ersten beiden Personen übereinstimmt. Auf diese Weise erhalten wir für die Wahrscheinlichkeit, dass alle n Personen verschiedene Geburtstage haben, ein Produkt aus $n-1$ Brüchen:

$$\frac{364}{365} \cdot \frac{363}{365} \cdot \frac{362}{365} \cdot \ldots \cdot \frac{(366 - n)}{365}.$$

Mit zunehmendem Wert von n wird diese Wahrscheinlichkeit immer kleiner und erreicht schließlich 0 für $n = 366$, wenn also der letzte Bruch in diesem Produkt selbst 0 ist. Das muss natürlich so sein und ist gleichzeitig ein Beispiel für das *Taubenschlagprinzip*. Wenn es mehr Tauben als Taubenschläge gibt, muss zumindest ein Taubenschlag mit mehr als einer Taube belegt sein. Bei 366 Personen muss es also mit Sicherheit mindestens einen übereinstimmenden Geburtstag geben, denn es gibt mehr Personen als mögliche Geburtstage.

Die ursprüngliche Frage war jedoch, wie groß n sein muss, damit diese Wahrscheinlichkeit kleiner wird als 50 %. Das können wir direkt nachrechnen. Es zeigt sich, dass $n = 23$ der kleinste Wert für n ist, für den das gilt. Befinden sich in einem Raum 23 oder mehr Personen, ist die Wahrscheinlichkeit für mindestens einen übereinstimmenden Geburtstag größer als 50 %. Da Geburtstage jedoch nicht vollkommen gleichmäßig über das Jahr verteilt sind, ist die Wahrscheinlichkeit für eine Übereinstimmung sogar etwas größer, sodass in der Praxis schon in kleineren Gruppen mit großer Wahrscheinlichkeit Personen am selben Tag Geburtstag haben.

Anmerkung 36

Russisches Roulette (Seite 165)

Angenommen, die Wahrscheinlichkeit für einen Erfolg sei p (in unserem Fall ist also $p = \frac{1}{6}$). $1 - p$ bezeichnen wir mit q. A soll beginnen, anschließend wechseln sich B und A mit jeweils zwei Versuchen ab, bis das Erfolgsereignis eintritt. Es seien wiederum a und b die jeweiligen Wahrscheinlichkeiten, dass A bzw. B gewinnen, und es gilt wieder $a + b = 1$. Die Wahrscheinlichkeit, dass B bei seinem ersten Versuch gewinnt, ist qp (das Produkt aus den Wahrscheinlichkeiten „A verliert" und „B gewinnt"). Falls A und B in ihrem jeweils ersten Versuch nicht gewonnen haben (das geschieht mit Wahrscheinlichkeit q^2), ist die Wahrscheinlichkeit für B zu gewinnen gleich a, denn nun haben sich ihre anfänglichen Rollen vertauscht. Damit folgt $b = qp + q^2a$, und wenn wir das in unsere erste Gleichung einsetzen, erhalten wir:

$$1 = a + (qp + q^2 a) = a(1 + q^2) + qp$$

$$\Rightarrow a = \frac{1 - qp}{1 + q^2} = \frac{1 - q + q^2}{1 + q^2} = 1 - \frac{q}{1 + q^2}.$$

Für $p = \frac{1}{6}$ ist $q = \frac{5}{6}$, und wir erhalten das angekündigte Ergebnis $= \frac{31}{61}$. Tatsächlich ist a immer größer als $\frac{1}{2}$, da $\frac{q}{1+q^2} \leq \frac{1}{2}$. Diese letzte Ungleichung ist gleichbedeutend mit $(q-1)^2 \geq 0$. Für $q = 1$ erhalten wir aus dieser Gleichung zwar $a = b = \frac{1}{2}$, doch für $q = 1$ geht der Schuss niemals los und die Gleichung $a + b = 1$ gilt nicht.

Anmerkung 37

Wartezeit für den Bus (Seite 168)

Der exakte Wert für die durchschnittliche Wartezeit lässt sich folgendermaßen bestimmen: Angenommen, die längere Periode sei $1 + t$ Stunden, sodass die kürzere Dauer $1 - t$ ist. Die Wahrscheinlichkeit, dass ein Fahrgast auf das längere Intervall trifft, ist gleich der Länge dieses Intervalls dividiert durch die Länge der gesamten Periode von 2 Stunden: $(1 + t)/2$. Entsprechend ist $(1 - t)/2$ die Wahrscheinlichkeit, dass die Person während der kürzeren Zeitdauer an der Haltestelle ankommt. Angenommen, die Person hat während eines bestimmten Intervalls die Haltestelle erreicht, dann ist die mittlere Wartedauer gleich der Hälfte der Intervalllänge, also ebenfalls $(1 + t)/2$ im ersten Fall und $(1 - t)/2$ im zweiten. Wir addieren diese beiden Beiträge für den Erwartungswert der Wartezeit und erhalten:

$$\frac{1 + t}{2} \cdot \frac{1 + t}{2} + \frac{1 - t}{2} \cdot \frac{1 - t}{2} = \frac{1}{2}(1 + t^2).$$

Wäre t also 0 (keine Unterbrechung in der Ankunftszeit), dann wäre die durchschnittliche Wartezeit genau eine halbe Stunde, wie man es auch erwarten würde. Gibt es jedoch Unterbrechungen in der Ankunftszeit des Busses (t ist also von null verschieden), dann muss der Fahrgast immer länger als eine halbe Stunde warten. Der andere Extremfall ist $t = 1$, bei dem beide Busse zusammen nach einer weiteren Stunde bei der Haltestelle ankommen. In diesem Fall liegen zwischen den effektiven Ankunftszeiten zwei Stunden, und ein Fahrgast, der während dieser Zeit an der Haltestelle ankommt, muss im Durchschnitt eine Stunde auf den Bus warten.

Anmerkung 38

Lotterienieten für 10 000 Jahre (Seite 171)

Das ist mehr als nur wahrscheinlich. Die Frage lautet mehr oder weniger: Wenn Buffon eine Chance von eins zu einer Million auf einen Gewinn hat und 500 000-mal nacheinander spielt, wie groß ist die Wahrscheinlichkeit, jedes Mal zu verlieren? Wenn ganz allgemein die Gewinnchance $\frac{1}{n}$ ist, dann ist die Wahrscheinlichkeit, $\frac{n}{2}$-mal nacheinander zu verlieren gleich:

$$\left(1 - \frac{1}{n}\right)^{\frac{n}{2}} = \left(\left(1 - \frac{1}{n}\right)^n\right)^{\frac{1}{2}} \approx e^{-\frac{1}{2}} = 0.6065 \, .$$

Mit mehr als 60 %-iger Wahrscheinlichkeit wird Buffon auch noch im Jahre 12 008 auf einen Gewinn warten. Darüber hinaus bringt ihm das ganze Pech noch nicht einmal einen Vorteil: Wenn jemand erst nach über zehntausend Jahren einsteigt, hat er in der Zukunft dieselbe Gewinnwahrscheinlichkeit wie Buffon, und mit großer Wahrscheinlichkeit wird auch zu Buffons ewiger Enttäuschung irgendjemand anderes gewinnen.

Kapitel 9

Die Lösung einer quadratischen Gleichung durch quadratische Ergänzung (Seite 191)

Wir betrachten eine quadratische Gleichung in der Form $ax^2 + bx + c = 0$, wobei $a \neq 0$ sein soll, da wir andernfalls nur eine lineare Gleichung hätten. Also dürfen wir durch a teilen. Den konstanten Term bringen wir auf die andere Seite und erhalten $x^2 + \frac{b}{a}x = -\frac{c}{a}$. Der Trick besteht nun in der *quadratischen Ergänzung*, d. h., wir schreiben die linke Seite als einen quadratischen Ausdruck plus eine Konstante: $(x + p)^2 + q$. Da $(x + p)^2 = x^2 + 2px + p^2$, muss $2p = \frac{b}{a}$ sein, also $p = \frac{b}{2a}$, damit das möglich wird. Nun entsprechen die beiden ersten Terme $x^2 + 2px$ genau der linken Seite, doch den zusätzlichen Term $p^2 = \frac{b^2}{4a^2}$, den wir auf der linken Seite addiert haben, müssen wir auch auf der rechten Seite addieren. Der schwierige Teil ist geschafft und die linke Seite entspricht einem quadratischen Ausdruck:

$$x^2 + \frac{b}{a}x + \frac{b^2}{4a^2} = -\frac{c}{a} + \frac{b^2}{4a^2} \Rightarrow \left(x + \frac{b}{2a}\right)^2 = \frac{b^2 - 4ac}{4a^2}.$$

Wir ziehen noch die Quadratwurzel (natürlich mit beiden Vorzeichen), ordnen die Terme etwas um und gelangen zu der bekannten Formel:

$$x + \frac{b}{2a} = \frac{\pm\sqrt{b^2 - 4ac}}{2a} \Rightarrow x = \frac{-b \pm \sqrt{b^2 - 4ac}}{2a}.$$

Anmerkung 40

Lösung der kubischen Gleichung: Viète-Substitution (Seite 193)

Wir können jede kubische Gleichung in folgende Form bringen, indem wir durch den führenden Koeffizienten teilen:

$$x^3 + ax^2 + bx + c = 0.$$

Durch die Substitution $x = y - \frac{a}{3}$ erhalten wir eine kubische Gleichung für y, bei welcher der Koeffizient von y^2 gleich null ist. (Entsprechend können wir durch die Substitution $y = x - \frac{a}{n}$ eine Gleichung n-ten Grades immer auf eine Gleichung reduzieren, bei welcher der Term y^{n-1} fehlt.) Wir können also jede kubische Gleichung lösen, wenn wir die speziellen kubischen Gleichungen der Form $y^3 = px + q$ lösen können, d. h., wenn wir die Punkte bestimmen können, bei denen die Kurve von $y = x^3$ eine beliebige Gerade schneidet.

Diese Zusammenhänge kannten sicherlich auch Cardano und seine Zeitgenossen, doch die weiteren Schritte erwiesen sich als schwierig. Die Gleichung lässt sich jedoch mithilfe der *Viète-Substitution* $x = w + \frac{p}{3w}$ lösen. Damit wird die kubische Gleichung zu $w^3 + \frac{p^3}{27w^3} - q = 0$. Indem wir die Gleichung mit $z = w^3$ multiplizieren, erhalten wir die quadratische Gleichung $z^2 - qz + \frac{1}{27}p^3 = 0$, die wir zunächst nach z und anschließend nach w auflösen können, und schließlich erhalten wir x.

Anmerkung 41

Der Satz über rationale Nullstellen (Seite 195)

Falls $\frac{p}{q}$ eine rationale Nullstelle (in gekürzter Form) des Polynoms $a_0 + a_1 x + a_2 x^2 + \ldots + a_n x^n$ mit ganzzahligen Koeffizienten a_i ist, dann ist p ein Faktor des konstanten Terms a_0 und q ein Faktor des führenden Koeffizienten a_n.

Dadurch wird die Suche nach rationalen Wurzeln auf eine endliche Menge möglicher Kandidaten eingeschränkt. Insbesondere können wir damit jede kubische Gleichung mit rationalen Koeffizienten vollständig lösen, sofern diese eine rationale Lösung hat. Zunächst multiplizieren wir mit den Nennern, um eine Gleichung mit ganzzahligen Koeffizienten zu erhalten. Nun suchen wir nach dem oben angegebenen Verfahren nach einer rationalen Lösung. Anschließend faktorisieren wir das Polynom in die Form $(x-r)q(x)$, wobei $q(x)$ eine quadratische Gleichung ist, die wir nach dem üblichen Verfahren lösen können. Dies liefert uns zwei weitere Wurzeln, bei denen es sich auch um komplexe Zahlen handeln kann.

Der Satz ist eine Folge von elementaren Faktorisierungseigenschaften ganzer Zahlen. Wir setzen unsere rationale Wurzel in das Polynom ein und erhalten:

$$a_0 + a_1 \frac{p}{q} + \ldots + a_n \frac{p^n}{q^n} = 0$$
$$\Rightarrow a_0 q^n + a_1 p q^{n-1} + \ldots + a_n p^n = 0 \,.$$

Da p und q keinen gemeinsamen Faktor haben sollen, muss q ein Faktor von a_n sein, denn q ist ein Faktor von jedem anderen Term in dieser Gleichung. Entsprechend ist p ein Faktor von a_0, denn p ist ein Faktor aller anderen Terme.

Dieser Satz hat weitreichende Konsequenzen. Beispielsweise können wir sofort schließen, dass die n-te Wurzel einer ganzen Zahl k entweder selbst wieder eine ganze Zahl ist oder irrational (siehe Anmerkung 27), indem wir das Polynom $x^n - k$ betrachten. Nach dem Satz über rationale Nullstellen muss für jede rationale Lösung $\frac{p}{q}$ dieses Polynoms der Nenner q von der Form ± 1 sein, womit die Aussage bewiesen ist.

Kapitel 10

Anmerkung 42

Die Regel der Viertelquadrate (Seite 198, Fußnote)

Mithilfe von Logarithmentafeln konnte man schwierige Multiplikationen durch vergleichsweise einfache Additionen ersetzen. In alten Tafeln findet man aber auch einen einfachen Trick, um Produkte durch Summen auszudrücken. Dabei handelt es sich um die leicht zu beweisende Identität:

$$ab = \frac{1}{4}(a + b)^2 - \frac{1}{4}(a - b)^2 \, .$$

Mit einer Tabelle von Viertelquadratzahlen kann man daher jedes Produkt als Differenz von zwei Viertelquadratzahlen berechnen, die sich aus der Summe und der Differenz der beiden zu multiplizierenden Zahlen ergeben. Möchte man beispielsweise $228 \cdot 139$ berechnen, setzen wir $a = 228$ und $b = 139$ und suchen die Viertelquadrate von $a + b = 367$ und $a - b = 89$. In der Tabelle finden wir die beiden Werte $33\,672, 25$ und $1980, 25$ und aus ihrer Differenz erhalten wir $228 \cdot 139 = 31\,692$. (Der Rest $0, 25$ ist in beiden Fällen derselbe, muss also nicht berücksichtigt werden – in der Tabelle muss daher nur der ganzzahlige Anteil stehen.) Wichtiger ist vielleicht aber, dass die Antwort exakt ist, anders als bei der Verwendung einer Logarithmentafel oder eines Rechenschiebers, die immer nur eine Näherung liefern. Im Prinzip ist dieses Verfahren nicht auf die Multiplikation von ganzen Zahlen beschränkt, sondern lässt sich für alle Zahlen anwenden, deren Viertelquadrate man in einer Tabelle findet. Insbesondere ermöglicht auch eine geeignete Skalierung der Zahlen das Rechnen mit nicht-ganzzahligen Werten. Dem obigen Beispiel können wir auch entnehmen, dass $2, 28 \cdot 13, 9 = 31, 692$.

Anmerkung 43

Multiplikation und Division komplexer Zahlen (Seiten 206, Fußnote und 213)

Da das Distributivgesetz weiterhin gelten soll, lautet die Multiplikation in der gewöhnlichen Form:

$$zw = (a + bi)(c + di) = a(c + di) + bi(c + di)$$
$$= ac + adi + bci + bdi^2 = (ac - bd) + i(ad + bc)\,.$$

Das entspricht genau dem Ausdruck von Hamilton.

Die Division lässt sich direkt mithilfe des *komplex Konjugierten* bestimmen. Allgemein bezeichnet man das komplex Konju-
gierte von $z = a + bi$ mit $\bar{z}$, und es gilt $\bar{z} = a - bi$. Mit anderen
Worten, $\bar{z}$ ist gleich der Spiegelung von z an der reellen Achse.
Aus der Multiplikationsregel folgt $z\bar{z} = a^2 + b^2$. Diese Zahl ist reell und beschreibt das Quadrat des Abstands von z, den man auch
durch $|z|$ ausdrückt, vom Ursprung. Ausgedrückt in Symbolen:
$z\bar{z} = |z|^2$. Wir können nun eine komplexe Zahl durch eine andere dividieren, indem wir Zähler und Nenner mit dem komplex
Konjugierten des Nenners multiplizieren, sodass wir nur noch
durch eine rein reelle Zahl zu teilen haben. Das entspricht dem
bekannten Verfahren, den Zähler eines Bruchs in eine rationale
Zahl umzuwandeln, wenn man durch eine Zahl mit Quadratwurzeln dividieren will. Im Einzelnen erhalten wir:

$$\frac{z}{w} = \frac{a + bi}{c + di} = \frac{(a + bi)(c - di)}{(c + di)(c - di)} = \frac{((ac + bd) + i(bc - ad))}{c^2 + d^2}$$
$$= \frac{ac + bd}{c^2 + d^2} + i\frac{bc - ad}{c^2 + d^2}\,.$$

Ebenso wie bei der Addition von Brüchen braucht man sich
diese Antwort nicht zu merken, wenn man das Verfahren einmal
verstanden hat.

Anmerkung 44

Polardarstellung und der Satz von De Moivre (Seiten 208 und 213)

Ausgedrückt durch rechtwinklige Koordinaten hat $z = (r, \theta)$ die Form: $z = r\cos\theta + ir\sin\theta$. Sind also $z_1 = (r_1, \theta_1)$ und $z_2 = (r_2, \theta_2)$ zwei komplexe Zahlen in Polarkoordinaten, dann erhält man mit der Formel aus der vorherigen Anmerkung und dem Additionstheorem für den Sinus und Kosinus:

$$
\begin{aligned}
z_1 z_2 &= r_1 r_2(\cos\theta_1 \cos\theta_2 - \sin\theta_1 \sin\theta_2) \\
&\quad + ir_1 r_2(\cos\theta_1 \sin\theta_2 + \cos\theta_2 \sin\theta_1) \\
&= r_1 r_2(\cos(\theta_1 + \theta_2) + i\sin(\theta_1 + \theta_2)) \,.
\end{aligned}
$$

Drückt man das Ergebnis in Polarkoordinaten aus, folgt $z_1 z_2 = (r_1 r_2, \theta_1 + \theta_2)$.

Eine wiederholte Anwendung dieses Gesetzes für positive Potenzen führt auf $z^n = (r, \theta)^n = (r^n, n\theta)$. Durch direktes Nachrechnen überzeugt man sich, dass $z^{-1} = (r^{-1}, -\theta)$, und somit gilt die obige Formel, die man auch als Satz von de Moivre bezeichnet, sowohl für positive als auch negative Potenzen; sie gilt sogar für gebrochen rationale Potenzen.

Anmerkung 45

Die hyperbolischen Funktionen (Seite 215)

Ganz allgemein lässt sich eine Funktion $f(x)$ eindeutig als Summe $e(x) + o(x)$ aus einer *geraden Funktion* $e(x)$ und einer *ungeraden Funktion* $o(x)$ ausdrücken, womit gemeint ist, dass $e(x) = e(-x)$ und $o(-x) = -o(x)$ für alle Werte von x. Gerade und ungerade Funktionen lassen sich auch dadurch charakterisieren, dass der Graph einer geraden Funktion symmetrisch in Bezug auf eine Spiegelung an der y-Achse ist, und der Graph einer ungeraden Funktion ist symmetrisch unter einer Drehung um 180° um den Ursprung. Beispielsweise sind x^2 und $\cos x$ gerade Funktionen, wohingegen x^3 und $\sin x$ ungerade sind. Man kann sich leicht davon überzeugen, dass der gerade bzw. ungerade Anteil einer Funktion $f(x)$ durch folgende Beziehungen gegeben ist:

$$e(x) = \frac{f(x) + f(-x)}{2}, \quad o(x) = \frac{f(x) - f(-x)}{2}.$$

Wenden wir das auf die Funktion $f(x) = e^x$ an, so erhalten wir die geraden und ungeraden Anteile, die man als *hyperbolischen Kosinus* bzw. *hyperbolischen Sinus* bezeichnet:

$$\cosh(x) = \frac{e^x + e^{-x}}{2}, \quad \sinh(x) = \frac{e^x - e^{-x}}{2}.$$

Anmerkung 46

Die Osborne'sche Regel (Seite 215, Fußnote)

Zu jeder trigonometrischen Identität gibt es eine entsprechende hyperbolische Identität, die sich in jedem Einzelfall leicht aus der Definition ableiten lässt. So gilt:

$$\cos^2 x + \sin^2 x = 1; \quad \cosh^2 x - \sinh^2 x = 1,$$
$$\sin 2x = 2 \sin x \cos x; \quad \sinh 2x = 2 \sinh x \cosh x.$$

Diese Art von Beziehung lässt sich durch die Euler'sche Formel $e^{i\theta} = \cos\theta + i\sin\theta$ verstehen, denn wenn wir diese einmal akzeptieren, erhalten wir sofort:

$$-i\sinh(ix) = -i\frac{e^{ix} - e^{-ix}}{2} = \frac{-i}{2}((\cos x + i\sin x)$$
$$- (\cos(-x) + i\sin -(x))) = \sin x$$
$$\cosh ix = \frac{e^{ix} + e^{-ix}}{2} = \frac{1}{2}((\cos x + i\sin x)$$
$$+ (\cos x - i\sin x)) = \cos x$$

oder auch äquivalent:

$$\sin(ix) = i\sinh x \quad \text{und} \quad \cos(ix) = \cosh x\,.$$

Definieren kann man den Kosinus bzw. Sinus von imaginären Argumenten über die Reihenentwicklungen dieser Funktionen.

Ersetzen wir beispielsweise das x im Satz des Pythagoras durch ein ix, so erhalten wir:

$$1 = \cos^2 ix + \sin^2 ix$$
$$= \cosh^2 x + i^2 \sinh^2 x = \cosh^2 x - \sinh^2 x\,.$$
$$\sin(2ix) = 2\sin(ix)\cos(ix) \Rightarrow i\sinh(2x) = 2i\sinh x\cosh x$$
$$\Rightarrow \sinh 2x = 2\sinh x\cosh x\,.$$

Die Osborne'sche Regel beschreibt die Transformation von einer trigonometrischen zu einer hyperbolischen Identität:

Man ersetze jede trigonometrische Funktion durch ihr hyperbolisches Gegenstück und *verändere das Vorzeichen von jedem Term, bei dem das Produkt von zwei hyperbolischen Sinus-Funktionen auftritt*.

Das beschreibt den Vorzeichenwechsel im ersten oberen Beispiel, der bei dem zweiten Beispiel nicht auftrat.

Summen und Differenzen von Quadratzahlen (Seite 218, Fußnote)

S_i sei die Menge der ganzen Zahlen, die sich als Summe von i Quadratzahlen schreiben lassen. S_1, S_2 und S_4 haben die nette Eigenschaft, dass es sich in allen Fällen um Halbgruppen unter der Multiplikation handelt. Das lässt sich jeweils als Folge aus den multiplikativen Eigenschaften der Norm (oder dem Betrag) der reellen, komplexen bzw. quaternionischen Zahlen interpretieren. S_3 hat das Problem, dass es sich nicht um eine Halbgruppe handelt – beispielsweise ist $3 = 1^2 + 1^2 + 1^2$ und $13 = 0^2 + 2^2 + 3^2$, doch das Produkt $3 \cdot 13 = 39$ ist keine Summe aus drei Quadratzahlen. Unter anderem aus diesem Grund ist der Satz von Gauß, wonach eine Zahl genau dann eine Summe von drei Quadratzahlen ist, wenn sie *nicht* von der Form $4^e(8k + 7)$ ist, so schwierig zu beweisen, zumindest die eine Richtung. Andererseits kann man vergleichsweise leicht zeigen, dass eine Zahl der angegebenen Form niemals eine Summe von drei Quadratzahlen sein kann.

Zunächst stellen wir fest, dass eine Quadratzahl modulo 8 immer kongruent zu entweder 0, 1 oder 4 ist, und dass sich 7 nicht als Summe von drei dieser Zahlen darstellen lässt (auch nicht, wenn sich Zahlen wiederholen dürfen). Damit folgt, dass keine Zahl von der Form $8k + 7$ in S_3 sein kann. Als Nächstes zeigen wir, dass für eine ganze Zahl d, die eine Summe von drei Quadraten ist und 4 als Teiler hat, auch $\frac{d}{4}$ in S_3 sein muss. Angenommen, diese Behauptung stimmt, dann folgt sofort, dass d nicht von der Form $4^e(8k + 7)$ sein kann, denn ansonsten würden wir diese Eigenschaft e-mal ausnutzen und zu der falschen Schlussfolgerung gelangen, dass eine Zahl von der Form $8k + 7$ eine Summe von drei Quadraten sein kann.

Zum Beweis der Behauptung nehmen wir $d = 4m$ an, außerdem sei $d = a^2 + b^2 + c^2$. Angenommen, eine oder mehr dieser drei Quadratzahlen sei kongruent zu 1 modulo 8, dann wäre $d \equiv 1, 2, 3, 5$ oder 6 modulo 8, da aber 4 ein Teiler von d sein soll, ist $d \equiv 0$ oder $d \equiv 4 \pmod{8}$, also ist das nicht möglich. Somit muss jede der drei Quadratzahlen kongruent zu 0 oder zu 4 modulo 8 sein. Insbesondere ist jede Quadratzahl durch 4 teilbar und somit sind a, b und c gerade Zahlen. Division durch 4 ergibt sofort $m = (a/2)^2 + (b/2)^2 + (c/2)^2$. Damit ist die Behauptung bewiesen und gleichzeitig auch, dass keine Zahl von der Form $4^e(8k + 7)$ eine Summe aus drei Quadratzahlen sein kann.

Man kann leicht sehen, dass eine ganze Zahl n nur dann die *Differenz* von zwei Quadratzahlen sein kann, wenn $n \not\equiv 2 \pmod{4}$ ist. Das folgt aus folgenden Beziehungen: $2k + 1 = (k + 1)^2 - k^2$ und $4k = (k + 1)^2 - (k - 1)^2$. Also lässt sich jede ungerade Zahl und jede durch 4 teilbare Zahl als Differenz von Quadratzahlen schreiben. Andererseits gilt für jede Differenz von zwei Quadratzahlen $a^2 - b^2 = (a + b)(a - b)$, und da sich die beiden Faktoren $(a + b)$ und $(a - b)$ um eine gerade Zahl unterscheiden, sind beide Faktoren entweder gerade, in diesem Fall ist das Produkt von der Form $4k$, oder beide sind ungerade, und in diesem Fall ist auch das Produkt ungerade. Also ist keine Zahl von der Form $4k + 2$ die Differenz von zwei Quadratzahlen.

Kapitel 11

Anmerkung 48

Farey-Brüche und Euler'sche φ-Funktion (Seite 225)

Außer F_1 hat jede Farey-Folge F_n den Bruch $\frac{1}{2}$ in seiner Mitte und gleichviele Terme auf beiden Seiten. Insbesondere ist die Gesamtzahl der Terme ungerade. Die genaue Zahl der Terme $N(n)$ ist $1 + \sum_{k=1}^{n} \varphi(k)$, wobei $\varphi(k)$ die Euler'sche φ-Funktion ist, d. h. die Anzahl aller Zahlen kleiner als k, die keinen gemeinsamen Faktor mit k haben, also teilerfremd mit k sind. Die φ-Funktion ist multiplikativ, d. h., für zwei teilerfremde Zahlen m und n gilt $\varphi(mn) = \varphi(m)\varphi(n)$. Damit lässt sich eine Formel für $\varphi(k)$ angeben, die auf der Primzahlzerlegung von k beruht. Für eine Potenz p^t von einer Primzahl p lässt sich leicht zeigen, dass $\varphi(p^t) = p^{t-1}(p - 1)$ ist. Insgesamt lässt sich $\varphi(k)$ durch die Primfaktoren von k ausdrücken, denn aus obiger Beziehung ergibt sich sofort:

$$\varphi(k) = k \left(1 - \frac{1}{p_1}\right) \left(1 - \frac{1}{p_2}\right) \ldots \left(1 - \frac{1}{p_r}\right),$$

wobei p_i die verschiedenen Primfaktoren von k sind.

Die ersten Werte für die Längen $N(n)$ der Folgen sind somit $2, 3, 5, 7, 11, 13, 19, \ldots$, und außerdem weiß man, dass sich $N(n)$ für sehr große Werte von n dem Wert $\frac{3n^2}{\pi^2}$ annähert.

Anmerkung 49

Euklid'sches Lemma (Seite 235)

Angenommen, p ist eine Primzahl und ein Faktor von ab ($1 < a, b$), sodass $ab = pr$. Entweder ist p ein Faktor von a (dann sind wir fertig) oder nicht. Im zweiten Fall folgt, *da p eine Primzahl ist*, dass der ggT von a und p gleich 1 ist. Nach dem Euklid'schen Algorithmus können wir 1 in der Form $1 = ax + py$ ausdrücken, wobei x und y ganze Zahlen sind. Nun gilt

$$b = b \cdot 1 = b(ax + py) = bax + bpy.$$

Da $ba = pr$, folgt

$$b = prx + pby = p(rx + by).$$

Doch damit ist p ein Faktor von b und das Euklid'sche Lemma bewiesen.

Anmerkung 50

Kettenbruchzerlegung von $\sqrt{2}$ (Seite 236)

Es gibt zwei Schritte in der Berechnung eines Kettenbruchs für eine Zahl $x = [a_0, a_1, a_2, \ldots]$. Die Zahl a_0 ist der ganzzahlige Anteil von x, der manchmal auch durch $a_0 = \lfloor x \rfloor$ ausgedrückt wird. Im Allgemeinen ist $a_n = \lfloor r_n \rfloor$ der ganzzahlige Anteil von r_n, wobei der Restterm r_n rekursiv durch $r_0 = x$, $r_n = \frac{1}{r_{n-1} - a_{n-1}}$ definiert ist. Angewandt auf $x = \sqrt{2}$ erhalten wir:

$$x = r_0 = \sqrt{2} = 1 + (\sqrt{2} - 1) \quad \text{sodass} \quad a_0 = 1$$

und

$$r_1 = \frac{1}{\sqrt{2} - 1} = \frac{\sqrt{2} + 1}{(\sqrt{2} - 1)(\sqrt{2} + 1)}$$
$$= \sqrt{2} + 1, a_1 = \lfloor r_1 \rfloor = 2.$$

Im nächsten Schritt erhalten wir

$$r_2 = \frac{1}{r_1 - a_1} = \frac{1}{(\sqrt{2} + 1) - 2} = \frac{1}{\sqrt{2} - 1}$$
$$= \frac{\sqrt{2} + 1}{(\sqrt{2} - 1)(\sqrt{2} + 1)} = \sqrt{2} + 1,$$

sodass

$$r_1 = r_2 = \ldots, a_1 = a_2 = \ldots = 2;$$
$$\text{und somit} \quad \sqrt{2} = [1, \overline{2}].$$

Ganz allgemein lässt sich ein Kettenbruch $[a_0, a_1, a_2, \ldots]$ auch in der Form $a_0 + (1 + (a_1 + (1 + a_2(1 + \ldots)^{-1})^{-1})^{-1} \ldots)^{-1}$ darstellen.

Anmerkung 51

Kettenbruchzerlegung und Darstellungen im Zusammenhang mit e
(Seite 238)

Die bekannte Reihendarstellung von e als Summe der Kehrwerte der Fakultäten führt auf eine Darstellung in Form eines verschachtelten Produkts:

$$e = 1 + 1 + \frac{1}{2}\left(1 + \frac{1}{3}\left(1 + \frac{1}{4}\left(1 + \frac{1}{5}\left(1 + \ldots\right)\right)\right)\right).$$

Die *einfache* Kettenbruchdarstellung von e, bei der nur Zähler von 1 auftreten, lautet:

$$e = [2, 1, 2, 1, 1, 4, 1, 1, 6, \ldots].$$

Weitere einfache Kettenbruchzerlegungen mit e sind:

$$e - 1 = [1, 1, 2, 1, 1, 4, 1, 1, 6, \ldots] \quad \text{und}$$

$$\frac{1}{2}(e - 1) = [0, 1, 6, 10, 14, \ldots].$$

Diese und weitere Beispiele findet man auf der Webseite http://mathworld.wolfram.com/e.html.

Anmerkung 52

Bruch von Dreier- zu Dezimaldarstellung (Seite 242)

Die Vorgehensweise ist ähnlich wie in Anmerkung 24, allerdings diesmal in der Dreierdarstellung:

$$a = 0 \cdot \overline{20}_3 \Rightarrow \qquad 100_3 a - a = 22_3 a = 20_3$$

$$\Rightarrow \quad a = \left(\frac{20}{22}\right)_3 = \left(\frac{10}{11}\right)_3 = \frac{3}{4}.$$

Kapitel 12

Anmerkung 53

Cäsar-Verschlüsselungen (Seite 247)

Effektivere Verschlüsselungsverfahren erhält man mit etwas modularer Arithmetik. Wir nummerieren die Buchstaben des Alphabets von 0 bis 25. A entspricht also der 0, B der 1 usw. bis schließlich Z zur 25 gehört. Eine Verschiebeverschlüsselung besteht nun in der Vorschrift $a \rightarrow a + b$, wobei b die Verschiebung im Alphabet bezeichnet. Eine einfache lineare Verschiebung der Form $a \rightarrow 3a + 2$ lässt sich schon schwerer entziffern. In diesem Beispiel wird $A \rightarrow C$, $B \rightarrow E$, $C \rightarrow H \ldots$, $F = 5 \rightarrow 17 = R \ldots$, $M = 12 \rightarrow 38 \equiv 12 = M \ldots$, $Z = 25 \rightarrow 77 \equiv 25 = Z$. Die Substitutionsvorschrift erscheint nun wesentlich zufälliger. Trotzdem ist diese Verschlüsselung immer noch anfällig gegen eine einfache Häufigkeitsanalyse. Im Allgemeinen ist eine lineare Substitutionsverschlüsselung $a \rightarrow ka + b \pmod{26}$ nur dann eineindeutig, wenn k teilerfremd mit 26 ist. Beispielsweise führt $a \rightarrow 2a + 3$ zu Mehrdeutigkeiten, da sowohl A als auch N auf D abgebildet werden.

Anmerkung 54

Reste von Potenzen (Seite 266)

Hier geht es um einen Spezialfall einer allgemeinen Aussage, die sich leicht aus der Definition ableiten lässt: Falls $a \equiv a'$ und $b \equiv b'$ beides modulo m, dann gilt $ab \equiv a'b' \pmod{m}$. Daraus folgt, indem wir $a = a'$ und $b = b'$ setzen und eine Induktion über n durchführen, dass für $a \equiv b \pmod{m}$ auch $a^n \equiv b^n \pmod{m}$ für alle $n = 1, 2, \ldots$. Nun ist jede Zahl t modulo m kongruent mit seinem Rest r bei einer Teilung durch m. Wenn also $2^a \equiv r$

(mod m) mit $0 \leq r \leq m - 1$, dann haben wir $2^{ab} = (2^a)^b \equiv r^b$ (mod m), also die Zahl, die Alice berechnet. Ganz ähnlich ist die von Bob berechnete Zahl kongruent zu $2^{ba} = 2^{ab}$ (mod m). Da sowohl das Ergebnis von Alice als auch das von Bob in dem Bereich von 0 bis $m - 1$ liegen, sind die Ergebnisse gleich.

Anmerkung 55

Schnelle Potenzierung (Seite 273)

Wie bei der vorherigen Anmerkung beruht der Trick auf der Eigenschaft der modularen Arithmetik, dass wir jede Zahl durch eine andere ersetzen dürfen, die modulo m mit ihr kongruent ist. Als zweite Idee wird hier ausgenutzt, dass man den Exponenten als Summe von Potenzen von 2 schreibt; in diesem Fall also $15 = 8 + 4 + 2 + 1$, denn aufeinanderfolgende Potenzen von 2 lassen sich modulo m sehr schnell berechnen. Modulo 1081 finden wir $77^2 = 5929 \equiv 5 \cdot 1081 + 524 \equiv 524$ (mod 1081); $77^4 \equiv 524^2 = 274,576 = 254 \cdot 1081 + 2 \equiv 2$ (mod 1081); $77^8 \equiv 2^2 = 4$ (mod 1081), und somit schließlich

$$77^{15} \equiv 4 \cdot 2 \cdot 524 \cdot 77 = 616 \cdot 524 = 308 \cdot 1048$$
$$\equiv 308 \cdot (-33)$$
$$= 924 \cdot (-11) \equiv (-157) \cdot (-11) = 1727$$
$$\equiv 646 \,(\text{mod}\, 1081)\,.$$

Anmerkung 56

Berechnung der Decodierungszahl d von Alice (Seite 274)

(Vergleiche Anmerkung 48 hinsichtlich der φ-Funktion von Euler.) Aus der allgemeinen Formel für die φ-Funktion von Euler erhalten wir: $\varphi(n) = \varphi(pq) = (p-1)(q-1)$. Das lässt sich sogar direkt berechnen, denn die einzigen Vielfache von p kleiner als n sind $p, 2p, 3p, \ldots, (q-1)p, qp$, also insgesamt q Zahlen, und entsprechend gibt es p Vielfache von q. Es gibt eine gemeinsame Vielfache, nämlich pq selbst, sodass $\varphi(n) = pq - p - q + 1 = (p-1)(q-1)$. Alice muss einen Wert d finden, für den $ed \equiv 1$ (mod $\varphi(n)$). Der Grund ist folgender: Bob hat ihr die verschlüsselte Zahl M^e (mod n) geschickt. Eine besondere Eigenschaft der Euler'schen φ-Funktion ist, dass für jedes beliebige $1 \leq a \leq n-1$ gilt: $a^{\varphi(n)} \equiv 1$ (mod n). Wenn d die obige Bedingung erfüllt, bedeutet das $ed = 1 + k\varphi(n)$ für irgendeine ganze Zahl k. Doch damit gilt:

$$M^{ed} = M^{(1+k\varphi(n))} = M \cdot (M^{\varphi(n)})^k \equiv M \cdot 1^k = M (\text{mod } n) \, ,$$

sodass Alice die Nachricht M durch diese Berechnung zurückgewinnen kann. Eine solche Zahl d muss es geben, denn e und $\varphi(n)$ wurden teilerfremd gewählt; also muss es nach dem Euklid'schen Algorithmus ganze Zahlen x und y geben, sodass $ex + \varphi(n)y = 1$. Damit ist aber offensichtlich $ex \equiv 1$ (mod $\varphi(n)$). Ist $x < 0$, muss Alice nur ein ausreichendes Vielfaches von $\varphi(n)$ zu x addieren, um eine positive Zahl d zu erhalten, für die ebenfalls $ed \equiv 1$ (mod $\varphi(n)$).

Anmerkung 57

Die Berechnungen von Bob und Alice (Seite 275)

Bob: $6^2 = 36 \equiv 3$ (mod 33); $6^4 \equiv 3^2 = 9$ (mod 33), sodass $M^e = 6^7 = 6^4 \cdot 6^2 \cdot 6 \equiv 9 \cdot 3 \cdot 6 \equiv 27 \cdot 6 \equiv (-6) \cdot 6 \equiv -36 \equiv -3 \equiv 30$ (mod 33).

Alice: $M^{ed} = 30^3 \equiv (-3)^3 = -27 \equiv 6$ (mod 33). Damit hat Alice den Klartext $M = 6$ von Bob zurückgewonnen.

Literaturempfehlungen

Schöne Einsichten in die Natur der Zahlen findet man in dem Buch von David Flannery *The Square Root of 2: A Dialogue Concerning a Number and a Sequence* (Copernicus Books, 2006). Das ganze Buch ist im Stile einer Unterhaltung zwischen einem Lehrer und einem Schüler im sokratischen Stil aufgebaut. Wie jeder niedergeschriebene Dialog ist auch dieser letztendlich etwas künstlich, aber trotzdem verfehlt er seinen Zweck nicht. Die Natur des Irrationalen wird tiefgründig erläutert. Ein formaler mathematischer Text könnte dasselbe Material vielleicht auf weniger Seiten „überdecken", doch selbst ein ausgebildeter Mathematikstudent könnte die volle Kraft des Inhalts ohne diesen ruhigen und natürlichen Stil des Buchs nicht so eindringlich empfinden.

Wenn Sie sich reif für einen wirklich mathematischen Einführungstext fühlen, dann ist *Elementary Number Theory* von G. Jones und J. Jones (Spinger-Verlag, 1998) sicherlich die beste Wahl. Es handelt sich um eine vergleichsweise sachte, aber trotzdem mathematisch strenge Einführung, und sie reicht inhaltlich bis zur berühmten Riemann'schen Zeta-Funktion und Fermats Letztem Satz. Ein älteres, von mir besonders geschätztes Buch stammt von Underwood Dudley und trägt denselben Titel. Es schreitet besonders gemächlich voran, ist jedoch ebenfalls mathematisch streng und berührt gegen Ende auch einige schwierigere Themen. Generell gilt die Warnung, dass man ein Buch nicht aufgrund seines Titels beurteilen soll. Der klassische Text von Andre Weil *Basic Number Theory* beginnt mit der Behauptung, es werde „keinerlei Wissen über die Zahlentheorie vorausgesetzt", zählt dann jedoch eine Reihe von mathematischen Grundlagen auf, die man verstanden haben sollte, bevor man sich an den Text wagt, einschließlich beispielsweise „der Existenz und Eindeutigkeit des Haar-Maßes".

Ein wirklich mathematischer Text, der jedoch tatsächlich beim „Nichts" beginnt, ist vielleicht das berühmte Buch *An Introduction to the Theory of Numbers* von G.H. Hardy und G.M. Wright (Oxford, OUP) (deutsch: Einführung in die Zahlentheorie, Oldenbourg, München, 1958), das auch nach über siebzig Jahren immer noch verlegt wird. Auch wenn es nur wenige mathematische Grundkenntnisse voraussetzt, geht es gleich in die Tiefe.

Eine allgemeinwissenschaftliche Darstellung der Riemann'schen Zeta-Funktion bietet das Buch von Carl Sabbagh *Dr Riemann's Zeros* (Atlantic books, 2003). Im Gegensatz zum Letzten Fermat'schen Satz, dessen Aussage sich in wenigen Minuten allgemein erklären lässt, ist die Riemann'sche Vermutung wesentlich technischer (siehe Anmerkung 1 von Kapitel 13). Daher ist es eine Herausforderung, den interessierten Leser mit diesem vielleicht größten ungelösten Problem der Mathematik vertraut zu machen. Doch das gelingt Sabbagh sehr gut, ebenso wie auch Marcus du Sautoy in seinem Buch *The Music of the Primes, Why an Unsolved Problem in Mathematics Matters* (Harper Collins, 2004) (deutsch: Die Musik der Primzahlen – Auf den Spuren des größten Rätsels der Mathematik, Beck Verlag, 2004), das im Wesentlichen dasselbe Thema behandelt. Du Sautoy geht auf das Thema etwas direkter ein, trotzdem ist es für den interessierten Leser gedacht.

Es gibt zwei sehr gute und sehr verschiedene Beschreibungen der Lösung des Letzten Fermat'schen Satzes. Das ist einmal *Fermat's Last Theorem: Unlocking the Secret of an Ancient Mathematical Problem* von Amir D. Aczel (Penguin, 1996) (deutsch: Fermats dunkler Raum: Wie ein großes Problem der Mathematik gelöst wurde, Diana, 1999) und dann *Fermat's Last Theorem* von Simon Singh (London, Fourth Estate, 1999) (deutsch: Fermats letzter Satz, dtv, 2000). Das Buch *Fermat's Last Theorem for Amateurs* von Paulo Ribenboim (Springer-Verlag, 1999) ist eine Beschreibung der Mathematik, die mit dem Problem zusammenhängt. Das beste populärwissenschaftliche Buch über die Geschichte der Geheimschriften bis zur RSA-Verschlüsselung stammt ebenfalls von Simon Singh: *The Code Book* (Fourth Estate, 2000) (deutsch: Geheime Botschaften, dtv, 2001).

The Book of Numbers von John Conway und Richard Guy (New York, Springer-Verlag, 1996) steckt voller Mathematikgeschichte, lebhaften Bildern und allen möglichen Tatsachen über Zahlen. Es handelt sich nicht um ein Lehrbuch, trotzdem liegt den Autoren am Herzen, die Dinge, die sie in diesem Zusammenhang interessant finden, so vollständig wie möglich zu erklären. Das Buch *Naive Set Theory* von Paul Halmos (New York, Springer-Verlag, 1974) (deutsch: Naive Mengenlehre; Vandenhoek & Ruprecht, Göttingen, 1968) ist eine kurze Einführung in die Theorie der Kardinal- und Ordinalzahlen. Es handelt sich um einen mathematischen Text, und für manche Experten gilt der Inhalt mittlerweile als etwas überholt, da sich das Gebiet der Mengenlehre voranbewegt hat. Trotzdem ist das Buch kurz genug, um in einem gelesen werden zu können, und es vermittelt dem Leser die richtigen Ideen darüber, wie sich Mengen im Allgemeinen und unendliche Zahlen im Besonderen verhalten.

Die Unlösbarkeit der quintischen Gleichung (der Polynomgleichung fünften Grades) wurde in dem vorliegenden Text nur kurz angesprochen, aber ein für den Historiker wirklich interessantes Buch zu diesem Thema ist *Abel's Proof: An Essay on the Sources and Meaning of Mathematical Unsolvability* (MIT Press, 2003) von Peter Pesic. Abels ursprüngliches Verfahren wurde von Galois durch ein besseres ersetzt, doch Pesic ging zurück und beschreibt genau, wie Abel ursprünglich sein berühmtestes aller Negativergebnisse bewies: Man kann eine Gleichung fünften Grades nicht auf dieselbe Weise lösen, wie die Gleichungen niedrigeren

Grades. Für den mathematisch Vorgebildeten ist das Buch sehr lesbar und in seiner direkten Art auch erfrischend.

Es gibt auch einige Romane zur Zahlentheorie. Zwei davon sind *The Parrot's Theorem* (London, Orion fiction, 2000) von Denis Guedj, eine geheimnisvolle Geschichte über den Fermat'schen Satz und die Goldbach-Vermutung, und das sehr unterhaltsame Buch *The Wild Numbers* von Philibert Schogt (London, Orion fiction, 2000), das die Triumphe und Niederlagen in der Forschung wirklicher Mathematiker auf eine Weise erfasst, die für die meisten Leser sicherlich überraschend ist.

Zwei allgemein gehaltene Bücher und außerdem ausgezeichnete Quellen zur Geschichte der Mathematik sind *A History of Mathematics* von Carl B. Boyer (New York, Wiley, 1968) und *An Introduction to the History of Mathematics* von Howard Eves (New York, Holt, Reinhart and Winston, 1969). Ein sehr populäres und eher biografisch ausgerichtetes Werk ist *Men of Mathematics* (einige davon sind Frauen) von E.T. Bell (New York, Simon and Schuster, 1937). Ein ausgezeichnetes und gleichzeitig ungewöhnliches Buch ist der moderne Text *Mathematics and its History* von John Stillwell (New York, Springer-Verlag, 1991 und 2002), denn es vermittelt die Mathematik in ihrem historischen Zusammenhang. *An Imaginary Tale: The Story of $\sqrt{-1}$* (Princeton University Press, 1998) schildert ausführlich die Geschichte im Zusammenhang mit den komplexen Zahlen, doch es geht in erster Linie auch um das Geheimnisvolle des Zahlensystems selbst. Erzählt wird die Geschichte aus dem Blickwinkel des Autors, Paul J. Nahin, einem Professor für Elektrotechnik.

Eine Internetseite von sehr hoher Qualität, die den Einstieg in jedes mathematische Thema erleichtert und die besonders ausführlich auf zahlentheoretische Zusammenhänge eingeht, ist Eric Wolfram's Math World: mathworld.wolfram.com. Wenn es um die Geschichte der Mathematik geht, kann ich besonders die

Seite *The MacTutor History of Mathematics archive* der St. Andrews Universität in Schottland empfehlen: www-history.mcs.st-andrews.ac.uk/history.index.html.

Sachverzeichnis

Printed in the United States
By Bookmasters